普通高等教育"十二五"规划教材

材料成型机械设备

主　编　高彩茹

副主编　花福安　邱以清　高秀华　曹富荣

U0313794

北　京

冶金工业出版社

2014

内 容 简 介

　　本书以连铸设备、轧钢设备、有色金属塑性加工设备、锻造设备、管成型设备为主要内容，以成型方法为主线，以各类成型主体设备为重点，全面阐述了各种成型设备的结构特点，参数选择，强度、变形计算及工（模）具调整和质量控制。本书在拓宽知识面的前提下，强调基本概念，注重理论应用，突出主要方法并吸收了本领域的一些最新研究成果。各章后均附有复习题，有助于学生深入学习。

　　本书是高等学校材料成型及控制工程专业本科生教材，也可供相关专业研究生和有关工程技术人员参考。

图书在版编目（CIP）数据

材料成型机械设备/高彩茹主编. —北京：冶金工业
出版社，2014.6
　　普通高等教育"十二五"规划教材
　　ISBN 978-7-5024-6508-7

Ⅰ.①材… Ⅱ.①高… Ⅲ.①金属材料—成型机械—
机械设备—高等学校—教材 Ⅳ.①TG39

中国版本图书馆 CIP 数据核字（2014）第 102298 号

出 版 人　谭学余
地　　　址　北京北河沿大街嵩祝院北巷 39 号，邮编 100009
电　　　话　(010)64027926　电子信箱　yjcbs@cnmip.com.cn
责任编辑　卢　敏　美术编辑　吕欣童　版式设计　孙跃红
责任校对　王永欣　责任印制　李玉山
ISBN 978-7-5024-6508-7
冶金工业出版社出版发行；各地新华书店经销；北京印刷一厂印刷
2014 年 6 月第 1 版，2014 年 6 月第 1 次印刷
787mm×1092mm　1/16；20.5 印张；496 千字；316 页
43.00 元
冶金工业出版社投稿电话：(010)64027932　投稿信箱：tougao@cnmip.com.cn
冶金工业出版社发行部　电话：(010)64044283　传真：(010)64027893
冶金书店　地址：北京东四西大街 46 号(100010)　电话：(010)65289081(兼传真)
　　　　　　（本书如有印装质量问题，本社发行部负责退换）

前　言

为贯彻落实《国家中长期教育改革和发展规划纲要（2010~2020）》，全面提升本科教学质量，充分发挥教材在提高人才培养质量中的基础性作用，根据教育部颁布的"材料成型与控制工程"专业培养目标，新编《材料成型机械设备》一书。本书在内容上遵循拓宽专业口径，扩展知识面的指导思想，同时又注意到其本身的系统性和科学性，按照21世纪人才知识结构的需求建立了"以成型方法为主线，以各类型主体设备为中心，以主要设备的结构和力能参数计算为重点"的金属材料成型机械设备体系，全面、系统地讲述了冶金材料成型领域的不同类型，不同结构形式的成型设备，包括液体金属成型设备，固态金属成型设备和深加工成型设备等三部分。第1章重点介绍连铸设备、液态铸轧设备；第2~9章重点介绍轧制设备；第10、11章介绍挤压、拉拔设备；第12章介绍锻压设备；第13章重点介绍材料成型生产中通用的辅助设备——剪切机。

本书作为教材，在拓宽知识面的前提下，强调对基本概念、基本知识和基本理论的掌握，注重基本理论的实际运用。在全面介绍各种材料成型设备工作原理、结构形式的基础上，对典型设备的结构特点和参数选择重点讲授，对与产品质量直接相关的工、模具的安装、调试和控制方法做简要介绍，同时结合设备主要部件的受力分析，要求掌握强度、变形和力能参数的计算方法，以保证工艺制度的正确实施和设备的使用安全。这样不仅使读者对设备的结构选型、参数确定，对零部件强度和变形计算方法有深入了解，同时也有助于培养读者合理使用、分析与解决材料成型设备工程问题的能力。

本书第1章由邱以清编写；第2~8章由高彩茹编写；第9章由高秀华编写；第10、11章由花福安、丁桦编写；第12章由曹富荣编写；第13章由高彩茹、于九明编写。参编人员基本都是工作在教学和科研一线的中青年教师，具有丰富的教学经验及现场科研工作经历，掌握材料成型设备的最新发展动态，对于教材编写中资料的收集和内容的扩充具有得天独厚的条件，在教材内容编写上做到详略得当。

　　本书既可作为材料成型与控制工程专业和材料工程专业本科生教材使用，又可供工程技术人员参考。

　　在本书的编写过程中，参阅和引用了国内外有关文献资料，在书后进行了著录，这里谨向所参考文献的原作者们表达谢意，特别感谢由于九明、庞维成主编的《材料成形机械设备》一书的各位作者。感谢东北大学丁桦教授、张晓明教授对本书提出的宝贵指导性意见。

　　鉴于作者水平有限，书中不当之处，敬请各位读者批评指正。

作　者

2013 年 10 月

目　　录

1 连续铸造设备

本章概述

连续铸造，简称为连铸，是把液态金属连续浇注到连铸机的水冷结晶器内，经过凝固成型、切割而直接得到铸坯或铸带的生产工艺。它对钢铁和有色金属工业生产流程的变革、产品质量的提高和结构优化等方面起到了革命性的作用。连铸取代模铸，简化了铸坯生产的工艺流程，省去模铸工艺中的脱模、整模、钢锭均匀加热和开坯工序，为铸坯生产的机械化和自动化创造了条件。

1.1 连续铸钢设备

1.1.1 连铸机概述

连铸机接受来自熔炼工步的高温钢水，同时为热轧工步输送合格的钢坯。它由钢包、中间包、结晶器、结晶器振动装置、二次冷却装置以及铸坯导向装置、拉坯矫直装置、切割装置、出坯装置等部分构成，如图1-1所示。为了改善连铸坯的质量，一些连铸机还配有电磁搅拌、电磁制动、末端轻压下等装置。

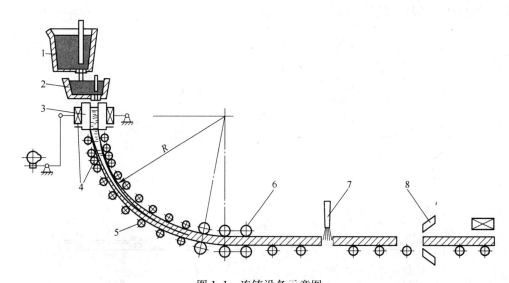

图 1-1 连铸设备示意图

1—钢包；2—中间包；3—结晶器及振动装置；4—电磁搅拌装置；
5—二次冷却和铸坯导向装置；6—拉矫机；7—切割装置；8—出坯装置

连铸机参数主要包括铸坯断面、拉坯速度、冶金长度、弧形半径、铸机流数等。它们是决定设备性能和规格的基本因素，也是设备选型和机械设计的主要依据。

（1）铸坯断面：铸坯断面的形状和尺寸是确定连铸机机型和功能的设计依据。铸坯断面的确定，既要考虑炼钢炉容量及连铸机的生产能力，又要考虑轧钢机规格和铸坯断面的关系，以确保铸坯质量的最小最经济断面。

（2）拉坯速度：拉坯速度可表示为连铸机单位时间内从结晶器拉出的铸坯长度，单位：m/min，或者连铸机每一流每分钟浇注的钢水量，单位：t/min。它是连铸机生产能力的标志，是生产操作中的重要参数。拉坯速度由设备条件、安全浇注、铸坯质量等因素决定。

（3）冶金长度：连铸机冶金长度为结晶器液面到拉矫机最后一对辊子中心线的实际长度，标志着铸坯液相穴深度的最大极限位置。冶金长度是确定弧形连铸机半径和二次冷却区长度的一个重要工艺参数。

（4）弧形半径：连铸机的弧形半径是指弧形连铸机铸坯弯曲的外弧半径，通常以米（m）来表示，为连铸机的重要参数之一。它标志着连铸机的形式、大小和可能浇注铸坯的最大厚度，同时也直接关系到连铸机的总体布置、高度及铸坯的质量。

（5）铸机流数：连铸机的流数是指一个钢包、一台连铸机同时浇注出的铸坯条数，每一根铸坯称为一流。一台连铸机可以是单流的，也可以是多流的。在钢包容量一定的条件下，浇注时间、铸坯断面及拉速确定后，即可确定铸机流数，以协调冶炼和连铸的匹配关系。

立式连铸机是最早应用于实际工业生产中的机型。经过几十年的发展，连铸机机型不断改进和完善。按照铸坯运动轨迹，除了立式连铸机外，还有立弯式连铸机、弧形连铸机、椭圆形连铸机和水平连铸机，如图1-2所示。目前，生产中最常见的是弧形连铸机和立弯式连铸机。此外，连铸机还可以根据其他方法进行分类，例如，按照铸坯液芯静压力大小可分为高头型、标准型、低头型和超低头型连铸机；按照浇注断面可分为小方坯、大方坯、矩形坯、板坯、圆坯、异形坯连铸机等。

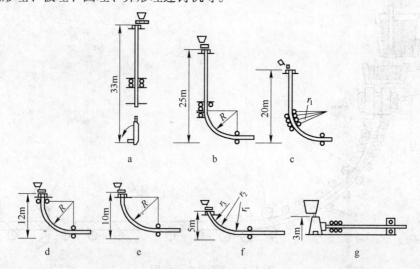

图 1-2　连铸机机型简图

a—立式；b—立弯式；c—直结晶器多点弯曲；d—直结晶器弧形；e—弧形；f—椭圆形；g—水平式

传统连铸机生产的铸坯，通常要冷却到室温，热轧前再重新加热。此外，传统连铸机生产的铸坯尺寸较大，需要经过较多道次的变形，才能得到最终产品。伴随着科学技术的不断进步，陆续又出现热装热送技术、连铸连轧技术、薄带连铸技术等，以达到节约能源、减少投资和简化生产工艺的目的。

1.1.2 连铸机的主要构成及其作用

1.1.2.1 浇注设备

熔炼合格的钢水通过钢包承运设备送至连铸机浇注平台，然后再由连铸浇注平台上的浇注设备把钢水连续、稳定地注入到结晶器内。连铸机的浇注设备主要包括钢包回转台、中间包、中间包车等。

A 钢包回转台

钢包回转台是现代连铸生产中应用最普遍的运载和承托钢包进行浇注的设备，通常位于钢水接收跨与浇注跨柱列之间。其作用是将受包位置的满载钢包回转至工作位置，准备进行浇注；同时，将浇注完毕的空钢包回转至受包位置，准备运走。钢包回转台在连铸作业率不断提高，实现多炉浇注过程中起到了重要作用。

钢包回转台按回转臂的形式可分为整体叉臂式和双单臂式两种。整体叉臂式回转台两端叉臂为一整体，只需一套旋转机构，结构简单。双单臂式两端的转臂各自单独旋转，两个钢包可有不同的相对位置，这对承运钢包、处理意外情况等更为方便、灵活，但结构复杂，制造和维修困难，制造成本高。

蝶形钢包回转台目前钢厂中使用较广。它属于双臂整体旋转单独升降式，结构如图1-3所示。

a 回转台的结构

钢包回转台主要由钢结构部分（包括旋转盘）、回转驱动装置、回转夹紧装置、升降机构、称量装置、润滑装置和事故驱动装置等组成。

钢结构部分由如下部分组成：

（1）叉形臂：叉形臂为钢板焊接结构，共有两个。

（2）旋转盘与上部轴承座：旋转盘即旋转框架，是一个较大型的结构件，它的上部压着支撑钢包的两个叉臂和钢包加盖装置的立柱及构件，下部安装着大轴承的上部轴承座，承受着巨大的负荷。

（3）回转环：回转环是旋转台的心脏部分。它实际上为一个很大的推力轴承，安装在旋转框架和塔座之间。

（4）塔座：塔座设置在基础上，通过回转环支撑着旋转台旋转盘以上的全部负荷。

回转驱动装置由电动机、大速比减速机及回转小齿轮组成（图1-4）。回转小齿轮与上部轴承座的齿轮相啮合。回转台的旋转频率通常不大于$1/60s^{-1}$。回转台旋转频率太高，在起动及制动时会使钢包内的钢水产生动荡，甚至溢出。

钢包回转台一般都设计有一套事故驱动装置，以便在发生停电事故或其他紧急情况而无法正常驱动装置时，仍可借助事故驱动装置将处于浇注位置的钢包放到事故钢包上。事故驱动装置可以是气动，由气动马达代替电动机驱动大速比减速机及其他部分，也可以利用蓄电池为电动机供电。

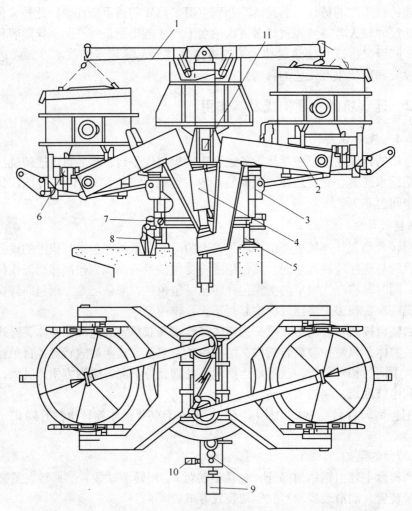

图 1-3　蝶形钢包回转台

1—钢包盖装置；2—叉形臂；3—旋转盘；4—升降装置；5—塔座；6—称量装置；
7—回转环；8—回转夹紧装置；9—回转驱动装置；10—气动马达；11—背撑梁

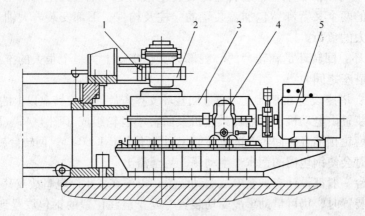

图 1-4　回转驱动装置及事故驱动装置

1—柱销齿轮；2—回转小齿轮；3—减速机；4—气动马达；5—电动机

回转夹紧装置是使钢包固定在浇注位置的机构，它一方面保护了回转驱动装置在装包时不受冲击，另一方面保证了正在浇注钢包的安全。

为了实现保护浇注，要求钢包能在回转台上做升降运动。当钢包水口打不开时，要求使钢包上升，便于操作工烧开水口。同时钢包升降装置对于快速更换中间包也很有利。蝶形回转台的钢包升降装置，是根据杠杆原理设计的，它由一个叉臂、一个升降液压缸、两个球面推力轴承及导向连杆与支撑钢结构组成。

钢包称量装置的作用是用来在多炉连浇时，协调钢水供应的节奏以及预报浇注结束前钢水剩余量，从而防止钢渣流入中间包。每套升降装置配有称量传感器与称量系统。

钢包回转台的回转大轴承以及柱销齿圈啮合采取集中自动润滑，分别由两台干油泵及其系统供给。

b 钢包回转台的主要参数

（1）承载能力：回转台在浇注过程中，有多种承载情况：刚开始时，通常只有浇注侧承运满包钢水；换包时，在回转台的两侧都有钢包，一侧空包，一侧满包；负荷最大的状态是两侧转臂均承运钢水。设计时，一般按两端均有钢水的情况考虑。如某钢厂采用的是 300t 钢包，满包时总重为 440t，这样回转台承载能力须按 400t×2 来考虑。

在回转台的工作过程中，起动、制动时的惯性力以及钢包向转臂上下落时必不可少的冲击力等，都将引起动载荷，对此，在计算承载能力时须引入动载系数予以考虑。动载系数目前尚无统一的确定方法和结论，奥钢联推荐 $k = 1.5$；德马克的试验值 $k = 1.37 \sim 1.8$；我国多取 $k = 2$。

（2）回转速度：回转速度的确定，主要以连铸机能满足多炉连浇为准。通常允许的回转时间约为 0.5min，能回转 180° 即可，这样回转速度通常为 1r/min。在起动、制动时应运转平稳无冲击，以防钢水溢出，引起事故。

（3）回转半径：钢包回转台的回转半径是指回转台中心到钢包中心之间的距离。回转半径一般根据钢包的起吊条件确定。

（4）钢包升降行程：钢包的升降行程是为进行钢包长水口的装卸与浇注操作所需空间服务的，一般钢包都是在升降行程的低位进行浇注，在高位进行旋转或受包、吊包；钢包在低位浇注，可以降低钢水对中间包的冲击，但不能与中间包装置相碰撞。通常钢包升降行程为 600~800mm。

B 中间包

中间包，又称为中间罐，是位于钢包与结晶器之间的一个耐火材料容器。中间包可保证钢水在较小和稳定的压力下平稳地注入结晶器，减少钢流冲击引起的飞溅或紊流，进而可在结晶器内获得稳定的钢液液面；钢水在中间包内停留过程中，非金属夹杂物有机会上浮；在多流连铸机上，可通过中间包将钢水分流；在多炉连浇时，中间包还能够储存一定数量的钢水以保证在更换钢包时不停浇；同时，在中间包里吹入惰性气体以调整包内的钢水温度，还可以加入需要的某些合金元素，以实现钢水的冶金处理。综上所述，中间包的作用主要有减压、稳流、除渣、储钢分流和中间包冶金。

在设计中间包时，应满足下述工艺要求：在易于制造的前提下，力求散热面积小，保温性能好，外形简单；其水口的大小与配置应满足铸坯断面、流数和连铸机布置的要求；便于浇注操作、清包和砌砖；应具有在高温下长期作业的结构稳定性。

常用的中间包主要有矩形、"T"形、三角形、圆形、椭圆形等。

a 中间包结构

连铸中间包由包体、包盖和水口等几部分构成。通常在中间包内还设有挡渣坝、挡渣堰、稳流器、冲击板等结构以净化钢水、改善钢水的流动状态以及提高钢包的使用寿命等，如图 1-5 所示。

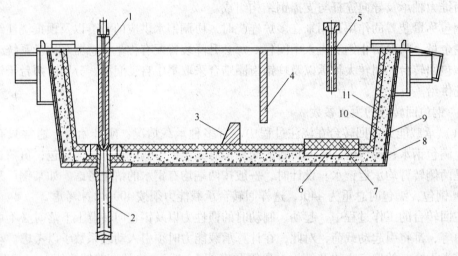

图 1-5 中间包示意图

1—塞棒；2，5—水口；3—挡渣坝；4—挡渣堰；6—冲击板；
7—稳流器；8—包壁；9—绝热层；10—永久层；11—工作层

包体包括包壁和包底。包壁和包底均由外壳和内衬组成。外壳一般用 12~20mm 厚的钢板焊成或用铸钢结构。包臂外壳上设有吊环（钩），安装对准的支架和供烘烤中间包时散放水蒸气用的排气孔。内衬为耐火材料，主要包括绝热层、永久层和工作层，有时在工作层上还有一薄层耐火涂料，以提高中间包的连浇炉数。包臂内衬应有一定的倒锥度，以便清渣和砌砖牢固。

中间包的上面有一特制的包盖，由厚钢板和耐火材料组成。包盖的作用是，防止中间包浇注时钢水热量的散失、中间包烘烤时起到保温作用，以及避免中间包内钢水对钢包底部的直接辐射，确保钢包及其滑动水口正常工作。

水口是中间包内的钢水流入结晶器的通道。为了控制钢水的流量，水口装置用来调整水口的开闭程度。水口装置主要有定径水口、塞棒式水口和滑动式水口三大类：

（1）定径水口，多用于尺寸较小的小方坯连铸机上，开浇后中间包钢水流量主要由中间包内钢液面高度和水口直径来控制，不再控制与拉速自动匹配。为了防止钢水溢出，要求浇注工注意结晶器中液面的波动，并控制好拉速。

（2）塞棒式水口（图 1-6），塞棒的控制分为手动和自动两种。自动控制是通过结晶器液面控制仪根据液面波动情况发出信号给位移跟踪指示器，通过液压系统或步进电机等控制塞棒的升降。塞棒式水口易于操作，使用效果较好。为了防止浸入式水口出现结瘤阻断浇注，一般向塞棒中间通氩气，同时氩气的通入也起到了冷却塞棒的作用。连铸过程中，塞棒会受到钢水浸蚀，这样当发生事故或需要停浇时，塞棒有可能无法完全截断钢水从中间包中流出，因而通常还配有事故插板。

（3）滑动水口，是通过滑板的开度来控制水口的过流面积，滑动水口按照活动滑板的工作方式分为往复式和旋转式两种。在我国大多采用往复式水口装置，如图 1-7 所示。它由三块滑板组成，上水口和上滑板以及下滑板和下水口都固定不动，中滑板在上下滑板之间滑动，通过液压缸来改变活动滑板的位置，调节水口的开启度来控制中间包钢水的流量。滑动水口工作比较可靠，寿命较长，能精确地控制钢流，有利于实现自动控制。但滑动水口安装和维修较困难。

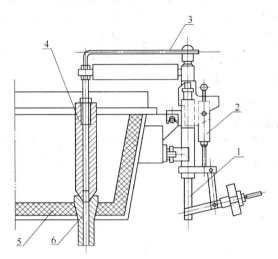

图 1-6　塞棒操作机构

1—塞棒机构；2—自控制液压缸；3—通 Ar 管道；
4—塞棒；5—中间包；6—浸入式水口

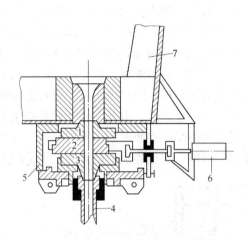

图 1-7　往复式滑动水口

1—上固定滑板；2—活动滑板；3—下固定滑板；4—浸入
式水口；5—活动水口箱；6—液压传动；7—中间包

b　中间包参数

（1）中间包的容积：中间包容积的确定，主要是根据铸坯断面大小、流数和拉坯速度及换包操作所需要的时间。实际中，一般是按钢包的容积来确定，中间包容量占钢包容量的 10%~40%。中间包的高度主要取决于包内钢水深度。包内液面到中间包上口应留有200mm 左右的高度。

随着人们对钢品质要求的不断提高和保温技术的不断进步，中间包逐渐向大容积、高液面方向发展。

（2）水口参数：水口参数主要指中间包水口直径，它的大小应根据连铸机的最大拉速来确定，以保证连铸机在最大拉速时所需的钢水。水口直径可用下面公式求得：

$$d = \sqrt{\dfrac{4G}{\pi\gamma\sqrt{2gh}}} \qquad （m） \tag{1-1}$$

式中　G——最大拉速时的钢流量，t/min；

d——中间包的水口直径，m；

g——重力加速度，m/s^2；

γ——钢液密度，t/m^3；

h——中间包内钢液深度，m。

（3）水口个数和间距：当铸坯宽度小于 500mm 时，一流只用一个水口，水口的个数与铸坯流数一致。水口距离即为结晶器中心距，也称流间距，为了便于操作其值应大于 600～800mm。当铸坯宽度大于 600～800mm 时，需适当增加水口个数。

C　中间包车

中间包车是将中间包从预热位置运输到浇注位置，浇注完毕后再从浇注位置运输到预热位置的运载装置。同时，预热及浇注时起支承中间包的作用。

中间包车应具有两种行走速度，即快速和慢速，以便实现中间包的快速更换。为便于水口横向对中还应设置横向微调机构。当采用浸入式水口进行无氧化保护浇注时，中间包车应具有升降功能。为能随时掌握中间包内的钢水量，中间包车还应配置电子称量装置。

中间包主要有三种形式，即悬臂式中间包、门式中间包和半门式中间包（图 1-8 与图 1-9）。悬臂式中间包的轨道在结晶器一侧，包体部分或全部悬出车体之外，这对加保护渣和观察结晶器液面非常方便，但结构中心偏移，车子不稳，需在车身的另一端加配重或反倾力矩结构；门式中间包车的轨道在结晶器的内外弧两侧，车跨在结晶器的上方，水口位于车的主梁内，由于中间包的重心位于两条轨道之间，车身受力合理、平稳，但操作人员在观察结晶器液面和加保护渣时不方便；半门式中间包兼有两者的优点，克服了两者不足。目前，在连铸生产中大多采用半门式中间包车。

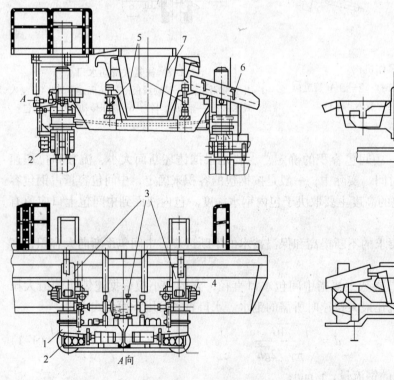

图 1-8　门式中间包

1—车体；2—走行装置；3—升降装置；4—对中装置；
5—称量装置；6—溢流槽；7—中间包

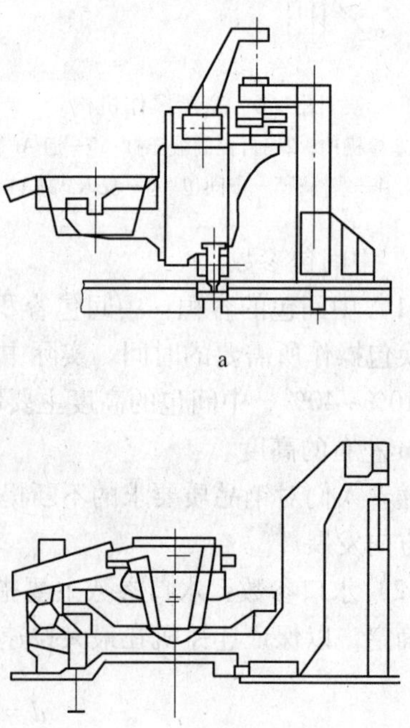

图 1-9　悬臂式中间包与半门式中间包示意图
a—悬臂式中间包；b—半门式中间包

中间包车通常由车本体、行走装置、升降装置、对中装置、称量装置、长水口机械手、溢流槽等组成。

　　每台中间包车配有两套电气机械行走装置，每套传动装置由一个交流电机、一个齿轮减速箱装置、一个联轴节和双闸瓦制动组成。这两套装置布置在中间包车背人侧，并配有防止钢水飞溅和辐射的保护装置。

　　升降装置是使中间包上升、下降的机构。该装置通常由支承着中间包的两个横向支承架和4台滚动珠丝杆千斤顶及其电气机械传动装置等构成。滚动珠丝杆千斤顶分布于中间包车前后4个角，由一个交流电机和离合器、抱闸及齿轮传动装置共同组成，由一个升降传动系统驱动。中间包水口安装位置中心与结晶器的中心线往往有误差，因此一般中间包车都设有对中微调机构。在中间包车的前梁上设有两个对中传动装置，由电机驱动蜗轮蜗杆减速器，再带动蜗轮蜗杆、丝杆千斤顶作水平移动，丝杆推拉中间包横向支承框架在提升柱的辊子上做前后调整移动。

　　长水口操作装置是将钢包长水口安装在钢包滑动水口上，并使其压紧在水口上的机构。长水口操作机构为摇臂形式，安装在中间包车的主框架上，由带升降装置的立柱、支承臂和倾动臂组成。立柱部分包括长水口升降用液压缸、升降柱和导向套。支承臂随升降臂升降，其旋转由人工通过手柄操纵。

　　为防止中间包内钢水因液面过高而溢流，中间包上设有专门溢流口。中间包车的溢流槽是介于中间包与连铸平台上的事故钢之间。当中间包内钢水液面高度超过溢流口高度时，溢出的钢水将通过溢流槽，传送到连铸平台上的事故包。

1.1.2.2　结晶器及其振动机构

A　结晶器结构及其参数

a　结晶器的形式和结构

　　结晶器是连铸机的核心部件，对铸坯的质量和生产率起着重要的作用。从中间包中流出的钢水通过结晶器的水冷铜壁形成一定厚度的坯壳，并连续地从结晶器下口拉出，进入二冷区。结晶器应具有良好的导热性、导磁性和刚性，不易变形和内表面耐磨等特点，同时结构要简单，便于制造和维修。

　　结晶器分类方法有多种。按铸坯的规格和形状主要有圆坯、方坯、板坯、异形坯结晶器；按拉坯方向结晶器内断面形状主要有直形和弧形结晶器。按结晶器的整个结构又分为整体式、管式和组合式结晶器等。由于整体式结晶器耗铜多、成本高，仅应用于个别特殊断面形状的连铸机。目前管式和组合式结晶器应用较为广泛。管式结晶器多用于小方坯（圆坯）连铸机中，而可调组合式结晶器常用于板坯连铸机上。

　　管式结晶器由铜管、外水套、内水套、放射线液位检测装置、电磁搅拌线圈和水冷系统等组成，如图1-10所示。铜管为一带锥度的弧形管，其内表面镀有一薄层铬。内外水套材质为不锈钢。铜管与内水套之间有冷却水缝，放射性元素（Cs^{137} 或 Co^{60} 等）液位检测装置及电磁搅拌线圈安装在内、外水套之间。在铜管下方有一组足辊，用于支撑导向从铜管中拉出的铸坯。在足辊的上、下方各有一排水冷却环，每排环上装有多个喷嘴，用于对刚出结晶器的铸坯进行强冷。

　　组合式结晶器如图1-11所示，主要用于大型连铸机，特别是板坯连铸机上。

　　一般组合式结晶器都是4块复合壁板组装而成，每块壁板用铜板做内壁，用钢板做外壳，中间用双头螺栓固定，为防止漏水在双头螺栓上加垫，用密封圈密封。结晶器的冷却是从铜板和钢壳之间形成的水缝通冷却水，水是从下部进入经水缝从上部排出，为使冷却

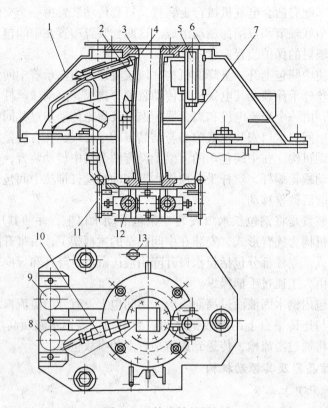

图 1-10　管式结晶器

1—结晶外罩；2—内水套；3—润滑油盖；4—结晶铜管；5—放射源；6—盖板；7—外水套；
8—给水管；9—排水管；10—接收装置；11—水环；12—足辊；13—定位销

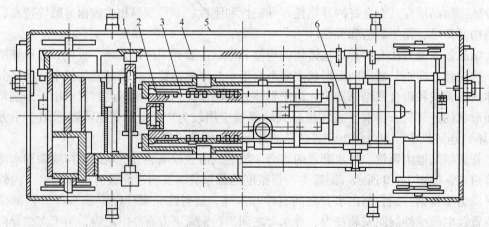

图 1-11　组合式结晶器

1—调厚与夹紧装置；2—窄面内壁；3—宽面内壁；4—结晶器外框架；5—振动框架；6—调宽机构

均匀，4 个铜板的冷却各自独立供水。结晶器的水缝形式主要有 4 种："山"字形、沟槽形、钻孔式和"一"字形。其中"一"字形水缝在中小铸坯结晶器中使用较多，而沟槽形在板坯结晶器中用得较多。

结晶器下口装有足辊，其主要作用是支承初生坯壳，减少摩擦阻力，改善冷却条件。

为此足辊间距必须要小，以防止铸坯在钢水静压力作用下产生鼓肚变形。足辊是结晶器重要部分，要求与结晶器有严格的对中，在振动时与结晶器一起振动，在结晶器与辊子间及辊子与辊子间设有冷却喷嘴，对铸坯进行喷淋冷却。

结晶器在线调宽技术是 20 世纪 80 年代随铸坯热送热装及连铸连轧工艺发展起来的，使结晶器的宽度可根据所浇铸坯断面不同进行调节。调整机构由宽度液压夹紧松开装置与窄边调宽机构组成。

结晶器在线调宽的方法有 L 形变换和 Y 形变换两种方式。

L 形调宽方法是将结晶器窄面壁板分成上、下两段，每段都有各自的宽度调整机构。其工作原理如图 1-12 所示。

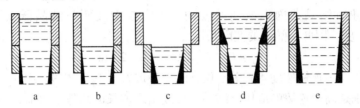

图 1-12　L 形调宽过程

调宽步骤：a 为正常浇注状态。b 为钢水停止浇注，使液面降到下半部结晶器，停止拉坯和结晶振动。c 为窄面调宽（或调窄）。d 为继续浇注使液面恢复到上半部结晶器正常位置。e 为窄面下半部结晶器调宽（或窄面）到与上半部位置对齐，并恢复拉坯和振动达到正常状态。这种方法需要短时间停止浇注和拉坯，并影响铸坯的质量和增加二冷辊子的热负荷，梯形部位还可能成为废品。

Y 形调宽方法：这是一种在浇注过程中调宽的方法，见图 1-13。

调宽步骤：在不停止浇注，甚至不降低拉速情况下，结晶器窄面慢慢向扩大宽度或缩小宽度的方向无级移动，改变铸坯宽度到所需的尺寸。结晶器窄面的调宽驱动装置还能通过调整窄面的锥度，在强制铸坯变形的同时适应铸坯宽度方向的凝固收缩，以便尽量减小结晶器与铸坯之间的气隙与摩擦力。

结晶器调宽机构即结晶器的窄边移动装置。调宽装置在结晶器的支撑框架上，可分为调宽度和调锥度。调宽度部分通过电动机、减速器、齿轮和螺旋传动使窄边前进或后退，实现结晶器的宽度变化。调锥度部分通过带针摆减速器的电动机驱动偏心轴，使调宽部分整体沿着球面座上下摆动，则窄面也同时沿球面中心摆动，实现了结晶器锥度的变化。

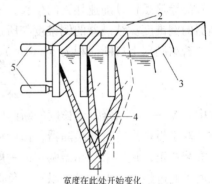

宽度在此处开始变化

图 1-13　Y 形调宽过程

1—结晶器窄面；2—结晶器宽面；3—钢水；
4—凝固壳；5—传动元件

b　结晶器尺寸参数的计算

（1）结晶器的断面尺寸及长度。结晶器的断面尺寸应根据连铸坯的公称断面尺寸确定。但由于连铸坯在冷却凝固过程中逐渐收缩以及矫正时都将引起铸坯的变形。为此，要求结晶器的断面尺寸应比连铸坯断面的公称尺寸大一些，通常大约 1%～3%。

确定结晶器的长度主要根据铸坯出结晶器时坯壳要有一定的厚度，如果坯壳的厚度过薄，坯壳容易出现鼓肚现象，甚至拉漏。这是不允许的。根据实践，结晶器的长度应保证铸坯出结晶器下口时的坯壳厚度大于或等于 10~25mm。通常小断面铸坯取下限，大断面铸坯取上限。为满足坯壳厚度的要求，结晶器的长度可用下式计算：

$$l'_m = vt = v \left(\frac{\delta}{\eta} \right)^2 \quad (m) \tag{1-2}$$

式中 v——拉坯速度，m/min；

           t——钢水凝固经历的时间，min；

           δ——坯壳厚度，mm；

           η——结晶器内的凝固系数，$mm/\sqrt{min}$。

考虑到浇注时结晶器内钢液面的波动，通常在钢液面与结晶器顶面之间要留有 80~120mm 的高度，因此结晶器的实际长度为：

$$l_m = l'_m + (0.08 \sim 0.12) \, m \tag{1-3}$$

结晶器的长度与连铸速度等有关，设计时一般取 l_m 在 0.7~0.9m 之间，但随着连铸速度的提高，特别是高速连铸的应用，结晶器长度出现增长的趋势。目前，许多结晶器的长度已超过 1m，甚至更长。

结晶器的内壁厚度在稳定的浇注条件下不取决于热应力，主要考虑能有效地利用其厚度和提高使用寿命。实际上我国目前所研制的中小方坯连铸用弧形结晶器铜管，厚度为 10~12mm。板坯最小允许厚度为 10mm。

（2）结晶器的倒锥度。结晶器内的钢液通过不断强制冷却沿结晶器壁形成初生坯壳，随着凝固坯壳的生长不断发生收缩，使坯壳与结晶器内壁之间产生气隙，气隙的存在使结晶器的导热能力明显下降，进而影响坯壳的凝固生长。为了减少气隙使结晶器尽可能保持良好的导热条件，加速坯壳的生长，通常将结晶器制成下口断面比上口断面略小，称为结晶器的倒锥度。结晶器的倒锥度与所连铸的钢种收缩率等有关。

若结晶器上口断面积为 $S_2(mm^2)$，下口断面积为 $S_1(mm^2)$，则倒锥度为：

$$\nabla = \frac{S_2 - S_1}{2S_2 l_m} \times 100\% \quad (1/m) \tag{1-4}$$

式中 ∇——结晶器每米长度的断面倒锥度。

对于板坯连铸机的结晶器，由于铸坯厚度方向的收缩较宽度方向的收缩小得多，为便于安装找正，近年来结晶器两宽面一般都做成平行的。考虑到窄边的冷凝收缩，厚度的倒锥度可通过给上、下口尺寸以正、负偏差的方法实现。

（3）钢板的水缝面积。钢水在结晶器内形成坯壳时所放出的热量主要由冷却水带走，合理确定结晶器的水缝面积是非常重要的。

结晶器水缝面积 F_w 可按下式计算：

$$F_w = \frac{1000QL}{36v_w} \quad (mm^2) \tag{1-5}$$

式中 Q——结晶器单位周边耗水量，$m^3/(h \cdot m)$；

           L——结晶器周边长度，m；

           v_w——水缝中冷却水流速，m/s。

求得水缝总面积后，可根据具体情况确定水缝尺寸。结晶器每米周边长耗水量根据经

验通过取 $Q = 100 \sim 160 m^3/(h \cdot m)$。冷却水流速一般都取 $v = 6 \sim 10 m/s$。进水压力多取 $0.29 \sim 0.59 MPa$。

（4）结晶器材质及寿命。结晶器材质是指结晶器内壁铜板（铜管）的材质。由于连铸工艺的特殊性，高温钢水与结晶器内壁直接接触，因此它的材质必须满足导热系数大、膨胀系数小、软而不变形。经过长时间实践证明，比较接近要求的是铜或铜基合金。常用的结晶器材质有 CuAg 合金、CuCr 合金、CrZrCu 合金等。由于铜和铜合金的耐磨性较差，为了提高使用寿命，通常在结晶器的内表面上进行镀层，对结晶器内表面进行的表面处理有 Ni+Cr 复合镀层、NiFe 复合镀层和 CoNi 合金镀层等。

结晶器的使用寿命是指结晶器内壁的使用寿命。目前尚无统一的规定，在实践中主要有三种定义：一个结晶器从第一次使用算起，直至报废共浇注了多少次，表示为次/个或共浇铸多少钢水，表示为吨/个或共拉出多少米长铸坯，表示为米/个。不论用哪种方法计算，只有条件相同时比较才有意义。

B　结晶器的振动机构

a　结晶器振动的作用

钢水注入结晶器后，极易发生黏结。当结晶器做周期性的往复运动时可有效地克服结晶器内壁与铸坯的黏结。一旦结晶器内铸坯被拉断，振动又有可能在结晶器与铸坯的同步运动中使其愈合。

结晶器振动的目的是防止初生坯壳与结晶器之间黏结而拉破，同时起强制脱模的作用。由于结晶器振动使内壁得到良好润滑，减少了摩擦力又能防止坯壳与结晶器壁黏结，可以改善铸坯质量。

b　结晶器振动的规律

结晶器的振动规律是指在振动过程中结晶器运动速度随时间变化的规律，主要振动形式如图 1-14 所示。

（1）同步振动。同步振动的特点是结晶器向下振动时，振动速度与其拉坯速度相等，即同步。若设 v 为拉坯速度，v_m 为结晶器振动速度，v_1 为上升速度，v_2 为下降速度，则同步振动应满足以下条件：

$$v_1 = 3v \tag{1-6}$$

$$v_2 = v \tag{1-7}$$

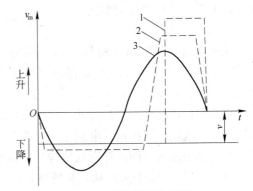

图 1-14　结晶器振动规律
1—同步振动；2—梯形振动；3—正弦振动

同步振动的优点是：结晶器能实现与拉坯速度同步运动，对铸坯质量有利。其缺点是振动机构必须与拉坯速度实行严格的同步联锁，当结晶器由往下转为往上运动的转折速度过大，机构中会产生相当的冲击，因此，现已不再采用。

（2）梯速振动。梯速振动也称负滑动振动，是指当结晶器往下振动时，其速度大于拉坯速度，形成负滑动，即：

$$v_2 = v(1 - NS) \tag{1-8}$$

式中　NS——负滑动率。

NS 的计算式为：

$$NS = \frac{v - v_{m}}{v} \times 100\%$$ （1-9）

梯形振动较同步振动有很大改进。其特点是：结晶器先以拉速稍高的速度下降一段时间出现负滑动或负滑脱。此时坯壳处于受压状态，既有利于强制脱模又有利于断裂坯壳的压合。然后再以较高的速度上升，克服了同步振动时产生较大加速度的缺点。结晶器在下降或上升过程中都有一段稳定运动时间，有利于坯壳的生成和裂纹的愈合。

由于梯形振动也要求结晶器的振动频率与拉坯速度有比较严格的同步联锁，并通过凸轮机构来实现其振动规律，速度变化仍比较大，设计上也较繁杂。目前，这种结晶器振动方式在连铸生产中已经被淘汰。

（3）正弦振动。结晶器振动时，运动速度随时间的变化呈一条正弦曲线，如图 1-15 所示。其特点是：结晶器在整个振动过程中速度一直是变化的，即铸坯与结晶器时刻都存在相对速度。在结晶器下降过程中有一段负滑动，能防止和消除黏结，具有脱模作用；另外，由于结晶器的运动速度是按正弦规律变化的，加速度必须按余弦规律变化，所以过渡比较平稳，冲击力也较小。但是由于坯壳处于负滑动状态的时间较短，且结晶器上升时间占振动时间的一半，增加了铸坯拉断的可能性。为弥补这一不足，可采用高频率，小振幅振动以提高脱模减少振痕的效果。

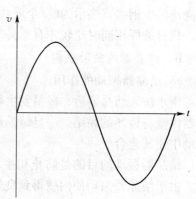

图 1-15   正弦振动曲线

这种振动规律只要用最简单的偏心轮机构就能实现，从设计和制造上都很容易，是目前连铸上普遍采用的振动形式。

c   振动机构

任何结晶器的振动机构都包括两部分：一是使结晶器准确的沿着一定的轨迹振动（直线或弧线）部分；二是使结晶器严格按照一定的振动规律振动部分（凸轮、偏心轮机构或液压伺服系统）。

常用的振动机构有四连杆式、四偏心轮式、差动齿轮式、双偏心轮仿弧形式等，近年来又出现了液压伺服控制、电磁振动式等。

下面主要就短臂四连杆振动机构与四偏心轮式振动机构进行介绍。

（1）短臂四连杆振动机构。短臂四连杆振动机构是具有 4 个滚动铰接点的刚性四连杆振动机构。该机构（图 1-16）有两个刚性振动臂及 4 个滚动轴承组成的铰接点。对方坯连铸，其设计精度 ε 可达不大于 0.02mm，能满足连铸生产工艺的要求。但由于滚动轴承在安装时孔、轴的间隙误差，使该机构在使用一段时间后也会出现一定的晃动现象，特别是目前推行的小振幅高频率，当频率大于 200min^{-1} 以上时，该结构的横向稳定就显得不够。小振幅还使铰接点的润滑变得困难，易造成销轴的磨损，从而引起振动的不平稳。

为了适应高频率、小振幅的工艺要求，一种以钢板在张力状态下作为连杆的四连杆振动机构已开始在方坯连铸上得到应用，且取得了很好的效果。由于这种振动结构没有铰接

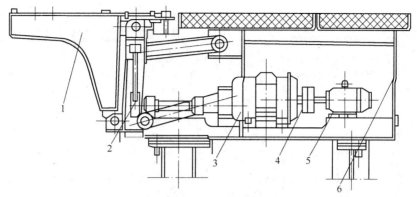

图 1-16　短臂四连杆振动装置

1—振动台；2—振动臂；3—无级变速器；4—安全联轴器；5—交流电动机；6—箱架

点，因此不存在润滑不良和磨损，横向稳定，维修工作量也小。

双摇杆式振动机构是一种用于板坯连铸机的振动机构，如图 1-17 所示。它的全部传动机构和振动机构放在外侧，结构简单，维护方便。

短臂四连杆振动机构特点是结构简单，只有滚动轴承和铰接，各构件连接处，除铰接点就是滚动轴承。因此磨损小，寿命长，运动轨迹较精确。目前在各国连铸机上得到广泛的应用。

（2）四偏心轮式振动机构。四偏心轮式振动机构简图如图 1-18 所示。结晶器的弧形运动是利用两对偏心轮及连杆机构而产生的。结晶器弧形运动的定中是靠两条板式弹簧使结晶器只作弧形摆动，而不能产生其他方向的移动。这种振动机构的优点是平稳，缺点是结构复杂，零件较多。适当选择弹簧的长度，可以使轨迹误差不大于 0.02mm。

d　振动参数的选择

结晶器的振动参数是指振幅和频率。振幅是指结晶器在振动时，从中间位置运动到最高（最低）位置或者从最低（最高）位置上升（下降）到中间位置所移动的距离，通常用符号 A 表示，单位为 mm。结晶器的一个振动行程 $h = 2A$。从工艺角度看，振幅小，结晶器内钢液波动小，对操作和液面控制都有利，同时对减少拉裂与铸坯表面振痕，提高表面质量都很有利。以前的振幅多为 10~15mm。近年来正日趋减小，通常采用 3~8mm，有的已减少到 2mm。振动频率是指结晶器每分钟振动的次数，通常用符号 f 表示，单位为次/min。从工艺上看，频率越高，铸坯越处于较大的动态中，这对防止黏结、脱坯都有利。以前振动频率通常在 150 次/min 内，但随着对铸坯质量要求的不断提高及高速连铸的发展，振动频率在日趋增高。据报道，有的高达 400~500 次/min。

（1）振幅与频率的计算。

正弦振动时，结晶器振动速度为

$$v_m = A\omega\sin\omega t = v_\alpha\sin\omega t \qquad (1\text{-}10)$$

式中　v_m——结晶器振动速度，mm/s；

　　A——结晶器振幅，mm；

　　ω——偏心轮转角速度，rad/s；

　　v_α——结晶器振动的最大速度，mm/s。

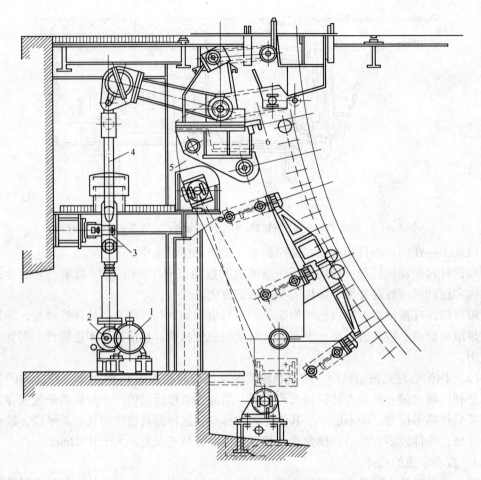

图 1-17　双摇杆式振动机构

1—振动台；2—振动臂；3—无级变速器；4—安全联轴器；5—交流电动机；6—箱架

因为正弦振动是由偏心轮-杆机构实现的，因此，振幅可直接由偏心轮的偏心距，通过杆系的换算得到。也可按速度-时间正弦曲线的半波面积计算获得。

结晶器的振动频率 f，通常为偏心轮的转速，实际上就是其振动频率，亦可由式导出

$$f = \frac{1000(1 - NS)}{2h}v \qquad (1\text{-}11)$$

（2）负滑动时间与负滑动率。由于结晶器振动时的负滑动可以给拉裂的坯壳造成愈合的条件，以防拉漏，因而在结晶器振动时都应有一定的负滑动时间。又由于铸坯表面因结晶器振动会形成横向振痕。实践表明，振痕深浅与负滑动时间有密切关系。其滑动时间 t_N 可按下式计算

$$t_N = \frac{60}{\pi f} \arccos\left(\frac{v}{2\pi Af}\right) \qquad (1\text{-}12)$$

式（1-12）代入式（1-13）得到

$$t_N = \frac{60}{\pi f} \arccos\left[\frac{2}{\pi(1 - NS)}\right] \qquad (1\text{-}13)$$

进而，负滑动率 NS 又可表示为

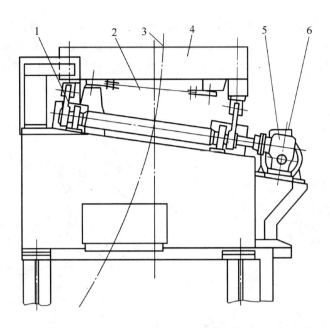

图 1-18　四偏心轮式振动机构

1—偏心轮及连杆；2—定中心弹簧板；3—铸坯外弧；4—振动台；5—蜗轮副；6—直流电动机

$$NS = \frac{2}{\pi}\arccos\left(\frac{v}{\pi f A}\right) \qquad (1\text{-}14)$$

给 f、A 不同值，通过式（1-14），使可绘出 NS-v 的关系曲线。

1.1.2.3　二次冷却装置

二次冷却区通常是指结晶器以下到拉矫机前的区域，二次冷却的目的是使铸坯离开结晶器后接受连续冷却直至完全凝固，它的工艺和结构设计对连铸机性能将起到至关重要的作用。

A　二次冷却装置的作用

从结晶器里出来的铸坯虽已形成，但坯壳一般只有 10~30mm 厚。内部温度很高，因此钢水静压力对坯壳产生很大的膨胀力，使铸坯有可能产生各种变形，甚至出现裂纹和漏钢，特别是大方坯和板坯更为严重。设置二次冷却装置的目的，就是对铸坯通过强制均匀的冷却，促使坯壳迅速凝固变厚，预防坯壳变形超过极限，控制产生裂纹和发生漏钢事故。同时对铸坯和引锭杆予以支撑和导向，防止跑偏。在采用直结晶器的弧形铸机中，二次冷却装置还需要完成将直坯弯成弧形坯。在装有引锭杆的铸机上，二冷装置中需设置有驱动辊，以驱动引锭杆并实现拉坯。对于多半径弧形连铸机，它又起到将弧形铸坯分段矫正的作用。

B　二次冷却装置的形式与结构

二次冷却装置是由支撑导向设备（即各部扇形段）、喷水冷却管路、基础底座等部分组成。

a　小方坯连铸机的二次装置

小方坯连铸机二次冷却装置的结构如图 1-19 所示。它是管式结构，由三段无缝钢管制成，钢管支撑在底座上，每段钢管又由内、外两层钢管构成，中间的夹缝通水冷却，二冷区头二段在冷却室内，第三段在冷却室外，它共有4对夹辊，5对侧导辊，12块导板和14个喷水环，用垫块调节辊间距，以适应不同断面的浇注。二冷区组辊的喷水量占40%，一、二段为60%。

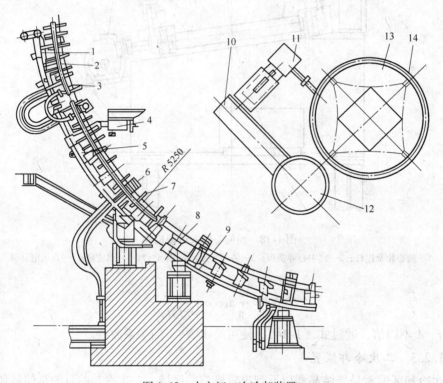

图 1-19　小方坯二次冷却装置

1—Ⅰa段；2—供水管；3—无侧导辊；4—吊挂；5—Ⅰ段；6—夹辊；7—喷水环管；8—导板；
9—Ⅱ段；10—总管支架；11—总管；12—导向支架；13—环管；14—喷嘴

b　板坯连铸机的二次冷却装置

板坯的二次冷却装置要比小方坯的复杂得多，为了保证铸坯质量，必须严格限制铸坯的鼓肚，需要严格控制夹辊辊距和对弧精度。

为了便于加工制造、安装调整和快速处理事故，一般都把二冷区分为若干扇形段。在结晶器下口的第一段，要求能和结晶器准确对中，为便于处理事故，还要能快速更换。所以把结晶器振动装置和二次零段都装在一起，可以快速更换台、快速整体调换。

结晶器下的第一扇形段有板式和辊式两种。

（1）板式结构。板式结构也叫冷却格栅，是为加强铸坯的冷却，防止拉漏和改善铸坯支撑，限制铸坯鼓肚而设计的一种结构。它是由宽、窄两块隔板组成，在隔板上开有许多交错布置的方孔，由这些孔将冷却水直接喷到铸坯表面上。4块隔板组装在框架上，根据格栅的长度，可做成一段、二段或三段，隔板用耐热耐磨的球墨铸铁制成。这种结构的优点是冷却效果好，能有效防止鼓肚。缺点是隔板易磨损、变形，使用寿命较短。

（2）辊式结构。二冷第一段的辊式结构是目前应用较多的一种，它是用密排小夹辊来达到强制冷却和防止坯壳鼓肚变形。图 1-20 是用于立弯式连铸的头段二冷夹辊。它支撑在导辊上，可以从侧面或上面快速拉出，快速更换。另外，在顶弯区有 3 个夹辊，它用支撑辊顶住，用来承受矫弯力。

为了制造、安装、维修方便起见，在设计时将二冷支撑导向装置分为若干段，每段为一个单独组合。一般情况下，零段比较特殊，其他各段结构基本相似。

在二冷区喷水冷却时，将会产生大量的蒸汽，这些蒸汽必须及时排出，否则将无法进行生产操作。为了排出蒸汽，从整体结构上出现了两种不同的形式。如果各段采用开式机架，必须将整个扇形段封闭起来，方可用风机将蒸汽排出，这种整体封闭式结构通常称为房式结构。若将每个扇形段做成封闭式的独立体，并将喷水冷却设施和支导装置部件全部密封在内，

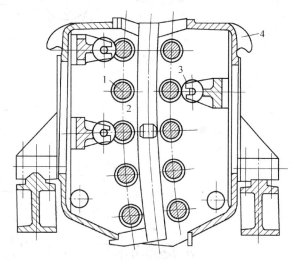

图 1-20　头段二冷夹辊
1—夹辊；2—侧导辊；3—支承辊；4—框架

这种结构形式称为箱式或隧道式结构。排风机可以直接将箱内蒸汽抽走。现代化大型连铸机有向这方面发展的趋势。

因底座长期工作在高温和相当大的外负荷作用下，对连铸机的安装精度与生产使用精度都有很大影响。所以保持相对位置的稳定性对铸坯质量是至关重要的。目前，中型连铸机多采用大刚度整体底座。对于大型连铸机二冷支导装置的底座一般都采用大刚度分组活动支撑方式。

C　喷水冷却系统

由连铸机整体热平衡可以看出，钢坯的凝固潜热在结晶器内只能散失一部分。液芯状态的铸坯进入二冷区便开始受到喷水冷却，并在切断前必须全部凝固。铸坯表面既要均匀冷却又要有高的冷却效率，冷却强度的控制应满足工艺要求。

目前广泛使用的二次冷却方式有两种，即水冷和气-水混合冷却。

a　水冷（喷淋冷却方式）

采用水为冷却介质，冷却水被加一定压力，并通过特殊喷嘴使其"粒化"和"雾化"而形成细小颗粒，水的冷却效率取决于水滴是否有能力穿透蒸汽界面（Leydenfrost 效应），具有这种能力才能产生强烈的冷却作用。这些具有一定直径的水滴以一定的速度和冲击力打到铸坯表面，大约有 20% 水滴被汽化，它们所带走的热量约占 33%，居第一位。其余水滴在吸收铸坯热量的同时流离了铸坯表面，这部分热量约占 25%。

在喷淋冷却系统中，水的雾化仅靠所施加的压力和喷嘴的特性。喷淋系统又分单喷嘴系统和多喷嘴系统两种。

单喷嘴系统采用广角、大流量喷嘴。该系统具有喷嘴数量少，不易堵塞，便于维修等优点。多喷嘴系统中每一排布置多个小角度的喷嘴，其优点是适合对铸坯实施"强冷"，有利于提高拉速。常用的喷嘴类型如图 1-21 所示。喷嘴结构如图 1-22 所示。

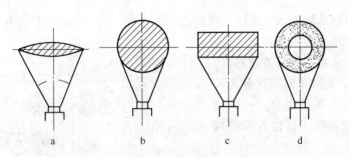

图 1-21　常用喷嘴类型

a—椭圆扇形喷嘴；b—圆锥形喷嘴（实心）；c—矩形喷嘴；d—圆锥形喷嘴（实心）

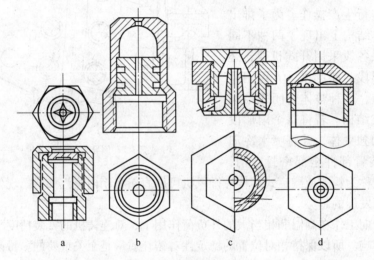

图 1-22　常用喷嘴结构

a—扁喷嘴；b—螺旋喷嘴；c—圆锥喷嘴；d—薄片式喷嘴

b　气-水混合冷却

气-水混合冷却系统采用了一种特殊的气-水混合喷嘴。该系统将压缩空气引入喷嘴，与水混合，使这种混合介质在喷出喷嘴后能形成高速"气雾"，而"气雾"中包含大量颗粒小、速度快、动能大的水滴，因而冷却效果大大改善。

气-水喷嘴工作时，压缩空气和水从两个不同位置进入喷嘴，从出口喷出水雾。一般压力喷嘴水滴直径为 $200 \sim 600 \mu m$，而气-水喷嘴水滴直径只有 $20 \mu m$。

气-水喷嘴的优点是：（1）控调冷却水的范围大，易于达到工艺要求（如水雾化好、蒸发快、冷却效率高、能够达到均匀等），可相应减少冷却水的用量 30% ~ 40%。（2）水滴冲击力大，铸坯表面水滴移动迅速，不积水。（3）喷射覆盖面大，可减少喷嘴数量。（4）特别是当气水雾平行于铸坯表面和辊子轴线时，水滴不会凝聚在辊子与钢坯接触处形成强冷。（5）喷嘴出口大，不易阻塞喷嘴。

它的突出问题是：在生产中要消耗大量的压缩空气，特别是要专门增设一套压力不小于 0.2 ~ 0.5MPa 的压缩空气系统。

研究表明，欲提高二冷区的冷却效率，必须控制好喷水水滴的形式、蒸发状况、水滴的聚合与脱离等因素。同时也应设定好喷水量、水压、水滴尺寸、水流密度、喷射角度、喷射距离和分布面积。这些因素主要取决于二冷区的喷嘴结构和性能。要使二冷区有较高的传热效率，必须设计高效能喷嘴。喷嘴性能的主要参数有：

（1）水流密度：在垂直于喷嘴方向上单位面积单位时间内获得的水量，其单位为：$L/(m^2 \cdot s)$；

（2）喷射角：喷出水雾的张角；

（3）流量特性（又称 P-Q 特性）：不同水压下喷嘴的水流量；

（4）水滴直径：单位为 μm，水滴的直径越小，单位体积内水滴个数越多，雾化就越好，有利于铸坯均匀冷却和提高传热效率；

（5）水滴速度：单位为 m/s，取决于喷水压力和喷嘴孔径，高的水滴速度有利于提高传热能力。

1.1.2.4 拉坯矫直设备

在各种连铸机中都必须有拉坯机，以便将引锭杆及与其凝结在一起的铸坯连续拉出结晶器，然后经过二次冷却支撑导向装置使铸坯进入拉坯机，铸坯出拉辊后便可脱锭（即将引锭杆与铸坯分开）。对于弧形连铸机，生产的产品是直铸坯。因此，当铸坯出拉坯机后还必须进行矫直。在实际的弧形连铸机中，拉坯和矫直这两道工序是常在一个机组里完成的，故称其为拉坯矫直机（简称拉矫机）。

A 引锭存入装置

a 引锭杆

引锭杆是连铸机必不可少的组成部分。浇注前，引锭杆的头部作为结晶器的"舌底"将其下口堵住，并用石棉绳塞好间隙。在引锭杆头上放些废铁板、碎钢等，以使铸锭和引锭头既连接牢固又有利于脱锭。而引锭杆的尾部则应夹在拉矫机中。拉坯时头部逐渐与铸坯凝结在一起。拉坯时，拉矫机将强制地从结晶器中拉出引锭杆及与其连在一起的铸坯。直至铸坯被矫直、脱掉引锭杆为止，其后的拉坯将通过拉矫辊夹紧铸坯连续拉出。而引锭杆会被送离连续生产线存放、清理好以备再用。故引锭杆只在每次开浇时用一次。引锭杆是由引锭头、引锭杆本体及连接件等组成。挠性引锭杆或叫引锭链，应具有单向可挠性，图 1-23 所示是小方坯连铸机使用的小节距挠性引锭杆。此外，在小方坯连铸机上还常常

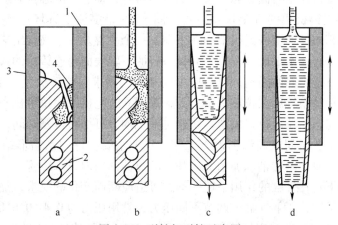

图 1-23 引锭杆引锭示意图

a—引锭头插入结晶器；b—开始浇注；c—结晶器振动、引锭链拉坯；d—继续拉坯

1—结晶器；2—引锭头；3—石棉绳；4—废钢板、碎废钢

应用刚性引锭杆，见图1-24。

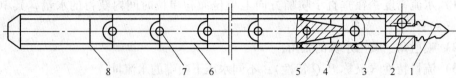

图1-24 挠性引锭杆示意图

1—引锭头；2—销轴；3—引锭头；4—橡胶；5—过渡链节；
6—平链节；7—销轴；8—引锭尾

b 引锭杆的脱锭与存放装置

引锭杆拉出铸坯后，要立即与铸坯脱开。脱锭后的引锭杆应及时存放和清理引锭头，以备下次再用。

（1）脱锭装置：脱锭是必不可少的工作，目前在连铸生产中应用的有人工脱锭和机械脱锭。机械脱锭的装置主要有：1）借用脱锭机脱锭。通常是在四辊拉矫机上采用大节距引锭杆时，可借助于上矫直辊压引锭头使其与铸坯脱开。2）采用脱锭装置。一般是用在小节距引锭杆且采用钩头的铸机上，使用比较方便可靠。

（2）存放装置：由于引锭杆往结晶器里的装入方式有从结晶器下口的送入方式和从结晶器的上口装入方式。这样引锭杆的存放也出现了多种形式。

1）下装式引锭杆的存放方式有三种：借用专用吊架、横移架、升降架或摆动架；

2）上装式引锭杆存放方式主要有：引锭杆小车存放与导入、引锭杆摆动架存放与导入。

板坯连铸机目前多用引锭杆车，引锭杆小车布置在浇注平台上，用来把引锭杆运送到结晶器上方，通过结晶器插到连铸机中，然后从卷扬系统上接收及存放引锭杆。

B 拉坯矫直机

连铸机中拉坯矫直机的形式概括起来可分为一般拉矫机和多辊矫直机两种。一般拉矫机主要是指以三点一次矫直体系和少量传动辊构成的拉矫机，它们用于完全凝固铸坯的拉坯和矫直。而多辊传动拉矫机一般是指拉坯和矫直辊子数目较多的拉矫机，用于现代大型连铸机中，可实现未完全凝固状态下铸坯的拉坯矫直，即进行液芯拉矫。

（1）小方坯连铸机用的五辊拉矫装置。图1-25是多流小方坯连铸机用的五辊拉矫机。它是由结构相同的两组嵌式机架和在中间加一个下辊及一个底座组成。这种拉矫机的特点是：拉矫机布置在水平段上，第一对拉矫辊的下辊表面与连铸机的弧形段相切；通过上辊来调节上、下辊之间的距离，以适应不同断面的要求。拉矫机上、下辊都做成一样，全部辊子通用。传动系统放在拉矫机的上方，采用立式电机，使拉矫机布置紧凑，以缩小多流小方坯的流间距；拉矫机采用整体快速更换机构，可缩短检修时间，提高铸机的生产能力。由于拉矫机长时间在高温辐射下工作，机架主要构件均系箱形结构，以便通水冷却，上下辊采用内冷，两端轴承加水套冷却，减速器油箱内设水冷管。

拉矫机的上下辊在气缸的作用下能摆动，可适应断面变化的要求，浇注不同断面的铸坯，所需压力也不同，压下气缸可调节不同压力，常用压力为0.4~0.6MPa。

（2）板坯连铸机用的多辊拉矫机装置。图1-26是板坯连铸机用的一种多辊拉矫机的典型结构。它由两段组成：第一段在弧形区内，有11对拉辊；第二段在切点以后水平段内，有12对拉辊。各对拉辊均安装在一个独立牌坊内，这种结构可以满足板坯连铸机对

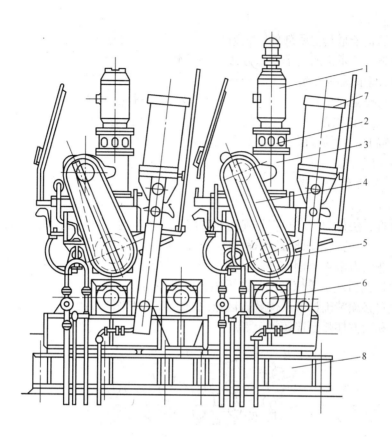

图 1-25 五辊拉矫机

1—立式直流电机；2—制动器；3—齿轮箱；4—传动链；5—上辊；
6—下辊；7—压下气缸；8—底座

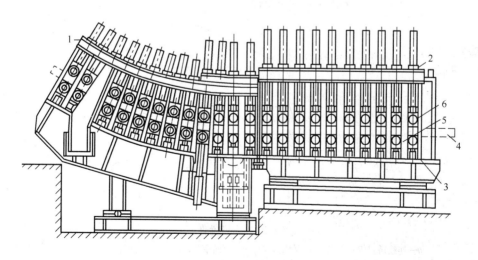

图 1-26 多辊拉矫机

1—牌坊式机架；2—压下装置；3—拉坯机与升降装置；4—铸坯；
5—驱动器；6—从动辊

拉矫机的工艺要求。

拉矫机的辊子是其主要部件，它数量大，寿命短。寿命短的主要原因是由于温度不均引起辊子断裂。拉矫机的辊子冷却方式有：喷水外冷，辊子是实心的；通水内冷，辊子是镶套的。内冷辊的寿命一般长于外冷辊。

为了提高拉辊的使用寿命，除采用冷却外，在材质上一般都采用耐热优质钢。如16CrMo 等，还可以喷涂一薄层耐热耐磨材料，拉辊磨损后，可修复再用；也有采用双层复合材料拉辊的，它的表层采用耐热耐磨材料，而辊体用一般材料。这样，既能满足拉辊工作要求，又能降低成本。

C　连续矫直和压缩铸造

a　连续矫直

连续矫直方法是 20 世纪 80 年代初开发出的一种新的矫直方法。连续矫直辊列配置如图 1-27 所示，它的基本原理是在矫直区内有许多自动对中的平衡辊，利用定距会使辊缝保持恒定，弯曲力由 4 个固定点 A，B，C，D 承受。浮动辊不承受载荷，这样使得从 B点到 C 点之间的铸坯承受恒定的弯曲力矩，应变率在该区段保持恒定，而 A，B，C，D 4个辊子的位置必须精确计算，使矫直区域内的圆弧半径平滑过渡。这种矫直方法已应用在超低头板坯和大方坯弧形连铸机上。

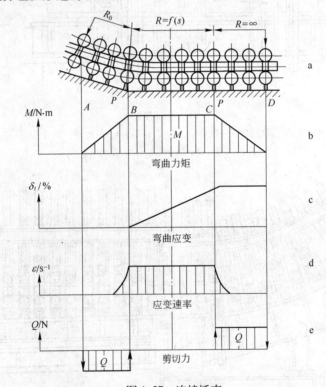

图 1-27　连续矫直

a—连续矫直辊列布置；b—弯曲力矩；c—弯曲应变；d—应变速率；e—剪切力

b　压缩铸造

压缩铸造是板坯连铸机为提高拉速实行液芯拉矫而减少内裂的新技术。压缩铸造的基本出发点是在铸坯矫直区内，给铸坯施加一定的压力，减小甚至完全抵消铸坯在矫直过程中所产生的拉应力，使两相区坯壳的伸长率不超过允许极值，以达到提高拉坯速度，避免铸坯产生内裂，改善铸坯质量，实现带液相矫直的目的。

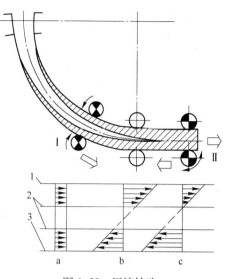

图1-28是压缩铸造原理。它在矫直点前面布置有一组驱动辊，给铸坯以一定推力，而在矫直点后布置有一组制动辊，给铸坯以一定反力，使铸坯在矫直区内处于受压缩状态下矫直。因推坯力大于制动阻力，拉坯仍照常进行。图1-28a是驱动辊与制动辊在铸坯中产生的压应力。图1-28b是矫直应力。图1-28c是合成应力，在内弧中拉应力减小。通过控制制动力的大小，可使矫直点处铸坯内叠加后的合成应力很小的拉应力或等于零，甚至可为压应力，这样就可避免在铸坯内出现裂纹，压缩铸造可提高拉坯速度，例如，浇注（200~300）mm×（900~2200）mm的板坯

图1-28 压缩铸造

a—压应力；b—矫直应力；c—合成应力

1—内弧表面；2—两相界面；3—外弧表面

连铸机的拉坯速度提高到1.8~2.0m/min，坯锭内部裂纹可减少90%~95%。

1.1.3 近终形连铸

1.1.3.1 薄板坯连铸

薄板坯连铸连轧技术是20世纪80年代末在钢铁制造领域成功开发的一项新技术，该技术的应用为钢铁产品进一步降低成本、提高质量提供了一个有效的技术手段。采用薄板坯连铸连轧工艺与传统钢材生产技术相比，从原料至产品的吨钢投资下降19%~34%，厂房面积为常规流程的24%，生产时间可缩短10倍以上，金属消耗为常规流程的66.7%，加热能耗是常规流程的40%。

所谓连铸连轧是把连铸和连轧两种工艺衔接在一起的热带工艺。目前，实现商业化生产的连铸连轧技术主要有CSP、ISP、FTSC等。

A CSP生产线

CSP生产线，即紧凑式生产工艺（Compact Strip Production），主要由连铸机、均热炉、精轧机组、冷却段和卷取机等组成，如图1-29所示。它由德国西马克公司开发，于

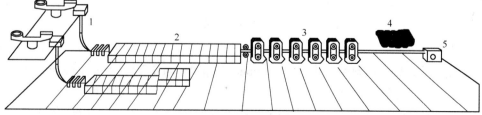

图1-29 CSP生产线

1—立弯式连铸机；2—均热炉；3—精轧机组；4—冷却段；5—卷取机

1989年7月在美国纽柯公司克劳福兹维尔厂建立了世界第一条生产线。目前，国内外已有20余条CSP生产线投入生产，成为薄板坯连铸连轧工艺的主要形式。

CSP生产线的主要特征：

（1）连铸设备为立弯式连铸机。

（2）采用漏斗形直结晶器。CSP的结晶器，在宽面中间附近垂直方向是上大下小带锥度，呈漏斗状，而在漏斗区以外两侧壁板仍然是平行的，如图1-30所示。

漏斗形直结晶器是CSP的关键技术，其主要优点包括：增大结晶器上口表面积，有利于高拉速条件下的保护渣熔化；钢水容量大，结晶器液面易于控制，并减轻了钢流对坯壳的冲刷；结晶器上口尺寸增大，有利于浸入式水口（SEN）的插入，避免钢水在结晶器与SEN间的搭桥，并有利于加大SEN的壁厚，提高使用寿命。

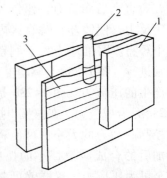

图1-30　漏斗直结晶器示意图

1—结晶器；2—浸入式水口；3—钢液

（3）采用液芯压下技术。液芯压下过程如图1-31所示。当铸坯离开结晶器后，在紧接其后的扇形段设置液压缸，外弧侧固定，内弧侧用液压缸推动对铸坯壳施压，液芯仍保留其中，经二冷扇形段，液芯不断收缩，直到薄板坯全部凝固。这一技术的应用可增大结晶器出口坯厚度，又可轧薄规格，减少能耗。

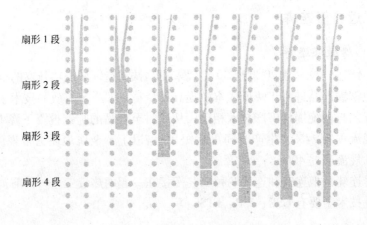

图1-31　液芯压下过程示意图

在第一代CSP生产线上，没有配置液芯压下装置，铸坯出结晶器后的厚度较小，一般为40~50mm；在第二代CSP生产线上，配有液芯压下装置，出结晶器的铸坯厚度一般为70mm左右，经液芯压下再进一步减薄到所需要的厚度。

B　ISP生产线

ISP生产线，即在线热带生产工艺（Inline Strip Production），主要由弧形连铸机、大压下轧机、感应加热炉、Cremona卷曲箱、精轧机组、冷却段、卷取机等组成，如图1-32所示。它是由德国德马克公司与意大利阿尔维迪公司联合开发的，于1992年1月在意大利阿尔维迪公司的克雷莫纳厂投产。

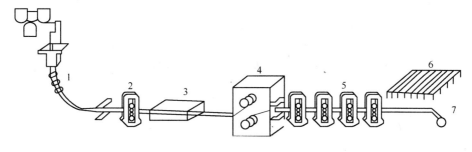

图 1-32 ISP 生产线

1—连铸机；2—大压下轧机；3—感应加热炉；4—Cremona 卷取箱；

5—精轧机组；6—冷却段；7—卷取机

ISP 生产线的主要特征：

（1）连铸设备为超低头连铸机。

（2）采用特殊结构结晶器。ISP 生产线上有两种结构的结晶器，一为上部为垂直结构、下部为弧形结构的直弧形结晶器；另一为鼓肚较小的橄榄球状结晶器。早期的 ISP 生产线上采用直弧形结晶器，目前的 ISP 生产线主要采用橄榄球状结晶器。

（3）采用液芯压下装置。

（4）采用特殊形状薄壁浸入式水口。为了适用结晶空间和形状，直弧形结晶器的水口为薄片状，壁厚仅有 10mm 左右，材质为加有氮化硼（BN）和氧化锆（ZrO）的高碳铝质材料；采用橄榄球状结晶器后，薄片状水口壁厚增至 20mm，从而提高了水口的使用寿命，同时也有利于铸坯质量的改善。

1.1.3.2 薄带连铸

薄带连铸技术可以将钢水直接浇注出薄带坯，不经热轧或稍经热轧，便可直接应用或冷轧生产冷轧薄板，将铸造、轧制，甚至热处理合为一体，因此在节省投资、降低成本、改善生态环保等方面具有非常大的竞争潜力。

薄带连铸技术因结晶器的不同而分为带式、辊式、辊带式等。其中研究的最多、进展最快的是双辊薄带连铸技术。双辊薄带连铸机包括同径双辊铸机和异径双辊铸机，布置方式有水平式、垂直式和倾斜式三种。垂直式同径双辊铸薄带连铸机是最有发展前途的，目前已具备工业规模生产的水平。

双辊薄带连铸是把钢液浇注到两个相向旋转的水冷铜辊之间，直接凝固成薄带。图 1-33 为某钢厂的双辊薄带连铸生产线。

与传统带钢生产技术相比，双辊薄带连铸有如下优势：

（1）生产线长度由几百米缩短到几十米，投资成本大幅度降低；

（2）省去了热轧工序，生产成本下降、能耗降低，有害气体排量减小；

（3）冷却速度快，可细化晶粒，减少偏析，改善产品质量；

（4）可以加工难变形材料，如高速钢、硅钢等，并且有可能获得具有特殊结构和性能的产品；

（5）适于产量规模较小，与直接还原等新流程匹配，形成符合环境友好、可持续发展的新流程。

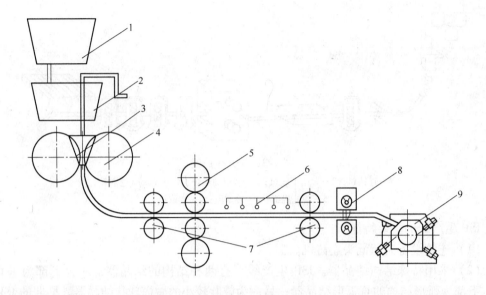

图 1-33　双辊薄带连铸生产线示意图

1—钢包；2—中间包；3—侧封板；4—结晶器；5—热轧机；6—冷却装置；

7—夹送辊；8—剪切机；9—卷取机

1.2　常用有色金属的连铸设备

1.2.1　有色金属连铸设备概述

目前，有色金属的连铸，特别是铝及其合金的连铸，已在工业上得到广泛的应用。常用的有色金属连铸设备有：水平连铸机、垂直连铸机、轮带式连铸机、双钢带（履带）连铸机和双辊式连铸机等。

水平连铸机和垂直连铸机铸出的铸坯，通常要冷却到室温，轧制时再重新加热，连铸机与轧机不在一条生产线上；轮带式连铸机和双钢带（履带）机铸出的铸坯直接输送到轧机上进行变形，连铸机与轧机在一条生产线上，称为连铸连轧；双辊式连铸是在旋转的铸轧辊中铝熔体同时完成凝固及轧制两个过程，直接生产出薄带。

与其他有色金属薄带的生产方法相比，双辊式连铸生产线具有投资少、成本低、效率高、能耗少等优势。

1.2.2　双辊式铸轧机的类型与配置

双辊式铸轧技术简化了铝板、带箔的生产工艺，并缩短了生产周期；同时，还具有投资少、占地面积小、建设速度快、生产成本低等优势。因而它得到了广泛推广，并不断改进和完善。

根据两个轧辊的相对位置不同，双辊式铸轧机可分为双辊水平下注式、双辊倾斜侧注式和双辊垂直平注式三种类型，如图 1-34 所示。

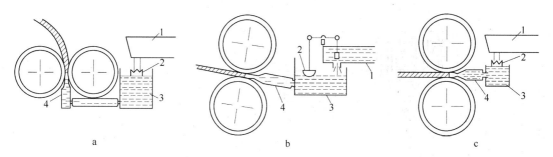

图 1-34　双辊式连铸机示意图

a—双辊水平下注式；b—双辊倾斜侧注式；c—双辊垂直平注式

1—流槽；2—浮漂；3—前箱；4—供料嘴

（1）双辊水平下注式。两辊中心连线与地面平行，金属浇注方向与地面垂直，简称为垂直式铸轧机（图 1-34a）。它由美国亨特工程公司于 1956 年推出。

（2）双辊倾斜侧注式。金属浇注流向与地面水平线呈一定角度，一般为 15℃，两辊中心线与地面垂直线呈一定角度，简称为倾斜式铸轧机（图 1-34b）。它由美国亨特公司于 1962 年推出。

（3）双辊垂直平注式。两辊中心连线与地面垂直，金属浇注流向与地面水平线平行，简称为水平式铸轧机（图 1-34c）。它由法国彼施涅集团子公司斯卡尔公司于 1960 年推出。

双辊式铸轧机生产线主要由熔炼系统、连铸系统和精整系统组成。熔炼系统包括金属熔炼所需的熔炉及储液、保温、除气、控温所用的静置炉等和金属液由熔炼通向连铸系统的在线精炼装置和流槽等；连铸系统包括连铸机和向连铸机供料的前箱、供料嘴、铸坯导向辊等；精整系统包括牵引机、剪切机、矫直机及卷取机。此外，还有供气、供电系统和起重运输设备等。

三种双辊式铸轧机的配置方式如图 1-35 所示。前两种铸轧机机组产线长度大约为 10mm，后者仅长约 7mm。

对于垂直式铸轧机，供料嘴的装置制造、安装、调整和操作都相当困难，且存在铸轧速度较慢等问题，而倾斜式铸轧机与水平式铸轧机成功克服了这些不足，因而垂直式铸轧机已经淘汰。水平铸轧机由于取消了牵引机、矫直机等，具有更大的优势，逐渐代替了倾斜式铸轧机，成为铸轧机的主要生产方式。目前，绝大多数新建铝加工厂选用水平式铸轧机，次之为倾斜式铸轧机。

1.2.3　连铸系统主要构成

1.2.3.1　流槽与细化剂送进装置

流槽是铝液从静置炉到前箱的流经通道。为了避免铝液热量的散失，要求流槽应具有良好的保温性。在保证工艺使用长度时，流槽长度应尽可能短，并且最好是密闭的，这样既可避免熔体温度下降过多，又可防止熔体二次污染。为了便于维修，流槽通常做成活动式，外壳用钢板焊接，内衬用硅酸黏土加石棉绒做成。为了保持铝液的温度，可在流槽上面采用保温材料加盖，也可在流槽上面装设电阻丝或硅碳棒加热装置，或用煤气火焰喷头

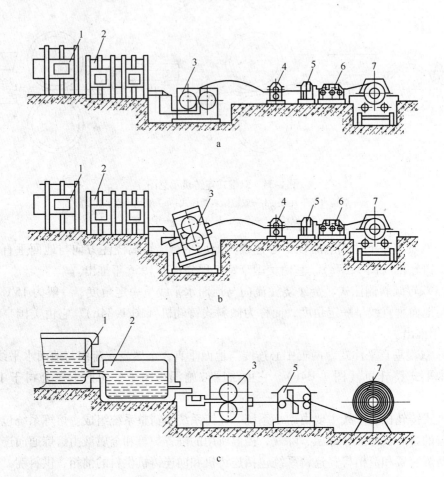

图 1-35 双辊式连铸机组示意图

a—双辊水平下注式；b—双辊倾斜侧注式；c—双辊垂直平注式

1—熔炼炉；2—静置炉；3—连铸机；4—牵引机；5—剪切机；6—矫直机；7—卷取机

加热以保证流槽温度。

流槽向前箱供流有两种典型方式，即垂直铝液供流方式与侧注式铝液供流方式，如图 1-36 所示。

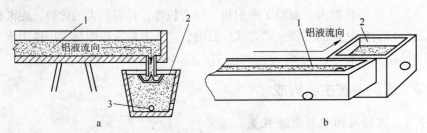

图 1-36 铝液供流方式示意图

a—垂直式；b—侧注式

1—流槽；2—前箱；3—放流口

为了提高铸轧坯的质量，需要获得细小的晶粒。目前，常用的工艺是在流槽中添加 $\phi 8\sim 12mm$ 的铝钛硼丝，作为细化剂。铝钛硼丝进给装置，如图 1-37 所示。它由铝钛硼丝送进器和放丝架两部分组成。

1.2.3.2　前箱和金属液面控制系统

前箱实际上就是中间包，它由两个连通的容器组成，外壳用钢板焊接而成，内衬采用硅酸铝黏土或三棉绒等耐火材料。在铸轧过程中，贮存液体并保持一定的液面高度，以不断向铸轧区内供给铝熔体。它的基本作用是控制由供料嘴流入铸轧辊辊缝的铝熔体压强，也就是说，前箱中的熔体要保持一相对稳定的高度。根据金属品种、带坯厚度以及浇注温度和铸轧速度的不同，前箱液面应控制在不同高度。

目前，生产中使用的液面控制装置主要有三种结构，即杠杆式、浮标式和非接触式液位控制器。

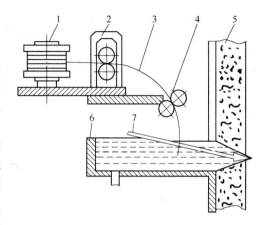

图 1-37　铝钛丝进给装置示意图

1—放丝架；2—钛丝进给器；3—合金丝；4—中间导向辊；5—静置炉；6—流槽；7—堵头

杠杆式控流器如图 1-38 所示，是利用杠杆的工作原理制作的。图 1-38a 适用于供流流槽和前箱有落差的供流方式；图 1-38b 适用于流槽和前箱在同一水平面上的前箱液面控制方式。塞头由石墨或轻质耐火材料制作。

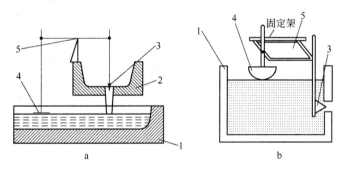

图 1-38　杠杆式控流器示意图

1—前箱；2—供流流槽；3—塞头；4—浮标；5—杠杆

浮标式控制器如图 1-39 所示，是根据液体浮力原理制作的。制作浮标的材料最好采用密度较低的耐火材料，以获得较高的灵敏度。

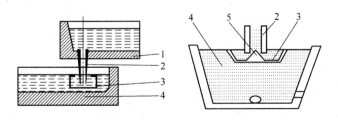

图 1-39　浮标式控流器示意图

1—流槽；2—流管；3—浮标；4—前箱；5—堵头

非接触式液位控制器如图 1-40 所示，在前箱流槽的熔体上方安装一非接触式的电容熔体水平测量传感器，传感器探头不与铝液接触，参照系是铝熔体上表面。通过传感器发出与熔体水平成比例的电信号，信号传到控制计算机后，与设定值进行比较，快速调节液面高度，使其迅速恢复到设定值。该控制器可使熔体水平控制精度约为 0.5mm。这是当前该类控制装置中能达到的最高精度。

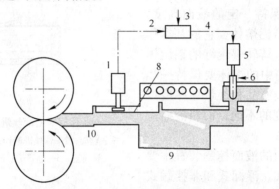

图 1-40　非接触式液面控制器示意图

1—电容非接触式传感器；2—测量值输入；3—计算机；4—信号输出；5—执行机构
6—塞棒；7—下注口；8—熔体水平；9—过渡系统；10—铸嘴

1.2.3.3　供料嘴

供料嘴又称为铸嘴，是双辊式铸轧过程中直接输送和分布金属熔体的关键部件。它由上下嘴扇、若干块垫片、边部耳子组成。

常用供料嘴材料有 MARINITE、STYRITE 及国内仿制的中耐 1 号、中耐 2 号等。较普遍使用的是 STYRITE 及与其性能相近的材料。它们是一种用陶瓷纤维、硅酸铝纤维通过真空压制的耐火板，是一种轻质的耐火产品，其具有如下性能：

（1）在高温下，稳定性好、线膨胀系数小；

（2）保温性好，导热系数小；

（3）具有良好的抗热冲击性；

（4）与熔融金属不发生反应，耐金属腐蚀；

（5）加工性能好，可任意加工。

供料嘴的内部结构，对铸轧稳定生产、提高铸轧板品质至关重要。内部垫片分布要求是使金属在供料嘴内温度场、流场尽量均匀一致。垫片尺寸、间距、数量根据不同铸嘴结构、宽度而定。常见铸嘴内部结构如图 1-41 所示。

供料嘴与前箱、横浇道等往往被装在同一块底板上，被称为浇注系统。装配时，可调整底板，以确保供料嘴与辊缝间有合适的间隙。

图 1-42~图 1-44 分别示出了三种双辊式铸轧机的浇注系统。

1.2.3.4　铸轧辊

铸轧辊在工作时，既要承受金属而产生于辊面的温度变化应力，又要承受对凝固坯热加工所引起的金属变形抗力。为了使铸轧辊与铝液接触后热交换的热量迅速散去，辊内需要通过冷却水，因而铸轧辊由辊套、通水槽的辊芯构成，如图 1-45 所示。

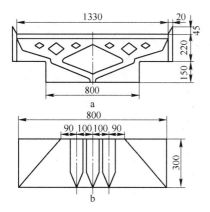

图 1-41 铸嘴内部结构

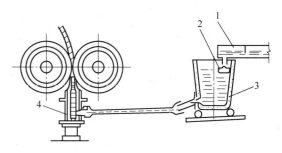

图 1-42 双辊水平下注式连铸机浇注系统示意图
1—流槽；2—浮漂；3—前箱；4—供料嘴

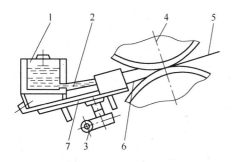

图 1-43 双辊倾斜注式连铸机浇注系统示意图
1—前箱；2—横浇道；3—浇注系统调整机构；4—铸轧辊；
5—带坯；6—供料嘴；7—底板

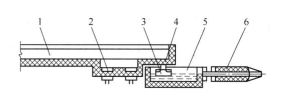

图 1-44 双辊垂直平注式连铸机浇注系统示意图
1—流槽；2—陶瓷塞子；3—浮标；4—垂直管；
5—前箱；6—供料嘴

A 辊套

辊套由于受到弯曲力、扭应力、表面摩擦力及周期性热冲击力等影响，要求具有良好的导热性、线膨胀系数和弹性模量要小、有较高的强度和硬度、较好的耐高温性能、抗热疲劳性能和抗变形性能等。除上述性能要求外，还要考虑到综合成本。

国内外常用的辊套材料有 3MoV、32Cr3MoV、20Cr3MoWV、35CrMnMo、CrNi3MoV 等，温度 20℃时，其硬度为 380~420HB，抗拉强度不小于 1200MPa，屈服强度不小于 1000MPa，伸长率不小于 12%，断口收缩率大于 40%。

B 辊芯

铸辊芯为铸轧辊的核心部分，通过其支撑辊套和实现循环水冷却。铸轧辊辊芯也是承受铸轧力的主要部件，辊芯中的冷却水孔和辊芯表面的循环强制冷却水槽沟的存在，削弱了辊芯抵抗各种应力的能力。因而辊芯的材质、热处理、循环强制冷却水的供水方式就显得特别重要。

国内外广泛应用的辊芯材料为 23CrMo、35CrMo、42CrMo、50CrMo4 等。硬度为 HB280~400。

常用的冷却水进出水孔的布流有两进两出、一进三出式等，如图 1-46 所示。

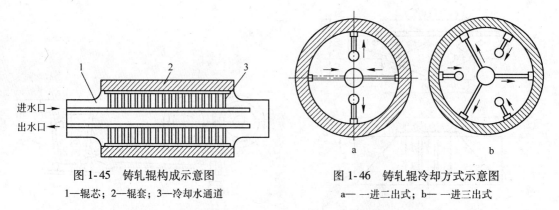

图 1-45　铸轧辊构成示意图　　　　　　　图 1-46　铸轧辊冷却方式示意图
1—辊芯；2—辊套；3—冷却水通道　　　　　a— 一进二出式；b— 一进三出式

铸轧辊辊芯表面冷却水槽的槽形主要有矩形沟槽和圆弧形沟槽、波浪形沟槽，如图 1-47 所示。

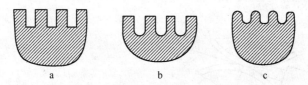

图 1-47　铸轧辊冷却水槽槽形示意图
a—矩形；b—圆弧形；c—波浪形

冷却水沟的结构有纵向、螺旋形、环形和井字形等多种形式，如图 1-48 所示。

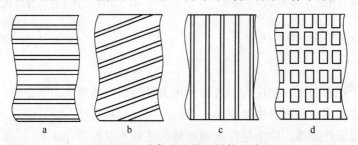

图 1-48　冷却水沟槽的结构形式
a—纵向；b—螺旋形；c—环形；d—井字形

1.2.4　薄板带超薄高速连续铸轧机

常规铸轧机直接将铝液加工成厚度一般为 6～10mm 的卷材，同热轧开坯相比具有独特的优势。但其生产效率较低，致使单位生产成本高。20 世纪 90 年代，双辊连续铸轧技术取得了重大突破，开发了铝板带超薄高速连续铸轧技术。

铝板带超薄高速连续铸轧工艺技术的发展，其意义不仅仅在于铸轧速度的大大提高和带宽的扩大，更重要的是可以生产厚度为 1mm 左右的薄铝带坯，铝熔体冷却可达到 1000℃/s，可获得细小的凝固组织，从而大大提高了铝板带的力学性能。

高速铸轧机必须具有足够大的轧制力、高精度的液面控制系统、动态可调的液压压上（压下）系统、高效的轧辊冷却系统以及厚度检测、控制系统等。

具有代表性的高速铸轧机如下：

（1）FATA Hunter 公司的 Speed Caster 铸轧机。FATA Hunter 公司通过在美国田纳西州享丁顿的诺兰多尔铝厂的试验，开发了薄板高速铸轧生产线，称为 Speed Caster，如图 1-49 所示。

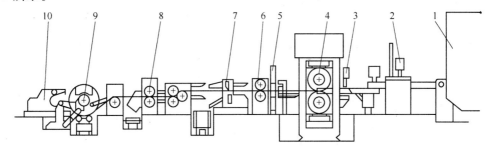

图 1-49　Speed Caster 高速铸轧生产线示意图

1—倾斜式静置炉；2—除气装置；3—自动液面控制系统；4—主机；5—在线板形检测仪；
6—牵引机；7—切头液压剪；8—切边剪；9—卷取机；10—皮带助卷器

Speed Caster 铸轧机技术为：辊径 1118mm，辊身长 2184mm，最大板宽 2134mm，最小厚度 0.635mm，最大线速度 38m/min，倾角 15°，轧制力 30MN，最大扭矩 655000N·m×2，最大卷径 2133mm（19t），生产效率 3.9t/（h·m）。

（2）Pechiney 公司的 Jumbo 3CM 铸轧机。Pechiney 公司通过 Voreppe 研究中心的 400mm 宽试验机及 Rugles 工厂的 1200mm 宽 Jumbo 3C 工业铸轧机改造基础上，开发了 3CM 高速铸轧机，安装于法国 Neuf Brisach 的 Rhenalu 工厂，如图 1-50 所示。

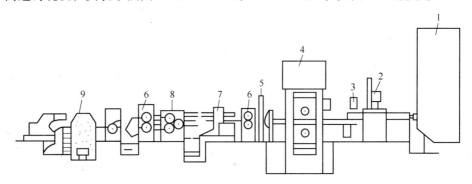

图 1-50　Jumbo 3CM 高速铸轧生产线示意图

1—静置炉；2—除气箱；3—液压自动控制系统；4—铸轧机；5—测厚仪；
6—夹送辊；7—剪切机；8—碎边机；9—卷取机及助卷系统

Jumbo 3CM 铸轧机技术为：辊径 150mm，辊身长 2020mm，最小厚度 1mm，最大线速轧制力 29MN，扭矩 0.6MN·m×2，最大板宽 2000mm。

（3）Davy 公司的 Dynamic Stripcaster 铸轧机。Davy 公司分别与牛津大学合作开展了实验研究、与瑞典格兰斯瓮合作开展了工业试验，并在卢森堡欧洲铝箔厂（Eurofoil）开发了一台四重结构高速铸轧机，称为 Fastcast，后改称为 Dynamic Stripcaster，如图 1-51 所示。

Dynamic Stripcasterr 铸轧机技术为：辊径 600mm，支撑辊辊径 950mm，带坯宽度

1800mm，轧制力 22.5MN 弯辊，最大扭矩 0.7MN·m×2，速度 15mm/min，主驱动功率 300kW×2，负荷 1.35t/mm。

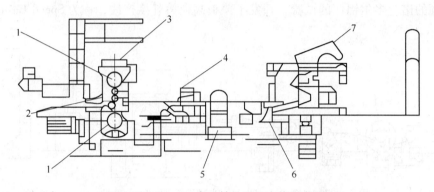

图 1-51　Fastcast 高速铸轧机生产线示意图
1—支撑辊；2—铸轧辊；3—液压箱；4—牵引辊；5—剪切机；6—导料板；7—卷取机及助卷系统

1.3　连铸相关先进技术

1.3.1　结晶器相关技术

结晶器是连铸机的心脏，是制约铸坯质量及铸机生产率的关键设备。在高效连铸技术开发过程中，研制出一系列新型结晶器。

1.3.1.1　热顶式结晶器

为避免坯壳与结晶器壁黏结，连铸过程中结晶器需做往复振动，在结晶器上下运动时铸坯表面形成了周期性的并与拉坯方向垂直的振痕。它是在坯壳不断拉破又不断重新焊合过程中形成的。若振痕深度较浅（小于 0.5mm），而且较规则，在进一步加工时不会形成缺陷。若振痕较深，在振痕谷部往往潜伏着横裂、夹碴和针孔等缺陷，将危害铸坯质量，形成"深振痕"表面缺陷。

研究表明，当结晶器内弯月面处液面保持高温时，可显著减小振痕深度，改善铸坯表面质量。为此近几年研制出一种无弯月面浇注技术，即热顶结晶器技术（Hot Top Mold）。它是在结晶器顶部装有低导热性陶瓷材料或不锈钢插件、感应加热器和超声波振动等装置，其结构如图 1-52 所示。

1.3.1.2　喷淋式结晶器

喷淋式结晶器取消了导流水套，在铜管外围布置若干排喷嘴将水直接喷到铜管表面进行冷却，如图 1-53 所示。由于喷出的水有较高的速度，破坏了结晶器表面的水膜，增加了结晶器铜管与冷却水的热交换，提高了结晶器冷却效果，有利于提高拉速。喷嘴的型号、布置方式充分考虑了在不同阶段上铸坯冷却的需要，使弯月面的冷却强度增大，其他部位冷却均匀，以增加坯壳厚度，有利于提高拉速。另外喷淋式结晶器水压低，耗水少，不会发生结晶漏水现象，可以有效地保证人身安全，但对水质要求严格。水质差时易堵塞喷嘴，铜管冷面会结垢，恶化冷却效果。

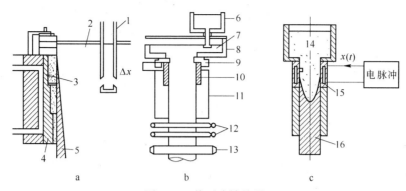

图 1-52　热顶式结晶器

a—连续拉坯；b—间歇拉坯；c—控制初始凝固的电磁装置

1—浸入式水口；2—保护渣；3—陶瓷结晶器；4—铜结晶器；5—坯壳；6—钢包；7—钢水；8—中间包；

9—水口；10—陶瓷结晶器；11—铜结晶器；12—支承辊；13—夹辊；14—钢水；15—感应器；16—铸坯

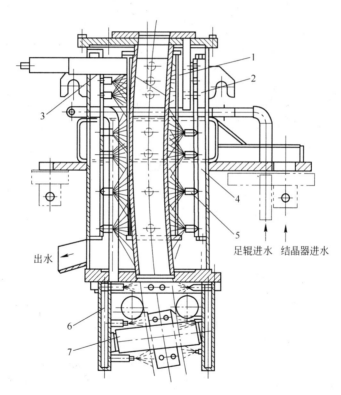

图 1-53　喷淋式结晶器

1—结晶器铜管；2—放射源；3—闪烁计数器；4—结晶器外坯；5—喷嘴；6—足辊架；7—足辊

1.3.1.3　多锥度结晶器

为使铜管的内腔与铸坯冷却时的收缩相吻合，进一步提高结晶器的热效率，使铜管传热与铸坯冷却均匀，采用计算机三维仿真技术对坯壳的形成、冷却收缩进行模拟研究，开发出能较好地适应铸坯收缩的变锥度铜管的高效传热结晶器。如康卡斯特公司的凸形结晶器，其上部铜壁面是向外凸出的，往下沿整个结晶器方向逐渐变为平面，这样上部凸面区传热效率高、角部气隙小，使铸坯与结晶器尽量保持良好接触。当坯壳向下运行时，逐渐冷却收缩并自然过渡到平面段。结晶器下部呈平面正好适应了坯壳本身的自然收缩，使结晶器传热效率大为改善。

另外，如达涅利公司的 DANAM 抛物线结晶器，奥钢联的 Diamold 抛物线结晶器，以及连续锥度结晶器、曲面结晶器等都属于多锥度高效传热结晶器。

1.3.2　结晶器非正弦振动及同步控制

随着连铸技术的发展，基于传统负滑动理论的结晶器高频小振幅模式已不能满足高速连铸技术的需要。突出问题是其应用于高速连铸时结晶器摩擦力增加，保护渣耗量降低，致使黏结性漏钢的几率大为增加。

解决上述问题的关键是设法降低拉坯阻力，要减少坯壳的摩擦阻力，即要降低 (v_m-v) 值和增加保护渣的耗量。从结晶器振动规律看，只要降低振动速度，使负滑动率变少，会出现正滑脱时间变长的波形，从而达到减少摩擦阻力的目的。满足上述要求最适宜的波形就是非正弦振动波形，如图 1-54 所示。

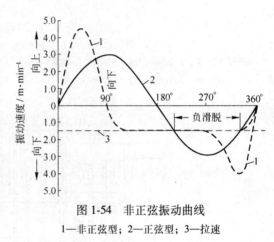

图 1-54　非正弦振动曲线

1—非正弦型；2—正弦型；3—拉速

1.3.2.1　非正弦振动曲线及其振动工艺参数

非正弦振动的最大特点是上升时间比下降时间长，因而加大了保护渣的消耗量，使结晶器弯月面附近的液体摩擦力减少，可以得到表面质量优异的铸坯，能满足连铸生产的需要。

非正弦振动曲线大致可分为三角形振动波形、三角多项式波形、普通的非正弦波形和改进的非正弦波形等。三角形波形的数学表达式很简单，但在结晶器上、下振动的转折点处速度变化太大，这对铸坯质量和设备不利。

非正弦振动波形的位移、速度和加速度方程分别为：

$$s = h\sin[\omega t - \alpha\sin(\omega t)] \tag{1-15}$$

$$v = h[\omega - \alpha\omega\cos(\omega t)]\cos[\omega t - \alpha\sin(\omega t)] \tag{1-16}$$

$$a = \alpha h\omega^2\cos[\omega t - \alpha\sin(\omega t)]\sin(\omega t) - h[\omega - \alpha\cos(\omega t)]^2\sin[\omega t - \alpha\sin(\omega t)]$$

$$\tag{1-17}$$

式中，α 为波形偏斜率，当 $\alpha = 0$ 时，非正弦振动曲线变成正弦振动曲线，因此正弦振动可以看成非正弦振动的特例。给出不同的 h、α 和 ω 可以改变非正弦振动曲线的形状。h、ω 不变，仅改变 α 时的振动速度曲线如图 1-55 所示。可以看出这种非正弦振动波形具有曲线连续、速度曲线无尖点、加速度曲线变化连续、容易实现等特点。

将拉坯速度代入式（1-16）可以得到拉坯速度与非正弦振动速度曲线的交点，图 1-55 中 t_1、t_2 是 $\alpha = 0.4$ 时速度曲线 1 与拉坯速度 $v = v_c$ 曲线的交点。当 α 等于其他值时也可以得到相应的交点。用迭代法可以求出 t_1，那么：

$$t_N = t_2 - t_1 = T - 2t_1 \qquad (1\text{-}18)$$

$$N_S = \int_{\frac{T}{2}-\frac{t_N}{2}}^{\frac{T}{2}+\frac{t_N}{2}} (v - v_c)\,\mathrm{d}t$$

$$= -t_N v_c + h\sin\left(\frac{t_N - T}{2}\omega + \alpha\sin\frac{t_N + T}{2}\omega\right) +$$

$$h\sin\left[\frac{1}{2}\left(t_N\omega + T\omega - 2\alpha\sin\frac{t_N + T}{2}\omega\right)\right]$$

$$(1\text{-}19)$$

$$N_{SR} = \frac{2t_N}{T} \times 100\% \qquad (1\text{-}20)$$

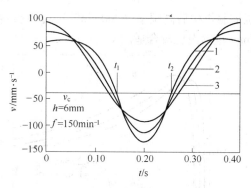

图 1-55　不同波形偏斜率时的振动速度曲线
1—$\alpha = 0.4$; 2—$\alpha = 0.2$; 3—$\alpha = 0$

$$v_{max} = v_c - v \qquad (1\text{-}21)$$

于是，当给定波形参数 $v_c = 1.4\text{m/min}$ 和 $v_c = 2.5\text{m/min}$；$\alpha = 0$、$\alpha = 0.2$ 和 $\alpha = 0.4$；$f = 160\text{min}^{-1}$ 和 $f = 200\text{min}^{-1}$ 后，即可得到相应的振动工艺参数值。

1.3.2.2　非正弦振动基本波形参数的确定

在实际振动中，合理确定振幅、振动频率和波形偏斜值是获得较好铸坯表面质量的关键因素。

A　振动频率的选择

在所有的振动形式中，其负滑动时间与振动频率的变化曲线（t_N-f 曲线）是选择振动频率的主要依据。图 1-56 给出了当 $\alpha = 0$、$\alpha = 0.2$ 和 $\alpha = 0.4$，$v_c = 1.4\text{m/min}$ 和 $h = 2.5\text{mm}$ 时的负滑动特征曲线。分析这些曲线的特点可知：（1）对于任何给定的 v_c/h 值，都有 $t_N \leqslant 0$ 的点，即都有一个 $f = f_0$ 的临界振动频率。当 $f \leqslant f_0$ 时，t_N 不存在。此区域无法控制黏结，取 f 值应避开此区域；（2）在 $f_0 < f \leqslant f_1$ 区域内，t_N 为 f 的增函数，曲线斜率较大，此区域称为非稳定区域，取 f 值应避开此区域；（3）在 $f > f_1$ 区域内，t_N 为 f 的减函数，t_N 取值较小且变化缓慢，称之为稳定区，在此区域内可以很好地满足 $t_N > 0$，因此取 f 值时应在此区域内选择。考虑到液压伺服控制系统带宽的限制，振动频率的范围应为 $f_1 < f < 400\text{min}^{-1}$。

B　波形偏斜率的确定

由图 1-56 可知，在 f 的可取值范围内，t_N 随 α 值的增大而减少。α 值越大，f_0 越小，同时对应 $t_{N\,max}$ 的 f 值也越小。所以 α 值增大使振动频率范围扩大。但 α 值增大时，由式（1-17）可知振动加速度增大，对设备强度很不利。分析可知，随着 α 值的增大，t_N 值减小，v_{max} 减小，但 N_S 值有所增加。考虑以上因素，α 值的取值范围在 0~0.40 之间为宜。

C　振幅的确定

负滑动时间与振幅的关系曲线如图 1-57 所示。可见曲线总的趋势是随着 h 的加大 t_N 增加；随着 α 的提高，t_N 减小。从图中可以看出，振幅在 1~4mm 范围内变化时，t_N 变化较大。而当 $h > 4\text{mm}$ 以后，t_N 变化比较平缓。由于可通过改变 α 来满足对振动工艺参数的要求，因此振幅的选择有较大的自由度，但还应考虑到在拉坯速度最大时不应使 v_c/h 值过小。在避免临界振动频率过高的前提下，应尽量采用小振幅。现在的连铸机采用的振幅多在 6~12mm 范围内，这是由于一般情况下高频率在机械方面的困难无法克服。而用液压伺服机构后高频率（200min^{-1}）可以很容易实现，因此可以降低振幅，选择振幅在2~7mm范围内比较合适。

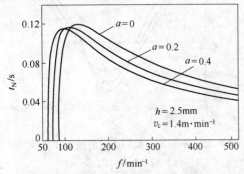

图1-56　负滑动时间与振动频率的关系

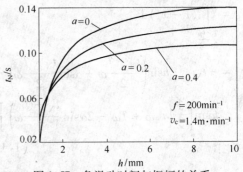

图1-57　负滑动时间与振幅的关系

由式（1-18）~式（1-21）可知，振动工艺参数与f、h、v_c和α有关，当f、h、v_c和α变化时，振动工艺参数也随着变化。为了在浇注过程中满足一定的振动工艺参数的取值要求，f、h、v_c和α应保持一定的关系。根据连铸过程需要满足合适的t_N值和合适的N_S值以及实际生产容易实现的原则，经过分析，得到用简单直线方程表示的同步控制模型。

（1）基于t_N和N_S的v_c-f曲线，α同步控制模型。即给定h，随拉坯速度变化相应地调整f和α。为简化控制过程，可以先根据工况选定一个α值，然后按下式随拉坯速度的变化调整f。

$$f = -100v_c + 330 \qquad (1-22)$$

（2）基于t_N的v_c-h曲线，α同步控制模型。即给定f，随拉坯速度变化相应地调整h和α。同样可以选定一个α值，然后按下式随拉坯速度的变化调整h值。

$$h = -1.5v_c + 2.5 \qquad (1-23)$$

在$h = 2 \sim 6$mm，$f = 70 \sim 350$min^{-1}范围内，以上两式的计算结果可以使t_N和N_S值都在适宜的范围内。

1.3.3　电磁冶金技术

1.3.3.1　电磁搅拌

电磁搅拌（Electro Magnetic Stirring，简称EMS）是20世纪70年代以来连铸技术最重要的发展之一。它利用电磁感应产生的作用力来推动液态金属有规律的运动，借助电磁力的作用强化铸坯液相穴中钢水的运动，从而改善钢水凝固过程中的流动、传热和传质过程，达到改善铸坯质量的目的。

实践证明，在连铸上合理采用电磁搅拌能有效地改善铸坯的内部组织，提高铸坯表面质量，使钢液中非金属夹杂物上浮，明显减轻中心偏析和中心疏松，基本消除中心缩孔和裂纹，大大增加等轴晶率，放宽对连铸工艺的要求，扩大连铸钢种，提高拉速，尤其对大中断面和特殊钢种效果更佳明显。

A　EMS工作原理

根据直流电动机原理、感应电动机原理、直线电动机原理和固定磁场下运动导体被感应受力的原理，电磁搅拌相应有多种类型，常见的有：

（1）感应旋转磁场型电磁搅拌。对于交流磁场引起的液心感应电流，旋转感应磁场引起液心作旋转流动，液心所受的体积电磁力在一个频率周期内的平均值还可以分为径向力 F_R 和切向力 F_τ。一般 F_R 值较小，而 $F_\tau(N)$ 的模型为

$$F_\tau = 4\pi NRLB^2 \cdot \varepsilon^2/\rho_m \times 10^{-4} \qquad (1\text{-}24)$$

式中　N——旋转磁场转速，r/s；

R——旋转液心半径，m；

L——电磁感应器铁芯长度，m；

B——磁流密度，T；

ε——液心中感应电流的分布深度，m；

ρ_m——液体金属电阻系数，$\Omega \cdot m$。

需要注意的是磁流密度 B 将随介质厚度的增加而迅速降低；特别是介质材料，对 B 随厚度增加的衰减程度尤为重要。

（2）行波磁场电磁搅拌。行波磁场电磁搅拌器，即为展平的旋转感应搅拌器，其工作原理是：当多相超低频交流电流馈给电磁搅拌器后，就激发以速度 v_s 向一个方向运动的行波磁场，当它渗透到钢水中就在其中产生感应电势 E，由于钢水具有电导率 σ，故钢水中的感应电流为

$$j = \sigma E = \sigma(v_s - v) \times B \qquad (1\text{-}25)$$

式中，v 为钢水的运动速度，它们符合 Flaming 右手定则。感应电流与当地磁场作用就在钢水中产生电磁体力。

$$f_e = j \times B = \sigma[(v_s - v) \times B] \times B \qquad (1\text{-}26)$$

该电磁体力作用在钢水体积元上，从而推动钢水做直线流动，其运动方向始终与磁场方向一致。

B　EMS 的应用

电磁搅拌的主要参数有：搅拌器的安装位置、搅拌器的磁通密度、搅拌时间、磁场运动形式。

在实际应用中，根据电磁搅拌装置在连铸机上安装的位置不同，分为：

（1）M-EMS，结晶器电磁搅拌；

（2）S-EMS，二冷区电磁搅拌；

（3）F-EMS，铸坯凝固末端电磁搅拌；

（4）由以上基本形式复合组成的多种形式，如 M+F-EMS，M+S-EMS 等。

电磁搅拌效果随安装位置不同而有所不同（见表 1-1）。

表1-1　不同位置电磁搅拌的冶金效果

冶金效果	结晶器搅拌 （M-EMS）	结晶器下搅拌 （S1-EMS）	二冷区搅拌 （S-EMS）	凝固末端搅拌 （F-EMS）
改善铸坯效果	减少表面和皮下夹杂物，减少气孔、针孔，改善凝固组织	减少表面和内部夹杂物，减少表面气孔	增加等轴晶率，降低中心偏析，减少中心缩孔和疏松，减少内裂	减少中心缩孔，减少中心偏析

续表1-1

冶金效果	结晶器搅拌 （M-EMS）	结晶器下搅拌 （S1-EMS）	二冷区搅拌 （S-EMS）	凝固末端搅拌 （F-EMS）
放宽工艺要求	减少表面粗糙，增加热送率，扩大钢种	减少表面精整，减少角部危险，提高拉速，降低压缩比	放宽过热度，提高拉速，降低压缩比	提高拉速，降低压缩比
适应钢种	冷轧板、弹簧钢、半镇定钢	厚板、冷轧钢、深冲薄板钢	厚板、普钢、不锈钢、工具钢	特殊高碳钢、高合金钢

搅拌器磁通密度（或称磁感强度）应以充分搅拌钢水为标准。若磁通密度过大，会出现铸坯负偏析白亮带缺陷；若磁通密度过小，铸坯液心搅动不起来，不能稳定控制柱状晶向等轴晶转变，达不到搅拌的目的。搅拌器内腔中心处的磁通密度一般以 $3 \times 10^{-2} \sim 8 \times 10^{-2}$（300~800Gs）为宜。

搅拌时间取决于钢液搅动所达到的流速。铸坯液心钢水旋转到一定速度才能打碎柱状晶末梢，研究认为搅动流速在 10~20cm/s 时，可得到较高的等轴晶比率，而达到一定的旋转速度至少需要 10s 时间。

搅拌器的其他电参数有：频率为 50~60Hz 的工业频率或几赫兹的低频，功率一般在 30~75kW，电压为 0~380V，电流为 350~540A。

电磁搅拌装置的结构如下：

（1）行波磁场电磁搅拌装置。

板坯 M-EMS 主要采用行波磁场搅拌器，其工作模式主要有水平旋转搅拌和向下垂直搅拌，见图1-58。

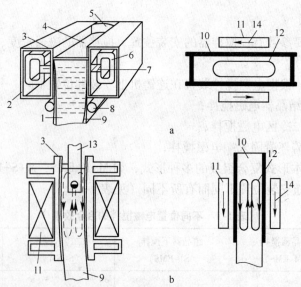

图1-58　行波磁场搅拌器
a—水平旋转搅拌；b—向下垂直搅拌
1—钢水；2—冷却水套；3—铜板（宽面）；4—保护渣；5—铜板（窄面）；6—绕组；7—铁芯；8—支承辊；
9—坯壳；10—结晶器；11—搅拌器；12—钢水流动方向；13—水口；14—行波磁场方向

水平旋转搅拌是在两个宽面即 F（固定）面和 L（可动）面上配置一对行波磁场搅拌器，其行波磁场方向相反，使钢水形成一个大环流。由于 F 和 L 面的行波磁场方向相反，两者相互作用的结果，在钢水内部的磁场分布在局部地方场强为零，其数目与搅拌器线圈的极数相同。在局部场强为零的地方，电磁力也为零，从而导致钢水内电磁力漩涡的出现，这是水平旋转搅拌的一个特征。由于电磁力的漩涡分布，电磁力可分解为沿宽面的水平分力和垂直宽面的法向分力，前者连续分布，后者呈脉振式分布，前者比后者大得多。由于流体流动的连续性和惯性效应，在钢水表面的速度分布接近水平旋转流动而没有出现漩涡，这对铸坯表面质量起着重要作用。

向下直线搅拌是在 F 和 L 面上分别配置 2 对行波磁场搅拌器，行波磁场方向垂直向下，使钢水形成两个环流。由于 F 和 L 面的行波磁场方向相反，其搅拌器线圈的相序也应相等，因此两者激发的磁场在 F 和 L 面之间形成一个磁回路。例如，从 F 面的 N 级出发穿过钢水到达 L 面的 S 级，然后又从 L 面的 N 级再经钢水回到 F 面的 S 级。其磁场强度沿结晶器厚度方向由结晶器壁向中心衰减。

（2）旋转磁场电磁搅拌装置。方坯（圆坯）结晶器主要用旋转磁场搅拌器，其结构见图 1-59。搅拌器铁芯和绕组安装放在密闭的容器中，并通水冷却。绕组导线采用特种耐水导线，铜线外包聚乙烯，线圈和铁芯再涂上环氧树脂漆。容器内套采用奥氏体不锈钢，材质为 1Cr18Ni9Ti，以减少对电磁力的屏蔽作用。

1.3.3.2 电磁制动

电磁制动（EMBr）技术是在结晶器内产生一个横向静磁场，该磁场与钢水流交互作用产生一个制动力，钢水注流的电磁制动原理为：

导体在磁场中运动，切割磁力线产生电流。这一电流又产生一个与导体运动方向相反的力，即电磁力。

若在浸入水口侧口流股冲出途中施一静磁场，则会在此处的钢水中感应产生电流回路，对流股产生一个制动力，从而减少流股对凝固坯壳的冲刷，并加强向上流股，活跃"渣-钢液"界面，从而改善铸坯表面质量，见图 1-60。

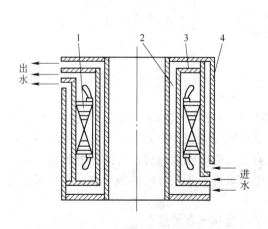

图 1-59 旋转磁场搅拌器

1—铁芯绕组；2—放内套；3—中间盒；4—外套

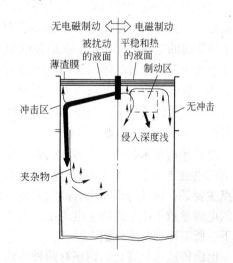

图 1-60 电磁制动作用原理

　　静磁场的优点是对静止物体不引起感应电流和反磁势，对铜壁的穿透能力很强，磁流密度衰减较小。设磁流密度为 B，电磁制动点的流股速率为 v，则应有：

$$I = \sigma \times v \times B \tag{1-27}$$
$$F = I \times B \tag{1-28}$$

式中　I——感应电流；

　　　　F——电磁制动力。

　　EMBr 与 MEMS 的主要区别，从电磁流体力学的角度，主要表现在：

　　激发磁场的机制不同，MEMS 采用多相交流电激磁，产生行波磁场或旋转磁场，而 EMBr 采用直流电源激磁，产生直流磁场。

　　电磁力的产生不同，在 MEMS 中电磁力 f_e 正比于 $\sigma(v_s-v)B^2$，主要取决于外加磁场的速度 v_s，即使钢水不动，也存在电磁力的作用；而在 EMBr 中电磁力 f_e 正比于 σvB^2，主要取决于钢水的流速，钢水静止，电磁力为零。

　　作用的结果不同，MEMS 的电磁力方向始终与钢水流动方向一致，使钢水加速；而 EMBr 的电磁力方向始终与钢水流动方向相反，使钢水减速，即制动。

　　MEBr 技术在 20 世纪 80 年代已成功地应用于板坯连铸，自 20 世纪 90 年代又相继开发出全幅一段和两段的电磁制动理论和技术。在全幅两段磁场的电磁制动中，下段磁场用来制动高速流股，上段用于制动向上的反转流和抑制弯月面的波动。

1.3.3.3　电磁铸造技术

　　电磁铸造（Electro-Magnetic Casting，缩写 EMC）是 20 世纪 60 年代初，由前苏联首先研制成功的一种铸造技术。电磁感应线圈取代了传统的结晶器，靠电磁力与金属熔体的表面张力形成铸型，由于金属熔体与铸模（相当于结晶器）几乎无接触，从而改善了铸坯的表面质量。

　　EMC 的基本原理如图 1-61 所示。给感应线圈通以交变电流，在其内将产生交变磁场，金属熔体与之构成的闭合回路内就会形成感应电流，由于集肤效应，感应电流主要集中在熔体表面，其方向与感应线圈的电流方向相反。在熔体的侧表面就产生垂直表面指向金属熔体内部的电磁压力来压缩限制熔体，形成铸形。在电磁压力，表面张力和熔体静压力相平衡的条件下，当底部冷却凝固时，随底模引锭杆逐渐下拉，实现连铸。

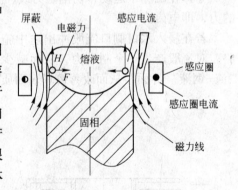

图 1-61　电磁铸造原理

　　电磁连铸技术提高了连铸坯的表面质量和产量，目前在铝的铸造中已成功的应用，而在钢的电磁连铸中，由于钢的电磁连铸有一些难点需要克服，尚处于试验研究阶段。这些难点主要是：钢液与铝相比有高的密度，因此需要大的电磁载持力；有低的电导率，在相同的电源参数下产生的感应电流小，即产生的电磁载持力小；有低的热导率，在相同的铸速下，所需冷却强度比铝大得多。

　　电磁铸造大长宽比的钢坯有两种形式：水平铸造和垂直铸造。

　　水平铸造是利用水平的高频（HF）电磁场与由 HF 感应生成的涡流相互作用，从而使金属熔体水平方向悬浮起来实现熔体成形；水平铸造法由于钢水静压力小，实现水平连铸所需的电磁力小，但是其磁流体动力学（MHD）稳定性不好控制。

垂直连铸是使金属熔体垂直穿过由较大的长宽比电磁感应线圈产生的 HF 电磁场，熔体成型是通过来自感应线圈的垂直 HF 电磁场与感应的涡电流共同作用来实现的。静压力的影响受垂直移动的电磁场控制。垂直铸造是目前应用较多的方法，由于很难实现完全无模铸造，目前国内外在电磁铸钢的实验中均采用类似坩埚的结构，即在感应线圈中放置一些铜板条，钢液与刚线条以点接触实现铸造，这项技术被称为冷坩埚电磁连铸（Cold Crucible Continuous Casting）或结晶器软接触电磁铸造（Soft Contact EMS）技术，如图1-62所示。

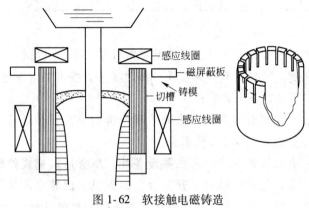

感应线圈
磁屏蔽板
切槽
铸模
感应线圈

图 1-62　软接触电磁铸造

复 习 题

（1）什么是连铸？有几种类型？基本参数主要有哪些？
（2）钢包回转台主要由哪几部分构成？各部分的作用是什么？
（3）中间包的结构及其作用？
（4）中间包车有哪几种形式？中间包的作用是什么？
（5）结晶器有几种类型？组合式结晶器在线调宽有几种形式？
（6）管式结晶器的主要结构是什么？常用的液位检测装置是什么？
（7）结晶器为什么要振动？目前最常见的结晶振动方式是什么？
（8）二冷区的主要组成及其作用是什么？影响二冷的主要因素包括哪些？
（9）什么是薄板坯连铸？什么是双辊薄带连铸？
（10）双辊式铸轧机有哪几种类型？其主要组成部分及其特点？
（11）非正弦振动有哪些优势？
（12）简述电磁搅拌与电磁振动。

2 轧制设备的基本类型

本章概述

在旋转的轧辊之间使金属材料产生塑性变形的机械设备，叫做轧机。

轧制车间工序复杂，机械设备种类繁多，用途各异，按其在轧制生产过程中的作用，可以分为主要设备和辅助设备两大类：

（1）主要设备：在轧制过程中轧制主要工序所需的有关机械设备称为主要设备，包括电动机、主传动装置和工作机座三大部分。

（2）辅助设备：在轧制过程中，除主要设备外，所有用以完成辅助工序生产任务的机械设备均为辅助设备，包括：辊道、升降台、翻钢机、回转台、推床、推钢机和移钢机、剪切机、锯切机、矫直机、冷床、卷取机、酸洗机、打印机和包装机等。

通常我们所说的轧机指的是主要设备。主要设备中的工作机座是直接承受金属塑性变形的工作部件。它主要包括：轧辊、轴承座、牌坊、压下（上）装置和平衡装置。它是轧机的主要部分，直接关系到产品的产量和质量。

轧机的主传动装置包括减速机（有的轧机为增速机）、齿轮机座、连接轴和联轴节等。它把电动机的运动和能量传递给轧辊完成金属的塑性变形。轧辊的传动装置有多种不同的结构形式：一是用两台电动机分别驱动轧辊的传动装置；二是用一台电动机通过齿轮机座驱动轧辊的传动装置；三是用一台电动机通过减速机和齿轮机座驱动轧辊的传动装置。

主电机是轧机的动力源，它把电能转换为机械能使轧辊转动。轧钢用电动机有直流和交流电动机两种形式。直流电动机可以变速和变方向，实现可逆轧制。近年来，由于电工技术的发展，交流电动机也可以实现与直流电动机相同的功能，并且价格便宜。图 2-1 为轧机主机列简图。

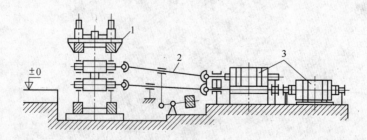

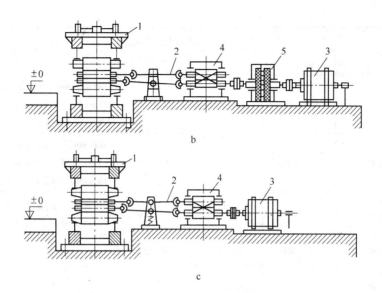

图 2-1 轧机主机列

a, b—用两个电动机直接驱动轧辊; c—由一个电机通过齿轮机座带动轧辊

1—工作机座; 2—万向接轴; 3—主电动机; 4—齿轮机; 5—减速机

2.1 轧机的分类

轧机通常按用途（产品的断面形状）、构造（轧辊在工作机座中的布置）和工作机座的布置形式三种方法来分类。

2.1.1 轧机按用途分类

根据轧制产品断面形状，可以把轧机分为开坯轧机、型钢轧机、板带轧机、钢管轧机和特殊轧机，见表 2-1。

表 2-1 轧钢机按用途分类

轧机类型		轧辊尺寸/mm		最大轧制速度 /m·s⁻¹	用 途
		直 径	辊身长度		
开坯机	方坯初轧机	750~1400	~3500	~7	用 1~45t 钢锭轧制 120mm×（120~450）mm×450mm 方坯及（75~300）mm×（700~2400）mm 的板坯
	方坯-板坯初轧机	750~1400	~3500	~6	
	板坯初轧机	1100~1370	~2800	~6	
	钢坯轧机	450~750	800~2200	1.5~5.5	将大钢坯轧成 55mm×（55~150）mm×150mm 方坯
型钢轧机	轨梁轧机	750~900	1200~2300	5~7	38~75kg/m 重轨以及高达 240~600mm，甚至更大的其他重型断面钢梁

8~40 mm 方钢和圆钢，20mm×（20~50）mm×50mm 的角钢等 |
	线材轧机	250~300	500~800	10~60	$\phi5\sim9$mm 线材
热轧板带轧机	厚板轧机	—	2000~5600	2~4	（4~50）mm×（500~5300）mm 厚板，最大厚度300~400mm
	宽带钢轧机		700~2500	8~30	（1.2~16）mm×（600~2300）mm 带材
	炉卷轧机		700~2500	2~10	（4~20）mm×（500~2100）mm 带材
冷轧板带轧机	宽带冷轧机		700~2500	6~40	（1.5~5）mm×（600~2300）mm 带材
	窄带冷轧机	—	150~700	2~10	（0.02~4）mm×（20~600）mm 带材
	箔带轧机		200~700	—	0.0015~0.012mm 箔带
管材轧机	热轧无缝管 自动轧管机	—			外径 12.7~426mm，壁厚范围2~60mm，长度10~16m 的荒管
	热轧无缝管 连轧管机				直径范围为 16~426mm，壁厚1.75~40mm，长度20~33m 的荒管
	冷轧管轧机	—			$\phi15\sim150$mm 的薄壁管，个别情况下也轧制 $\phi400\sim500$mm 的大直径管材
特殊用途轧机	车轮轧机	—	—	—	铁路用车轮
	圆环-轮箍轧机	—	—	—	轴承环及车轮轮箍
	钢球轧机	—	—	—	各种用途钢球
	周期断面轧机	—	—	—	变断面轧件
	齿轮轧机	—	—	—	滚压齿轮
	丝杠轧机	—	—	—	滚压丝杠

2.1.2 轧机按构造分类

轧钢机构造可以根据轧辊数目及其在机座中位置为特征进行分类。轧辊在工作机座中的布置形式主要有三种：水平布置、垂直布置、倾斜布置。工作机座中轧辊数目通常有二辊、三辊、四辊和多辊。轧机按结构形式分类见表 2-2。

表 2-2 轧钢机按构造分类

轧机结构形式	轧机名称和特点	主要用途
	二辊轧机，工作辊多为水平布置，也有垂直布置或45°布置	广泛用于轧制大截面的方坯、板坯、异型坯、轨梁和厚板。轧制中小型材和线材的连轧机
	三辊轧机，利用水平布置的三个轧辊不需调节电机转向即可实现往返可逆轧制	多用于开坯机和生产率不高的型材轧机
	三辊 Y 型轧机，三个圆盘状轧辊互成120°布置	由若干机架紧凑布置可实现无扭轧制，适用于线材轧机。现多用于铝线轧制
	四辊轧机，采用小直径工作辊和大直径支撑辊。分为工作辊传动和支撑辊传动两种形式	广泛用于冷轧及热轧板带轧机
	五辊轧机，平直度易控制 FFC（Flexible Flatness Control Mill）轧机，小直径辊水平弯曲可控，带材平直度易控且有较大压下率	冷轧薄带材
	六辊大凸度 HC（High Crown Control Mill）轧机，中间辊可轴向移动并配有液压弯辊装置，具有很强的板形控制能力	广泛应用于冷轧、热轧板带轧机和平整机
	万能凸度控制 UC（Universal Crown Control Mill）轧机，除具有 HC 轧机功能外，增加了中间辊弯辊装置。比 HC 具有更大压下量和更强的板形控制能力	应用于冷轧极薄板带材

轧机结构形式	轧机名称和特点	主 要 用 途
	二十辊轧机采用整体块状机座和扇形辊系结构，保证工作辊最小变形和轧机最大刚度	冷轧硅钢、不锈钢等极薄带材和有色金属薄带
	多辊行星轧机以多工作辊累积变形达到最大压下量目的	热轧带材与薄板坯。自 20 世纪 50 年代以来，在工业生产中并未得到广泛应用
	万能轧机由立辊和水平辊组成	轧制板坯及宽带材
	万能轨梁轧机在同一垂直平面内具有轴线相互垂直的两对轧辊	轧制 H 型材或作为无孔轧制型材的粗轧机
	两辊穿孔机	穿孔直径 60~650mm 管材
	三辊穿孔机或轧管机	管材的穿孔和轧制
	钢球轧机	轧制钢球
	三辊行星 PSW（Planet Schrage Walzwerk）互成 120° 布置的三个辊座装入回转大盘中，辊轴线绕轧制线再偏一角度	用于轧制管、棒材，可实现大压下量轧制

2.1.3 轧机按布置分类

轧机按布置形式分类见图2-2。通常一般中厚板轧机采用这种形式，可使产品产量和

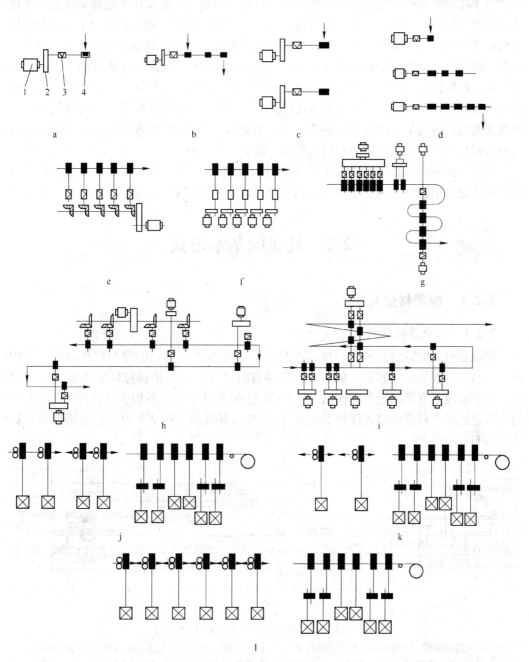

图2-2 各种轧机上工作机座的布置简图

a—单机座；b—横列式；c—顺列式；d—阶梯式；e—成组传动连续式；f—单独传动连续式；
g—半连续式；h—串列往复式；i—布棋式；j—热轧3/4连续式；k—热轧半连续；l—热轧全连续

1—电动机；2—减速机；3—齿轮机座；4—工作机座

质量远远优于单机座形式。对于轧件同时在几架顺列排列的工作机座中轧制的连续式轧机（如图 2-2e，f 所示），具有较高的生产率。这种形式轧机主要用于轧制板带材、小型和线材。

对于轧制断面形状比较复杂的型材，如角钢、槽钢等，则采用半连续式轧机。半连续式通常把轧机分成两组，一组粗轧机组，另一组为精轧机组。粗轧机组由于所轧制的轧件断面形状简单，所以布置成连续式，而精轧机组所轧件断面形状逐渐近成品，为便于轧机调整，所以精轧机组采用横列式（如图 2-2g 所示）。图 2-2j 为热轧薄带钢 3/4 连续式布置形式，粗轧机组采用两架万能可逆式轧机（或一架两辊、可逆，一架四辊万能轧机），还有两架四辊万能式轧机，精轧机为连续式。图 2-2k 为热轧薄板带钢半连续轧机，粗轧机组典型配置为两架万能可逆二辊机架与四辊机架。图 2-2l 为热轧薄板带钢全连续粗轧机组，粗轧典型配置为 6 机架顺列式布置，没有可逆轧制。

为改变横列式布置轧机速度不能随轧件长度增加而提高和连续式布置需占有厂房过长，对轧制大型钢材采用了串列往复式（越野式）和布棋式（如图 2-2h、i 所示）。

2.2 轧机的基本形式

2.2.1 板带材热轧机

2.2.1.1 中厚板轧机

厚板是重要的钢材品种，一般占钢材总产量的 10% 左右。中厚板广泛应用于基础设施、造船、工程机械、容器、能源、建筑等各行各业。对一个国家工农业发展，交通运输，国防建设具有举足轻重的作用。从 20 世纪 60 年代开始，各国相继建设一些较高水平的中厚板轧机。目前中厚板轧机的规格从 2800～5500mm。图 2-3 为我国宝钢股份厚板厂生产线布置情况。

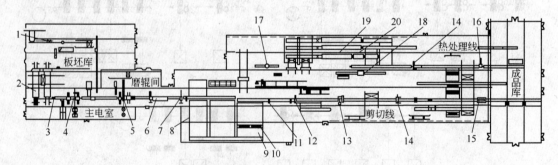

图 2-3 宝钢股份厚板厂（5000/5500mm）

1—火焰切割机；2—加热炉；3—除鳞箱；4—粗轧机；5—精轧机及立辊轧机；6—ACC；7—热矫直机；
8—冷床；9—横移台架；10—翻板机；11—在线超声波探伤装置；12—切头剪；13—双边剪；14—定尺剪；
15—预堆垛机；16—冷矫直机；17—压平机；18—抛丸机；19—热处理炉；20—淬火机

2.2.1.2 连续式带材热轧机

连续式带材热轧机是生产板带材的主要机型，主要生产厚度为 1.0～25mm 的热轧板卷。该产品是汽车、造船、桥梁、化工等工业不可缺少的原料,也是冷轧的坯料,其产量已占世界钢材总产量的一半以上。从 1927 年美国威尔顿钢铁公司建成 1370mm 第一套连续式带材热轧机至今,世界上建成并仍在生产的热轧带材连轧机已超过 200 套。20 世纪 70 年代,带材热轧机发展的趋势是提高产量、增加品种、提高精度、提高自动化水平。20 世纪 80 年代以来,欧美及日本等发达国家带材热连轧技术已不再追求高速、大型化,而是朝着节能、高质量、低成本的方向发展。

带材热连轧机形式分为半连续、3/4 连轧和全连轧几种。图 2-4 为典型的带材热连轧厂平面布置及设备组成。

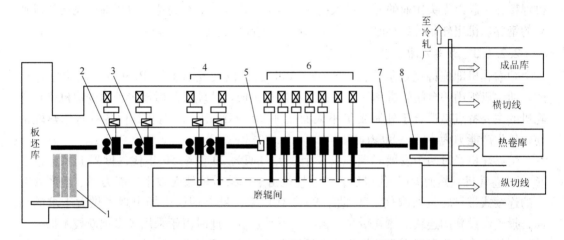

图 2-4 带材热连轧厂平面布置及设备组成
1—加热炉;2—大立辊/1 号粗轧机;3—立辊/2 号粗轧机;4—3,4 号粗轧机;
5—切头飞剪;6—1~7 号精轧机;7—层流冷却;8—卷取机

我国具有先进配置的典型例子是某厂 2050 机型。此轧机为 3/4 连轧,应用多项新技术。轧机的最高速度达 25.1m/s,钢卷最大重量 43.6t。钢坯加热采用节能型分段步进式加热炉,粗轧机采用重型大立辊,有效测压量达 150mm。E2 采用宽度自动控制 AWC,E3 采用连续宽度控制 PWC,粗轧机组中还应用了短行程宽度控制。中间辊道设保温罩,精轧机组设全液压厚度自动控制、液压弯辊控制和 CVC 连续可变凸度控制,卷取机采用了地下全液压万能卷取机。全厂生产和管理采用四级计算机系统。装机水平达到了当代世界先进水平。

在热带钢生产上应用的另一种新技术是薄板坯连铸连轧技术。薄板坯连铸连轧技术是 20 世纪 90 年代钢铁工业具有突破性的重点技术进步,目前有德国的西马克的 CSP(Compact Strip Process)和 ISP、日本住友的 QSP、意大利达涅利的 FTSC 和奥钢联的 CONROLL 等 5 种类型。我国许多钢铁公司都先后建成了薄板坯连铸连轧生产线,如珠钢、邯钢、包钢、马钢、涟钢应用的是 CSP 技术,而鞍钢采用的是奥钢联的 CONROLL 技术,建成了数条 ASP 生产线。

CSP 生产线的连轧机组装有全液压 AGC、CVC 及弯辊板形控制系统,是生产高尺寸精度的最先进的技术装备。

唐钢的薄板坯连铸连轧线是一套超薄带钢连铸连轧生产线,最小厚度可以达到

0.8mm，薄板坯在很高的温度下进入轧制线，经过很长的辊底式均热炉，采用半无头轧制工艺轧制厚为 0.8~4mm，宽为 850~1680mm 的薄带钢卷。该生产线与 CSP 不同的是板坯厚度为 90/70mm，采用两架不可逆式粗轧机和 5 架精轧机，末架最高速度为 23.2m/s，是当今生产热轧宽而薄的带钢最前沿的现代化技术。

薄板坯连铸连轧生产线由于板坯薄，流程短，投资费用低，所生产的热轧普通用途板带钢具有较好的市场竞争力。

在热带钢轧机机组上还有全无头轧制技术。日本川崎钢铁公司千叶厂的热轧带材轧机上首次实施了全连续无头轧制。板坯经粗轧后进入热卷箱。从热卷箱出来的中间坯由焊接机焊接在一起以无头作业的方式进入精轧机组进行轧制，并在到达卷取机前由飞剪切成独立的钢卷。机组轧制的最小厚度为 1~1.2mm，最高轧速为 20m/s。

2.2.1.3　炉卷轧机

炉卷轧机即施特克耐尔轧机（Steckel Mill），是以其发明者 A.P.Steckel 的名字命名的。通常机组由一台粗轧机和一台可逆式精轧机组成。精轧机前后设置炉内卷取机。炉卷轧机的主要特点是适合于轧制批量不大而品种多的不锈钢、硅钢和其他各种宽幅热轧带卷，年生产能力为 40 万~80 万吨。

炉卷轧机经过两个发展时期。第一个发展时期为 20 世纪 50 年代，世界上共建造了 26 套炉卷轧机。然而 60 年代以后，炉卷轧机由于产品质量低而被生产能力强、生产效率高的连续式带材轧机所取代。20 世纪 90 年代以来，世界钢铁市场出现了供大于求的局面，投资建设新的连续式热轧带材轧机已经不是热点，此时由于采用了多项新技术提高了质量，使中小企业发展需要的规模适中的炉卷轧机又得到了进一步的发展。世界上新建炉卷轧机约 20 套，并且都采用了连轧机成熟的新技术，使炉卷轧机的产量有了很大的提高，产品质量达到了连轧机水准。特别是近年来薄板坯连铸技术的成熟和发展使炉卷轧机焕发了新的生命力，新建的炉卷轧机多和中厚板坯连铸机相配合，主要用于中等规模（40 万~80 万吨）不锈钢带钢生产。

图 2-5 为采用炉卷轧机的不锈钢热轧生产机组及设备组成。连铸坯热送热装到步进式加热炉，出炉经除鳞，送往带立辊的可逆式四辊粗轧机轧制 3~5 道次，切头尾后经保温辊道送往炉卷轧机轧制，轧后轧件进入机后保温炉内成卷，随后轧机逆转，轧件经第二次轧制后进入机前保温炉内卷取机卷取。这样往返轧制 5~7 道次直到轧成成品，热带经层流冷却进入地下卷取机。

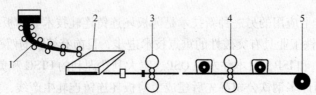

图 2-5　不锈钢热带生产设备组成（炉卷轧机）
1—连铸机；2—再加热炉；3—粗轧机；4—炉卷轧机；5—卷取机

2.2.2　板带材冷轧机

冷轧机的特点是：（1）采用大张力轧制，可以得到尺寸公差严格的板卷；（2）冷轧板带材表面光洁，可以轧出特殊表面要求的钢板，并可以获得良好的组织与性能，如硅钢和深冲板等所要求的特殊结晶织构和性能；（3）可轧厚度极薄板带。当板厚小到一定程度时，由于温降快，难以控制温度实现热轧，而冷轧受温度的影响小，冷轧极薄带厚度可达 0.001mm。

2.2.2.1 带材冷连轧机

冷轧带材车间包括连续酸洗机组、冷连轧机组、电解清洗机组、罩式退火或连续退火机组、平整机组、连续电镀锡或连续电镀锌机组和精整机组等部分。

酸洗是清除带材表面氧化铁皮的主要方法。20 世纪 60 年代前，全部采用硫酸酸洗；20 世纪 70 年代以后，由于盐酸废液处理与回收系统开发成功，新建和改建的酸洗线几乎都使用盐酸酸洗。

酸洗分连续酸洗、半连续酸洗和推式酸洗多种。于 1988 年投产的我国某冷连轧厂连续酸洗机组，代表 20 世纪 90 年代初世界连续酸洗生产水平。该机组的配置是：

（1）两台悬臂式开卷机，交替开卷，可缩短停车时间。

（2）第四代闪光焊接，同时完成带材头尾精剪、对中、焊接、焊缝清理工作。

（3）活套装置采用新结构的摆动门，可确保活套小车正常运行。

（4）酸洗槽前装有拉伸弯曲矫直机进行机械预破鳞，并改善带材的平直度，同时防止带材在机组中跑偏。

（5）采用卧式浅槽酸洗，出口段采用两台卷取机交替卷取提高生产率。

酸洗机组的技术参数：带材厚度为 1.8~6.0mm，带材宽度为 900~1850mm，酸洗槽长为 35mm×4＝140mm。活套储量：入口段为 720m，出口段为 450m。机组速度：穿带为 3.3m/min，入口段最高为 780m/min，出口段最高为 500m/min，机组长为 465m，酸洗时间最少为 22.5s，年产量为 226.6 万吨。

图 2-6 为我国某带材冷轧连轧厂五机架冷连轧机组及设备布置。此五机架全连续式冷连轧机从德国 SMS 公司成套引进，为全连续式无头轧制线。轧机全部采用液压压下四辊轧机，每个机架由四台直流电机传动，上下工作辊各由两台电机单独传动。轧机主传动采用可控硅供电，主回路为全控三相桥反并联接线，逻辑无环流控制系统。轧机配有过程计算机厚度自动控制系统和板型自动控制系统。各轧机除采用液压弯辊装置及第五机架用分段乳化液喷射冷却控制轧辊热凸度外，还采用了 CVC 连续可变凸度技术，通过轴向移动工作辊连续变化辊缝获得理想的板形。连轧机出口装有飞剪机完成分卷工作，两台卷取机交替工作保证全连续轧制顺利进行。

上述五机架冷轧机组技术参数：来料规格为（1.8~6）mm×（900~1850）mm，成品规格为（0.3~3.5）mm×（900~1850）mm，带卷内、外径为 $\phi 610/\phi$（1200~2470）mm，最大卷重 45t。工作辊 ϕ（550~615）mm×2030mm，支撑辊 ϕ（1425~1550）mm×2030mm，最大轧制力 30MN，年生产能力为 2252kt，电机功率为 4×1500kW，电机转速为 290~900r/min，最高轧制速度为 2000m/min。

退火是冷轧带材生产不可缺少的工序。退火分罩式退火和连续退火两种形式。该厂的退火机组从新日铁引进，由三段组成：（1）头部清洗段：完成焊接、清洗，由开卷机、剪切机、焊接机、电解脱脂及清洗设备组成；（2）中部退火段：完成再结晶退火和过时效处理，包括塔式退火炉和冷却装置；（3）尾部静态段：完成带材精整，由平整、拉伸矫直机、剪边机、飞剪、涂油机、卷取机及卸卷装置等构成。整条生产线由过程计算机控制。该机组技术参数为：产品厚度：深冲板为 0.5~1.6mm，普通板为 0.5~2mm；宽度为 900~1550mm。机组速度：入口段为 30~320m/min，炉子段最大为 250m/min，出口段为 30~320m/min，退火炉小时产量 120t/h，年产量 55 万吨/年。

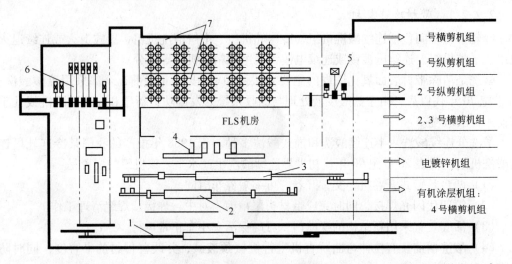

图 2-6　带材冷连轧厂平面布置及设备组成
1—连续酸洗机组；2—热镀锌机组；3—连续退火机组；4—磨辊间；
5—平整机；6—五机架全连续冷轧机；7—罩式退火炉

2.2.2.2　铝箔轧机

铝箔应用于香烟及食品包装、家庭用器具及工业用电容器等行业，是人们生活中不可缺少的实用材料之一。

为提高铝箔的轧制效率和产品质量，铝箔轧机正朝着大卷重、宽幅、高速、连续化、自动化方向发展。当代铝箔轧机的辊身长度已达 2000mm，轧制速度达 2000m/min 以上，卷重达 20t。比较经济的最小轧制厚度为 0.006mm，厚度公差达 ±2%~3%，平直度达 ±10I。

随着各种高新技术的不断推广和完善，各种厚度和板形控制系统、板形仪以及计算机控制正在铝箔轧机上发挥着越来越大的作用。

20 世纪 70 年代，日本住友金属工业公司开发了 VC 辊系，美国布洛、诺克斯公司开发了 IC 辊系以及瑞士某公司开发了 NIPCO 辊系。VC 和 IC 辊将通常的实心辊改为辊芯加辊套，辊套与辊芯间留有一定的间隙，内注高压液体，使轧辊变为可变凸度轧辊。NIPCO 辊由固定梁、回转辊套和靠液压缸顶头支撑的液压支撑垫组成。支撑垫装在固定梁内，相对工作辊压向自由回转的辊套。

德国联合铝业公司的铝箔生产线上则装有 SGC 定位厚度和 SFC 板形平直度控制系统。

铝箔轧机的发展也推动了相关辅助设备及技术的进步，如合卷机、分卷机、剪切机、分条机及箔卷运输设备都有很大的发展。

图 2-7 为我国某企业铝箔生产机组及主要设备组成。

铝箔生产工艺流程：铝锭熔炼、液态铸轧、冷轧、退火、铝箔粗中轧机、铝箔精轧、

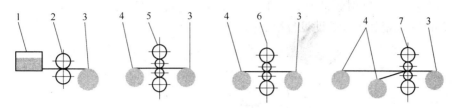

图 2-7 铝箔生产机组及主要设备组成
1—火焰熔炼炉；2—3C 铸轧机；3—卷取机；4—开卷机；5—四辊不可逆冷轧机；
6—铝箔中轧机；7—铝箔精轧机（双合轧）

分切、退火等。相应的主要设备为：20t 火焰熔炼炉（工作温度为 950～1000℃），
ϕ960mm×1550mm3C 铸轧机，铸轧板厚为 6～12mm，板宽为 1400mm，铸轧速度为 200～
1500mm/min。ϕ420/1100mm×1600mm 四辊不可逆冷轧机，最大轧制力为 13000kN，最大
轧制速度为 750m/min，最大开卷张力为 115kN，最大卷取张力为 116.7kN，产品最小厚
度为 0.2mm。ϕ260/700mm×1600mm 四辊不可逆铝箔中轧机，最大轧制力为 5000kN，最
大轧制速度为 1200m/min，最大开卷张力为 12.05kN，最大卷取张力为 8.575kN，轧制厚
度为 0.4～0.012mm。ϕ260/700mm×1600mm 四辊不可逆铝箔精轧机，最大轧制力为
5000kN，最大轧制速度为 1200m/min，最大开卷张力为 3.24kN，最大卷取张力为
1.96kN，轧制厚度为 0.03～0.06mm。20t 箱式退火炉，最高温度为 550℃，加热功率为
740kW，有效工作空间为 6000mm×1702mm×2331mm。

2.2.2.3 精密带材轧机

随着食品工业、化工机械工业、仪表工业、汽车工业、航空航天工业等的飞速发展，
促进了对各种金属及合金薄带和极薄带的需求不断增长。如生产彩色显像管需要的一种冷
轧低碳薄钢带，厚度为 0.15mm，精度要求很高。在 600mm 宽度上，厚度偏差要小于
±0.003mm。电子工业部门需要厚度 0.001～0.003mm 的极薄铝、铍青铜、钽箔材，厚度
仅为 0.001～0.003mm，生产这些所需性能，厚度为微米级的精密带材，是一个由许多工
序组成的复杂而又困难的生产过程。

目前国内外几乎都采用 20 辊轧机来轧制金属薄带和极薄带材。这种轧机于 20 世纪
20 年代问世，由森吉米尔第一次研究并制造。由于它在轧制极薄带材方面的独特优势而
得到迅速发展。目前世界上运行的这种轧机已经超过 400 台。20 辊轧机在轧制薄带和极
薄带材时有如下优点：

（1）使用尽可能小的工作辊直径（工作辊直径与支撑辊直径之比是 1∶10）可以大
大缩小变形区长度。这样，在给定轧制力下，可保证很大的压下量和获得很薄的带材；

（2）辊系配置的特点保证了小直径工作辊沿其辊身长度方向和在垂直面与水平面上
具有很高的刚度；

（3）辊型控制机构的特殊结构可以在轧制中控制轧辊和支撑辊的辊型，以便保证带
材具有很高的精度、平直度和表面质量。

我国某企业从美国 W. F. 公司引进一套 20 辊轧机，专门轧制不锈钢和精密合金带材。
其产品最薄可达 0.03mm，尺寸公差一般为带材厚度的±1%，轧制 0.1mm 以下带材时厚度
公差可达 0.001mm。该机组由开卷机、对中装置、卷取机、整体式牌坊的工作机座和重

卷机组等部分组成。同时还装有先进的检测张力、速度、厚度的仪器仪表和自动控制系统。图 2-8 为 20 辊轧机及辅助设备组成图。

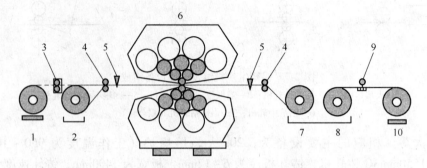

图 2-8　可逆式 20 辊轧机及辅助设备组成

1—开卷机；2—左卷取；3—对中装置；4—张力计；5—测厚仪；6—主机；7—右卷取；
8—重卷开卷；9—张力控制；10—重卷

2.2.3　型材轧机

20 世纪 80 年代以来，型材轧机发展远不如板带轧机那样日新月异。这是因为型材是小批量、多品种、多规格且品种更换频繁，轧制程序的通用性差。近 20 年，型材轧机总的发展趋势是以连铸坯代替传统的锭坯，采用串列式布置实现半连续、连续化轧制、淘汰横列式轧制。粗轧实现无张、无扭轧制，中轧和精轧采用可控微张力轧制。轧制终了速度棒材达 36m/s，异型材为 10m/s。

2.2.3.1　大型型材轧机

大型型材轧机包括轨梁、钢梁、工字梁和槽、角钢等。大型钢梁又分为宽中窄翼缘工字钢，统称 H 型材系列。它截面系数大，结构合理，可谓理想的高效钢材。

大型型材轧机组成和机列布置有非连续式（组合式）、半连续式（标准式）及连续式三种。组合式既能生产 H 型钢，又能生产重轨和普通型材，年产量为 30 万~50 万吨左右；标准式由一架二辊可逆粗轧机、一架轧边机和两架万能中轧机、一架轧边机和万能精轧机组成。目前世界上以这种形式为多，产量约为 50 万~100 万吨；连续式一般由两架可逆开坯机、3~4 架带轧边机的万能粗轧机和 3~4 架带轧边机的万能精轧机组成，适于生产中小规格 H 型材，产量可达 100 万吨。

图 2-9 为意大利特勒诺半连续式万能钢梁轧机及其设备布置图。

这套轧机为现代化程度最高的串列式大型轧机，由两架开坯机、两架万能轧机、两架轧边机和一架万能精轧机组成。开坯机轧辊直径为 800~880mm，辊身长为 2000mm，主电机功率为 2450kW，转速为 75~170r/min。采用快速横移换辊装置从机架窗口送入或移出。串列式可逆机组包括万能机架 U_1、轧边机 E_1 和万能机架 U_2。U_1 和 U_2 主电机功率为 3050kW，转速为 0~90~180r/min，二辊可逆轧边机 E_1 主电机功率为 650kW，转速 0~140~240r/min。万能精轧机组由二辊可逆式轧边机 E_2 及万能机架 UF 组成。E_2 主电机功率为 450kW，转速为 0~180~300r/min。UF 精轧机主电机功率为 1300kW，转速为 0~120~288r/min。轧制 H 型材时，万能机架装 4 辊；轧制其他型材时万能机架装 2 辊。

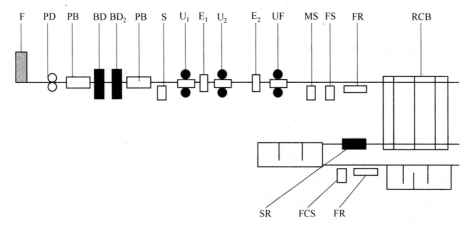

图 2-9 半连续式万能钢梁轧机及其设备布置图

F—加热炉；PD—除鳞机；PB—摊床；BD—开坯机；S—切头锯；U—万能轧机；E—轧边机；SR—矫直机；
UF—万能轧机；MS—移动热锯；FS—固定热锯；FR—定尺机；RCB—步进冷床；FCS—固定冷锯

为了快速换辊，采用整机更换。

2.2.3.2 中、小型型材轧机

20 世纪 80 年代以来，世界几个主要产钢国的中小型轧机的总产量在逐渐减少，其发展方向是淘汰落后的横列式轧机，新建高产优质的连续式和半连续式轧机。我国某企业全连续式中型轧机生产线如图 2-10 所示。

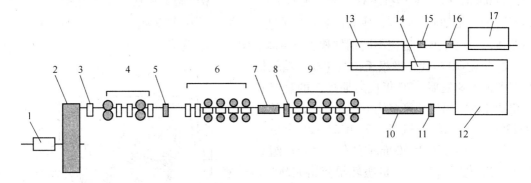

图 2-10 全连续式中型轧机及设备布置图

1—坯料加热辊道；2—加热炉；3—高压水除鳞箱；4—粗轧机组；5—摆式剪；6—中轧机组；
7—冷却装置；8—1 号曲柄剪；9—精轧机组；10—水冷装置；11—2 号曲柄剪；12—齿条式冷床；
13—缓冲台架；14—十辊矫直机；15—移动热锯；16—固定热锯；17—收集台架

此生产线主要设备由 SKET 公司引进，电气控制设备及计算机系统由意大利 ANSALDO 公司引进，加热炉为日本与中国联合设计，工艺设备水平和生产自动化水平均达到 20 世纪 90 年代国际先进水平及国内最好水平。

2.2.4 高速线材轧机

线材轧机常用来生产直径为 5~12.7mm 的圆形断面轧材。

在工业应用上，要求线材盘重大，直径公差小，并具有良好和均匀的力学性能。因

此，近 30 年来，线材轧机朝着大盘重、高速、连续、无扭、单线、机械化、自动化方向发展。

线材轧机在轧机布置上经历了横列式—复二重式—半连续式—连续式的发展过程。20 世纪 40 年代的线材轧机大部分为横列式，最高轧速限制在 10m/s 以下，由于速度低，轧件温降大，影响线材的尺寸精度，盘重一般在 80~90kg，轧机生产能力在 10~15t/h。

20 世纪 50 年代发展了半连续式线材轧机，粗轧机组为连续式布置。精轧机组为横列式布置。中轧机组布置成连续式或横列式。最高轧制速度为 15m/s，盘重一般为 125kg，多线轧制时，年产量可达 35 万吨。

20 世纪 50 年代中期出现了连续式线材轧机，精轧机组一般配置 6~8 架水平辊轧机。60 年代初期，精轧机组配置了立辊，形成了水平辊-立辊-水平辊的连续式线材轧机。可以实现无扭轧制。这两种连续式线材轧机最高速度都小于 35m/s，线材盘重为 300~550kg。四线轧制时的年产量为 50 万吨。

20 世纪 60 年代，加拿大哈密尔顿厂建成摩根公司设计的终轧速度 43m/s 线材轧机，自此人们公认高于 40m/s 终轧速度的线材轧机为高速线材轧机。60 年代中期，又出现了 Y 型高速无扭轧机，最高轧制速度可达 50~70m/s，线材盘重达 1.5~2.5t，四线轧制时的年产量为 60 万~80 万吨。

Y 型轧机又称三辊式无扭轧机，是由 4~14 台 Y 型机座组成的组合机组，两机座中心距约 500mm，每台 Y 型机座有三个互成 120°布置的盘型轧辊，构成三角形孔型。三个互为 120°的轧辊如同字母 Y，故而得名。这种轧机的特点是在实现无扭轧制的同时，孔型通用性强，一套孔型可适应不同钢种和有色金属。图 2-11 为轧辊布置图。

20 世纪 70 年代，摩根无扭高速线材精轧机组有了很大的发展。70 年代后期投产的悬臂式无扭精轧机组出口速度多为 65~80m/s，有的高达 120m/s。45°精轧机组一般由 23~26 个机座串联组成，中心距为 500mm 左右。每套机组有 8~10 对碳化钨轧辊，各机座轧辊交错成 90°布置，并与地面呈 45°布置，见图 2-12。

目前，高速线材轧机的机型主要有三辊式、45°、15°/75°和平-立交替式 4 种。

吐丝机是精轧机组后与控制冷却线相衔接的关键设备。它将高速直线运行的轧件变成线圈吐放在冷却运输线上。目前，吐丝机在高转速下的动平衡问题和振动问题是阻碍高速线材轧机进一步提高速度的因素。

线材生产线上另一个主要组成部分是控制

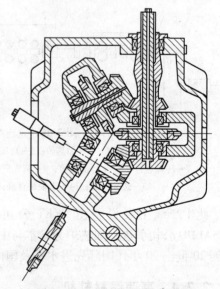

图 2-11　Y 型轧机轧辊布置图

冷却装置。线材控制冷却的方法有多种，但能与线材终轧速度的提高相适应的只有斯太尔摩法、阿西洛法及次生冷却法。

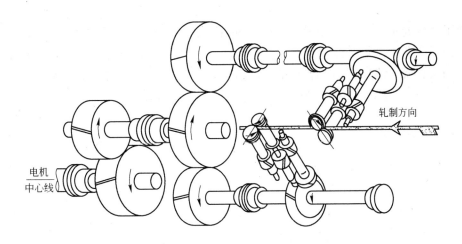

图 2-12 45°轧机传动图

2.3 轧制设备发展趋势

20 世纪 70 年代前，轧制机械设备的发展主要特征是大型化、高速化、连续化和自动化。进入 80 年代以来，轧制设备的发展取得了前所未有的成就。自 20 世纪 80 年代，轧制机械设备的发展从之前的"四化"逐步转移到技术效能型和经济效能型相结合的高效技术装备上来。利用当代先进科学技术成果，应用现代设计理论与方法，通过对轧制设备的综合研究，开发出了许多新颖、高效的轧制设备，以实现节能降耗、减少投资、降低成本、扩大品种规格、提高产品质量的需求。应用自动化、连续化技术改造传统轧机，提高装备水平尤为突出。近年来，轧制设备的发展主要表现在以下几个方面。

2.3.1 缩短工艺流程，简化生产工序，提高连续化和自动化程度

薄板坯连铸连轧技术、薄板铸轧技术均体现了缩短工艺流程的思想。

薄板坯连铸和轧制技术是 20 世纪 90 年代国际钢铁企业的一项重大新技术。自 1989 年 7 月在美国纽克公司第一套连铸连轧生产线投入生产以来，世界上已相继建成 39 条生产线，设计年生产能力已达 6500 万吨，并出现了多种类型、形式各异的薄板坯连铸连轧生产线。这些生产线的共同特点是将薄板直接送入辊底式加热炉或隧道式炉加热（均热）后，进行轧制，轧制道次少，减少了连铸坯冷却及再加热工序，也减少了粗轧机组及精轧机架的数量，是缩短工艺流程，简化生产工序，降低投资，减少成本的典型技术装备。

从 1856 年开始，H. Bessemer 就曾在 St. Pancras 厂进行了从钢水直接到钢板的尝试，60 年代工业化的 Hazelett 式双带连铸机在实验浇注薄钢板坯后在冶金界受到关注。Nucor 公司在采用薄带铸轧技术生产超薄带（0.7~1.5mm）方面已实现了工业化生产。该生产线自 2002 年建成已经用于生产低碳钢板。常规产品为厚度 0.7~1.5mm 的钢板，即可扩展到生产厚度范围属于热轧带钢的产品并可作为冷轧带钢的替代品。

近些年来，世界许多钢铁企业投入大量人力物力联手开发带钢连铸技术，研究工作取

得了令人可喜的成果。韩国浦项公司（POSCO）与英国戴维（DAVY）公司早在 1989 年就建成了一台卷重为 1t、铸带宽度为 350mm 的双辊薄带连铸机。带坯经冷轧至厚度为 0.8mm 带钢，带钢的焊接性能和深冲性能与传统生产工艺生产的带钢相当。法国于齐诺尔公司和德国蒂森钢铁公司合作开发的双辊薄带连铸机能一次浇注 92t 钢水，连铸 100min。图 2-13 为美国纽柯（Nucor）公司双辊薄带铸轧生产线示意图。图 2-14 为双辊薄带连铸工艺示意图。

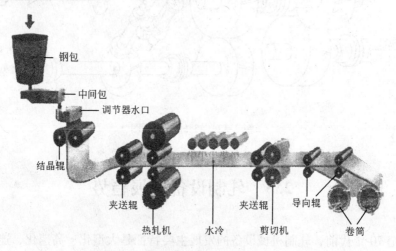

图 2-13　Nucor 公司的双辊薄带铸孔生产线示意图

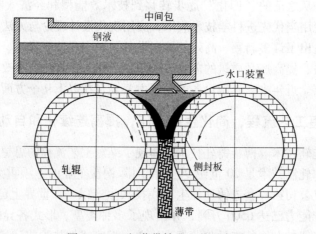

图 2-14　双辊薄带铸孔工艺示意图

与传统板带生产方法相比，双辊薄带铸轧技术可以完全省略板坯加热和热轧过程，节省大量的能量，减少设备投资，降低成本。双辊薄带铸轧技术的实验室研究和实际工业应用表明，双辊薄带连铸工艺具有如下优点：

（1）采用铸轧技术生产热轧带卷的总投资比传统薄带热轧技术要低得多。每吨带卷的成本比传统方法降低 40%左右。

（2）能源消耗和 CO_2 排放大大降低。根据有关专家的测算，与连铸连轧过程相比，吨钢生产降耗 80%、减少 CO_2 排放 35%~60%。

（3）双辊薄带连铸技术为中、小型钢铁企业带来了战略上的优势。这种企业由于达不到建设自己的热轧机组的能力，因此每吨钢材的成本会大大提高。采用双辊薄带连铸技术后，可省去热轧机组，降低投资。这样，中、小型企业可以在企业内部自己完成最终产品的加工，同时，采用双辊薄带连铸不再需要板坯的储藏地点，可以节省厂房空间。

1986 年新日铁实现冷轧薄板酸洗、冷轧、电解清洗、退火、平整、检查的全过程连续生产，体现了连续化技术在冷轧中的加速发展。

除了在板带生产中实现了连续化，型材生产连续化也一直是努力的发展方向。国外早已采用了各种型材连轧机代替老式的横列式型材轧机。轧机都选用短应力线轧机或预应力机架等高刚度机架以及悬臂式紧凑机架。近年来我国在小型材生产连续化方面也得到了快速发展。

在轧制设备上，自动化水平得到提高，厚度自动化控制、板形检测和自动化控制、张力自动检测和自动控制技术不断得到发展和完善。

2.3.2 研制开发系列新设备、新技术

（1）研究和发展多种轧制-连铸之衔接技术。CSP 生产线由于省去了冷却及再加热工序，是典型的节省能源设备、新技术。而 1981 年新日铁公司界厂首创的连铸坯直送轧制技术，是节能降耗思想的集中体现。美国阿雷格尼公司已研制成功连铸厚度小于 2mm 的不锈钢坯，经冷轧、退火生产厚度为 0.5mm 的带材。

（2）减少中间坯的热损失。热卷箱和隔热保温罩均可以减少带材热连轧机组粗轧机组出来的中间坯的热损失，起到降低燃料和电能消耗的作用。20 世纪 80 年代德国、加拿大、澳大利亚等已经建成 20 余台卷取箱。保温罩目前在热连轧生产线上被普遍推广使用。

2.3.3 开发和应用高效新型轧机

在板带尺寸精度控制及板形控制方面，除了继续采用液压压下装置、弯辊装置、大截面牌坊立柱和大直径轧辊等，新开发许多板形控制轧机，如高凸度 HC（High Crown）六辊轧机、连续可变凸度 CVC（Continous Variable Crown）轧机、万能板形控制 UC（Universal Profile Control Mill）轧机、可变凸度（Variable Crown）轧机、对辊交叉 PC（Pair-crossed Rolling Mill）轧机等。这些新形轧机不仅在冷热连轧机上得到广泛应用，也应用于中厚板轧机上。

20 世纪 70 年代的宽带连轧机组的粗轧机中，一般都采用立辊轧边，压下量小，一道次仅为 100～150mm。20 世纪 80 年代末期，德国 SMS 公司研制成功一道次压下量最大可达 300mm 液压重形测压装置，如图 2-15 所示。此装置大大提高了连铸坯的调宽能力。

近年来开发了许多设计新颖、操作维修方便、设备强度、刚度、精度好的新形型材轧机，主要有二辊预应力轧机、短应力线轧机、悬臂式辊环轧机、Y 型轧机、主要用于粗轧的大压下量三辊行星轧机、三辊可逆轧机、高刚度闭口轧机、摆锻轧机；根据生产轧材产品的特殊需要，设计与制造了一些新型特殊轧机，如万能 H 型材轧机、万能 H 型材轧边机、立平交替布置组合轧机、平立可转换轧机、变截面轧机和横轧轧机等。

上述新设备、新技术的应用，使得 20 世纪 80 年代以来轧材的尺寸精度得到了显著提高：中厚板厚度偏差达到 ±0.08mm，宽度偏差达 ±5～8mm；热轧带材厚度偏差为

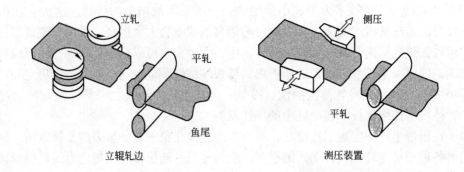

图 2-15　立辊轧边与测压装置

±0.025~0.05mm，最高水平达±0.015mm，冷轧带材厚度偏差为±0.003mm；棒材全长偏差稳定在±0.1mm，椭圆度为 0.15~0.2mm；异形截面型材尺寸精度也显著提高，并可实现负公差轧制。

复 习 题

(1) 轧制设备的组成及各组成部分的作用是什么？
(2) 轧制设备是怎样分类的？了解各类轧机的特点。
(3) 说明板带冷轧机采用多辊轧机的原因。
(4) 了解进入 21 世纪以来，轧制设备的发展趋势和特点。

3 轧 辊

本章概述

轧辊是轧机的核心部件。在轧制过程中，轧辊与轧件直接接触，强迫轧件产生塑性变形，同时轧辊也承受着巨大的轧制力的作用。轧辊应该具有高耐磨性、高抗热冲击性能、足够的强度、均质性和良好的加工性能。

因此，轧辊的形状和几何尺寸设计，轧辊材质的选择以及轧辊强度和变形对轧制生产中高产、优质、低消耗等各项指标产生直接影响。

3.1 轧辊的工作特点和分类

3.1.1 轧辊的工作特点

（1）工作时承受很大的轧制压力和力矩，有时还要承受动载荷。如 4300mm 宽厚板轧机轧制压力一般都在 30000~60000kN；轧制大断面钢坯的粗轧机，轧辊往往承受很大的惯性力和冲击；冷轧辊在交变的接触应力下传递巨大的压力。

（2）在高温或温度变化很大的条件下工作，工作条件恶劣，如热轧辊同时承受轧件的高温及冷却水冷却，轧辊旋转冷热交加且承受交变应力的作用。

3.1.2 轧辊的分类

轧辊可分为三种类型。

（1）型材轧辊（带孔型轧辊）：用于轧制大、中、小型型材、线材，在辊面上刻槽使轧件成型；

（2）板带轧辊（平面轧辊）：用于轧制板带，为保证轧件具有良好的板形，在制作时稍带凹凸度；

（3）特殊轧辊：用于钢管穿孔机、车轮轧机等专用轧机上，轧辊具有各种不同的形状。

3.2 轧辊的结构形式及材质的选择

3.2.1 轧辊的结构

如图 3-1 所示，无论是型材轧辊还是板带轧辊，都由辊身、辊颈和辊头三部分组成。

此外还有制造、安装所需要的一些辅助表面，如中心孔、紧固、吊装用的槽等。

（1）辊身：辊身是直接与轧件接触，使之产生塑性变形的工作部分。不同类型轧辊有不同的辊身形状。型材轧辊按照轧件不同截面形状的要求，在辊身上要刻出各种形状的轧槽，即所谓的孔型，如图 3-1a 所示。板材轧辊的辊身为圆柱形，如图 3-1b 所示。为了补偿轧辊受力弯曲及不均匀变形热膨胀对辊缝的影响，有时需要在辊身上磨制出较复杂的曲线形状，即所谓的辊型。

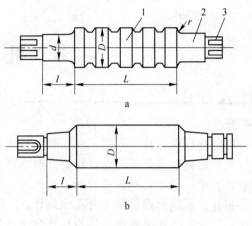

图 3-1 轧辊结构
1—辊身；2—辊颈；3—辊头

（2）辊颈：辊颈是轧辊的支撑部分。由于所用的轴承形式和装卸要求不同，有圆柱形和圆锥形两种辊颈形式。使用滑动轴承和滚动轴承的轧辊，辊颈一般做成圆柱形；使用液体摩擦轴承的轧辊，辊颈一般做成圆锥形。圆锥形辊颈虽在加工制造上比圆柱形辊颈困难，但有利于轴承的装卸与轧辊强度的提高。

辊身与辊颈交界处是应力集中的部位，是轧辊强度的薄弱环节。在辊身与辊颈交界处必须具有适当的过渡圆角。

（3）辊头：辊头为轧辊与连接轴相接的部分。工作时与连接轴相接的部分称为传动端，另一侧称为工作端。换辊在工作端一侧进行。辊头的结构有多种，常见的有梅花轴头、万向轴头（轧辊端是扁头）、带双键槽和带平台的轴头，如图 3-2 所示。

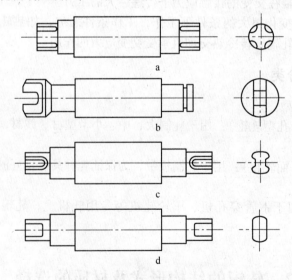

图 3-2 轧辊的辊头基本类型
a—梅花轴头；b—万向轴头；c—双键槽轴头；d—平台式轴头

随着轧机发展的大型化，轧辊直径不断增大。大直径的轧辊在铸、锻和热处理方面有不少困难，而且要消耗较多的高合金材料，所以某些大型四辊轧机的支撑辊采用镶套结构的组合轧辊。组合轧辊由韧性好的心轴和硬度高的辊套组成。辊套用热压的方式套在心轴上。

3.2.2 轧辊参数的确定

轧辊的尺寸参数有轧辊的公称直径 D、辊身长度 L、辊颈直径 d 及其长度 l，以及辊头的尺寸。

3.2.2.1 辊身直径

辊身直径为轧机的一个重要参数。对于型钢轧机，辊身直径是表征轧机特性的参数，通常以辊身直径的大小来命名型材轧机。对于板带冷轧机，辊身直径则是关系板带材最小可轧厚度的参数。

确定轧辊直径时一般需要考虑以下几方面的因素：

（1）咬入条件。为了保证轧制过程的顺利进行，轧辊直径应满足咬入条件。轧辊直径应满足下面关系：

$$D_{min} \geqslant \frac{\Delta h}{1 - \cos\alpha} \tag{3-1}$$

式中　　Δh——压下量，mm；

　　　　α——最大允许咬入角，(°)。

（2）最小可轧厚度。鉴于冷轧时轧辊弹性压扁值很大，辊径过大使板带材的进一步轧薄成为困难，即达到了所谓最小可轧厚度极限。根据斯通理论，冷轧机最大工作辊径应当满足下面公式：

$$D_{min} \leqslant \frac{0.28Eh_{min}}{\mu(K - \sigma_p)} \tag{3-2}$$

式中　　E——轧辊的弹性模数，MPa；

　　　　h_{min}——带材的最小厚度，mm；

　　　　μ——摩擦系数；

　　　　σ_p——平均张应力，MPa；

　　　　K——轧材的平面变形抗力，$K = 1.15\sigma_s$，MPa。

实际工作中，也可以按照经验式确定工作辊径：

带张力轧制时，$D < (1500 \sim 2000)h_{min}$；

无张力轧制时，$D < 1000h_{min}$。

（3）满足热平衡条件。在高速冷轧机上，金属变形产生的热量很大，导致工作辊的温度升高。但因为工作辊表面喷冷却剂冷却，所以当工作辊表面温度升高到一定数值后，就会出现热平衡状态，此时工作辊所吸收的热量等于冷却剂从工作辊表面带走的热量。若要使出现热平衡时工作辊温度不致过高（一般不高于100℃），那么工作辊直径（表面面积）就不能太小，应该与轧制速度、压下量和被轧金属力学性能相适应。这时工作辊的最小直径应该满足下面公式：

$$D \geqslant \frac{20.8 \times 10^4 vh\varepsilon k_y}{\pi(2 - \varepsilon)\alpha_s(100 - t_R)}\ln\left(\frac{1}{1 - \varepsilon}\right) \tag{3-3}$$

式中　　v——轧制速度，m/s；

h ——轧后的板材厚度，mm；

ε ——道次的压下率，以分数表示；

α_s ——轧辊表面与冷却剂间的导热系数，$\text{kcal}/(\text{m}^2 \cdot \text{℃} \cdot \text{h})$；

k_y ——强制屈服强度，MPa，其数值可按下式确定

$$k_y = 1.15\left[\sigma_s + \frac{25}{\sigma_s}(2 + \log\dot{\varepsilon})\right]$$

σ_s ——当应变速率很小时，轧材的屈服极限，MPa；

$\dot{\varepsilon}$ ——应变速率，s^{-1}，可按下式计算

$$\dot{\varepsilon} = 890v\sqrt{\frac{\varepsilon}{D_1 H}}$$

D_1 ——工作辊的直径，mm，应采用预选的工作辊直径；

H ——道次前的带坯厚度，mm。

当按照产品方案和轧制流程验算工作辊最小允许直径时，应选用发热量最大的那个轧制道次，然后按照式（3-3）进行计算。

（4）轧辊的强度和刚度。轧辊具有足够的强度和一定的刚度是轧制过程正常进行和保证要求的轧制精度的前提。因此，考虑轧辊的强度和刚度是决定轧辊直径的先决条件。

当然，对于多辊轧机而言，轧制负荷主要是由支撑辊承担，支撑辊颈主要应根据强度和刚度要求确定。

3.2.2.2　辊身长度

辊身长度是表征板带轧机轧辊特性的重要参数，板带轧机的规格通常以辊身长度大小来命名。

板带轧机的辊身长度的确定一般是与轧辊直径一起考虑。其出发点是要使轧辊获得最小的弯曲挠度和足够的强度。需要指出，由于特大尺寸轧辊制造、加工方面的困难，致使厚板轧机实际使用的 L/D_z 比值较大（D_z 为支撑辊辊径）。四辊轧机辊身长度和轧辊直径之间，以及支撑辊和工作辊（D_g）直径之间的比值关系如表 3-1 所示。

表 3-1　各种四辊轧机 L/D_g，L/D_z 及 D_z/D_g

轧机名称		L/D_g		L/D_z		D_z/D_g		说　明
		比值	常用比值	比值	常用比值	比值	常用比值	
厚板轧机		3.0~5.2	3.2~4.5	1.9~2.7	2.0~2.5	1.5~2.2	1.6~2.0	此表是根据辊身长度在 1120 ~ 5590mm 范围内的 165 台四辊轧机统计而得
宽带材轧机	粗轧机座	1.5~3.5	1.7~2.8	1.0~1.8	1.3~1.5	1.2~2.0	1.3~1.5	
	精轧机座	2.1~4.0	2.4~4.8	1.0~1.8	1.3~1.5	1.8~2.2	1.9~2.1	
冷轧板带轧机		2.3~3.0	2.5~2.9	0.8~1.8	0.9~1.4	2.3~3.5	2.5~2.9	

型材及开坯机的轧辊辊身长度，与孔型布置数目及轧辊强度有关。辊身长度越大，可布置的孔型数目越多，但这将使轧辊弯曲强度降低，并相应地使轧机前后辊道的辊子加长，最终导致设备重量增大。型材轧机轧辊直径和辊身长度的比值关系见表 3-2。

表 3-2　型材轧机轧辊直径和辊身长度的比值 L/D

初　轧　机	2.2~2.7
粗轧机座	2.2~3.0
精轧机座	1.5~2.0

3.2.2.3　辊颈

辊颈直径和长度与轧辊轴承形式及工作载荷有关。由于受轧辊轴承径向尺寸的限制，辊颈直径比辊身直径要小得多。辊颈与辊身过渡处，往往是轧辊强度最差的地方，所以只要条件允许，辊颈直径应选大些。

使用滑动轴承时，轧辊辊颈比例关系见表 3-3。

表 3-3　轧辊尺寸比例

轧机类型	d/D	l/d	r/D
初轧机	0.55~0.7	1.0	0.065
开坯及型钢轧机	0.55~0.63	0.92~1.2	0.065
二辊型钢轧机	0.6~0.7	1.2	0.065
小型及线材轧机	0.53~0.55	1.0+(20~30mm)	0.065
中厚板轧机	0.67~0.75	0.83~1.0	0.1~0.12

使用滚动轴承时，由于轴承的外径较大，辊颈尺寸不能太大，可近似取 $d = (0.5 \sim 0.55)D, l/d = 0.83 \sim 1.0$。

为装卸轴承的方便，消除间隙和改善强度条件，当使用油膜轴承时辊颈常做成锥形，锥度为 $1:5$。

3.2.2.4　辊头

辊头是传递扭矩部分，其参数根据接轴形式不同而异。

（1）梅花接轴适用于速度不高、压下调整量不大的轧机。其外形尺寸如图 3-3 所示。

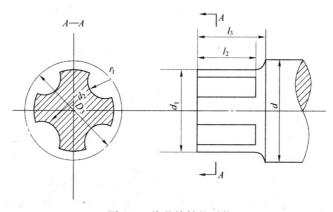

图 3-3　梅花接轴的形状

梅花形轴头外径 d_1 与辊颈直径 d 间关系如下：

三辊型钢与线材轧机　　　　$d_1 = d - (10 \sim 15)$ mm

三辊型钢（连续式）轧机　　　$d_1 = d - (10 \sim 15)\,mm$

中板轧机　　　　　　　　　　$d_1 = (0.9 \sim 0.94)d$

二辊薄板轧机　　　　　　　　$d_1 = 0.85d$

（2）万向接轴的辊头呈扁头形状，如图 3-2 所示。其尺寸关系如下：

$$D_1 = D - (5 \sim 15)\,mm$$
$$s = (0.25 \sim 0.28)D_1$$
$$a = (0.50 \sim 0.60)D_1$$
$$b = (0.15 \sim 0.20)D_1$$
$$c = (0.50 \sim 1.00)b$$

3.2.3　轧辊材质的选择

轧制生产不仅要求轧辊具有合理的结构尺寸，尤其要求轧辊具有优良的物理机械性能。轧辊质量的好坏决定着产品质量的优劣和轧制生产率的高低。在所有的轧机部件中，轧辊对轧制作业具有至关重要的作用。

3.2.3.1　轧辊材质

轧制生产要求轧辊具有以下性能：轧辊长时间使用而辊面磨损较少；能承受高压和冲击载荷而不断裂；能经受高温、急冷、剧热而不破坏，具有较高的硬度。对于一种轧辊材质，同时满足高强度、高硬度、耐冲击、耐磨损和抗热龟裂等多方面的要求是很困难的，因此出现了多种不同的轧辊材料。

轧辊按照材质不同分为铸铁轧辊、半钢轧辊、钢轧辊三种类型。

铸铁轧辊（含碳量≥2%）有普通铸铁、合金铸铁和球磨铸铁轧辊之分；按照硬度不同又有半冷硬、冷硬和无限冷硬铸铁轧辊之分。铸铁轧辊突出的优点是硬度高、耐磨性好、表面光滑、制造方法简单、成本低。其缺点是质脆、强度低、耐冲击性能差。

钢系轧辊有铸钢和锻钢轧辊之分。钢轧辊的优点是强度高，韧性好，咬入轧件的能力强。其缺点是硬度一般较铸铁辊低。但是为了硬度需要在钢中加入较多的合金元素，如冷轧工作辊多采用 9Cr2W、9Cr2Mo、9CrV 锻钢轧辊。近年来，辊面硬度高达 100HS 的高速钢、半高速钢轧辊得到广泛的应用。

半钢是一种新型轧辊材质。所谓半钢，其含碳量介于铸铁和铸钢之间，杂质含量较低，具有过共析组织。由于半钢含碳量高于铸钢，所以铸态脆且易生成碳化物偏析和内部缺陷，然而经过锻造和热处理后，可得到均匀分散析出的极微细的高硬度碳化物。因此，它具有耐热龟裂、耐磨和强韧性三方面的综合性能，适用于带钢热连轧四辊轧机工作辊，其应用日趋广泛。

3.2.3.2　轧辊材质的选择

任何一种材质的轧辊不可能同时满足轧制生产对轧辊多方面的性能要求。因此，实际生产中只能根据各类轧机的工作特点和使用条件来选择材质以满足轧制生产对轧辊某些主要性能的要求。

A　型钢轧机的轧辊

型钢轧机粗轧机的工作特点是道次压下量大，轧辊承受较大的轧制压力和冲击载荷。

因此要求轧辊具有足够的强度和韧性，良好的咬入性能，而辊面硬度和耐磨性放在第二位考虑。因此，型钢轧机粗轧机多采用铸钢轧辊，如 ZG70、ZG75Mo 等。锻钢轧辊虽然综合力学性能较好，但与铸钢轧辊相比，其加工困难，价格成本高。因此中小型轧机多采用铸钢辊而很少采用锻钢辊。

型钢精轧机轧制负荷较低，对轧材的形状和尺寸公差要求严格，所以对轧辊的辊面硬度和耐磨性有较高的要求，因此型钢精轧机多选用冷硬铸铁轧辊。

B　带钢热连轧机的工作辊和支撑辊

带钢热连轧四辊轧机工作辊的工作特点是主要承受轧制扭矩和接触压力，所承受的弯曲应力较小，轧制时工作温度高，要求轧辊抗龟裂性好，为保证带材表面质量和尺寸公差，要求表面光滑耐磨。因此除粗轧机座因受咬入条件的限制采用铸钢轧辊外，工作辊材质一般均以辊面硬度为主，而把强度放在其次的位置。带钢连轧机工作辊多采用冷硬铸铁轧辊。

带钢热连轧四辊轧机支撑辊主要承受弯曲力矩的作用，且轧辊直径一般较大。为了保证轧辊具有足够的强度和刚度，良好的耐疲劳性能，支撑辊多采用合金锻钢轧辊，如 9CrMo、9CrV。

C　冷轧带钢轧机的工作辊和支撑辊

冷轧带钢轧机轧制压力大，轧制速度高，带材表面质量要求极其严格。因此，冷轧工作辊对辊面硬度和轧辊强度均有较高的要求。冷轧带钢轧机的工作辊多采用合金锻钢辊，如 9Cr2W、9Cr2Mo 等。辊面硬度应达到 HS = 90~95。

冷轧带钢轧机支撑辊的工作特点和热轧带钢轧机相似，一般选用 9Cr2Mo、9CrV 合金锻钢轧辊。为了提高轧辊的综合力学性能，节约高合金材料，降低成本，近年来大直径支撑辊采取了镶套式复合锻钢轧辊，辊芯采用韧性好的 37SiMn2MoV 锻钢，辊套用硬度高的锻钢 8CrMoV。

为了轧制高碳钢、不锈钢等难变形合金和极薄带材，多辊冷轧机的工作辊也采用硬质合金或碳化钨等特硬材料制造。应当指出，尽管冷轧机工作辊的硬度要求高，但却很少采用铸铁轧辊。这是因为在辊径一定的条件下，冷轧机所能轧制的最小厚度与轧辊材质的弹性模量 E 成正比。铸铁的 E 值约为钢的一半，薄带冷轧使用铸铁轧辊是不利的。

3.3　轧辊的强度计算

在轧制生产中，轧辊除磨损正常消耗外，有时还会因使用不合理而产生断辊、辊面剥落等破坏性事故。为了防止轧辊破坏，在制定压下规程时，不仅应该从工艺方面考虑各道次变形的合理分配，而且必须从设备方面验算所制定的压下规程是否满足轧辊的强度条件，是否充分发挥了设备能力。保证轧辊的强度条件是轧制生产得以正常进行的先决条件。

3.3.1　型材轧机轧辊强度计算

初轧机、型材轧机和线材轧机的轧辊，沿辊身长度上布置很多轧槽。因为轧槽的宽度相对于辊身长度都比较小，为了简化计算，可以把轧制力近似看成集中力。型材轧机轧辊受力如图 3-4 所示。

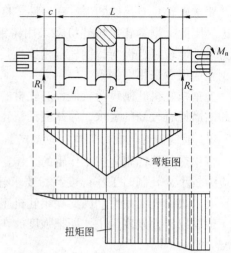

根据轧辊受力列出各段弯矩方程：

当 $0 < x < l$ 时，

$$M = R_1 x = P(a - l) \cdot \frac{x}{a}$$

当 $l < x < a$ 时，

$$M = R_1 x - P(x - l) = P(a - x) \cdot \frac{l}{a}$$

式中　l——轧制力作用点到支撑反力的距离。

根据弯矩方程可以得出轧辊的弯矩图，按照轧制扭矩的作用可以得到轧辊的扭矩图。从轧辊的弯矩和扭矩的大小可确定出轧辊的危险截面。

图 3-4　型材轧机轧辊受力图

轧制力作用截面所受最大弯矩为

$$M = R_1 l - P \cdot (a - l) = P \cdot (a - l) \cdot \frac{l}{a} \tag{3-4}$$

弯曲应力为

$$\sigma_D = \frac{M_D}{0.1 D_I^{\ 3}} \tag{3-5}$$

式中　D_I——计算截面处轧辊的实际直径。

传动端辊颈根部的弯矩为：

$$M_d = R_2 C = P \cdot \frac{l}{a} \cdot C$$

弯曲应力为

$$\sigma_d = \frac{M_d}{0.1 d^3} \tag{3-6}$$

扭转应力为

$$\tau_d = \frac{M_n}{0.2 d^3} \tag{3-7}$$

式中　M_n——轧辊承受的扭矩。

轧辊辊颈处受力为弯曲和扭转的组合，应按照第二强度理论或第四强度理论计算合成应力。

梅花轴头的最大扭转应力发生在它的槽底部位。对于一般形状的梅花轴头，槽底内接圆直径

$$d_2 = 0.66 d_1$$

其最大扭转应力为

$$\tau = \frac{M_n}{0.07 d_1^3} \tag{3-8}$$

式中　d_1——梅花轴头外径；

d_2——梅花轴头槽底内接圆直径。

应当指出的是，轧件在不同的轧槽中轧制时，外力的大小和作用点都是在变化的，所以要分别判断不同轧槽工作时轧辊各截面的应力，通过比较，找出危险的截面。

3.3.2 二辊板带轧机轧辊强度的计算

二辊板带轧机轧辊受力如图 3-5 所示。为了简化计算，假设轧件位于辊身中央，轧制力沿轧件宽度均匀分布，轧辊支反力左右相等，并作用在压下螺丝中心线位置上。

根据轧辊受力可列出各段的弯矩方程：

$0 < x < \dfrac{a-b}{2}$ 时，

$$M = \frac{1}{2}Px$$

$\dfrac{a-b}{2} < x < \dfrac{a}{2}$ 时，

$$M = \frac{1}{2}Px - \frac{1}{2}q\left(x - \frac{a-b}{2}\right)^2$$

式中　P——轧制力；

　　　a——压下螺丝中心距；

　　　b——轧件的宽度；

　　　q——单位长度轧制力。

由弯曲方程可得到轧辊的弯矩分布图；由扭矩的作用可得到轧辊的扭矩分布图。根据弯矩和扭矩的分布图可知，对辊身只需计算辊身中部的弯曲强度；对辊颈则应计算弯曲和扭转强度；对传动端辊头应计算扭转强度。

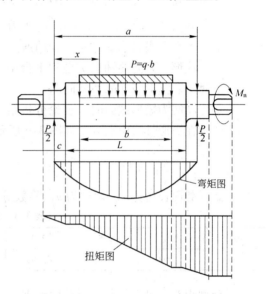

图 3-5　二辊板带轧机轧辊受力图

辊身中央截面的弯曲力矩为

$$M_{\mathrm{D}} = P\left(\frac{a}{4} - \frac{b}{8}\right) \tag{3-9}$$

弯曲应力为

$$\sigma_{\mathrm{D}} = \frac{M_{\mathrm{D}}}{0.1D^3} \tag{3-10}$$

辊颈的危险截面位于辊颈根部，其弯矩为

$$M_{\mathrm{d}} = \frac{P}{2} \cdot C \tag{3-11}$$

弯曲应力为　　　　　$$\sigma_{\mathrm{d}} = \frac{M_{\mathrm{d}}}{0.1d^3} \tag{3-12}$$

辊颈处的扭转应力为　　$$\tau_{\mathrm{d}} = \frac{M_{\mathrm{n}}}{0.2d^3} \tag{3-13}$$

式中　D——轧辊直径；

　　　d——辊颈直径；

M_n——轧辊的扭矩。

轧辊辊颈处的受力为弯曲和扭转的组合。在求得危险截面的弯曲应力和扭转应力后，即可按强度理论计算合成应力。

对于钢轧辊，合成应力应按第四强度理论计算

$$\sigma_4 = \sqrt{\sigma_d^2 + 3\tau_d^2} \qquad (3\text{-}14)$$

对于铸铁轧辊，合成应力要按第二强度理论计算

$$\sigma_2 = 0.375\sigma_d + 0.625\sqrt{\sigma_d^2 + 4\tau_d^2} \qquad (3\text{-}15)$$

轧辊传动端辊头只承受扭矩。如前所述，辊头有多种形式，如梅花形、万向接轴扁头型和平台型。辊头的受力情况，是属于非圆形截面的扭转问题。

轧辊传动端为矩形截面时，理论分析结果表明，最大剪切力产生在矩形长边中点处，如图 3-6 所示。

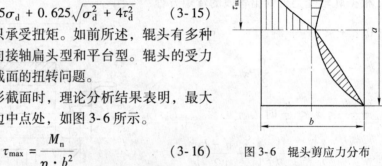

图 3-6　辊头剪应力分布

$$\tau_{max} = \frac{M_n}{\eta \cdot b^2} \qquad (3\text{-}16)$$

设矩形截面长边为 a，短边为 b，系数 η 依赖 a/b 的值，见表 3-4。

表 3-4　系数 η 值

a/b	1.0	1.5	2.0	2.5	3.0	4.0	6.0
η	0.208	0.346	0.493	0.645	0.801	1.150	1.789

平台型辊头，可近似按矩形截面处理。

对于有键槽的圆截面辊头，仍可按圆截面扭转问题处理，但要考虑应力集中现象。此时可取应力集中系数 $a = 1.7 \sim 2.5$。

3.3.3　四辊轧机轧辊强度计算

四辊轧机，因为有了支撑辊，所以轧辊的强度计算复杂了，首先应该考虑工作辊和支撑辊的弯曲强度；其次要考虑工作辊和支撑辊之间的接触强度。

3.3.3.1　四辊轧机工作辊强度计算

四辊轧机分工作辊传动和支撑辊传动两种方式。传动方式不同，工作辊受力情况就不同。

（1）在工作辊传动时，如果又有前后张力的作用，工作辊受力情况如图 3-7 所示。

在垂直平面内，工作辊承受轧制载荷和支撑辊反力的作用，产生垂直弯矩 M_{WX}，为了简化计算，按均布载荷考虑，工作辊垂直弯矩按照下式计算：

$$M_{WX} = \frac{1}{2}qx^2 - \frac{1}{2}q\left(x - \frac{l-b}{2}\right)^2$$

辊身中部垂直弯矩为

$$M_{WX} = \frac{1}{8}P(l-b) \qquad (3\text{-}17)$$

$$q = \frac{P}{l}, \quad q' = \frac{P}{b}$$

式中　　P——轧制压力；

　　　　l——辊身长度；

　　　　b——轧件宽度。

在水平面上，由于张力差的作用，工作辊又受到 q_T 均布载荷，产生水平弯矩 M_{WT}。辊身中部的水平弯矩为

$$M_{WX} = \frac{\Delta T}{2}\left(\frac{a'}{4} - \frac{b}{8}\right) \qquad (3\text{-}18)$$

式中　$\dfrac{\Delta T}{2} = q_t \cdot b$；

　　　ΔT——带材前后张力差值；

　　　a'——工作辊两端轴承中心距。

辊身中部的合成弯矩按矢量合成计算

$$M_\Sigma = \sqrt{M_{WX}^2 + M_{Tmax}^2}$$

弯曲应力为

$$\sigma = \frac{M_\Sigma}{0.1D_1^3} \qquad (3\text{-}19)$$

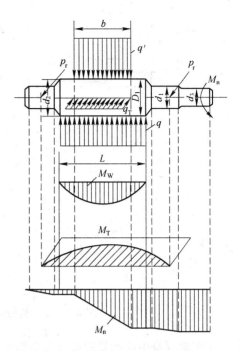

图 3-7　四辊轧机工作辊受力图

作用在一个工作辊上的扭矩可按照下式计算

$$M_n = \frac{1}{2}M_z \pm \frac{1}{4}\Delta T \cdot D_1 \qquad (3\text{-}20)$$

式中　　M_z——轧制力矩；

　　　　D_1——工作辊直径。

式中，"－"为前张力大于后张力情况，"＋"为后张力大于前张力情况。

辊颈处的弯曲应力和扭转应力为

$$M_{WT} = p_T \cdot C = \frac{\Delta T}{4} \cdot C \qquad (3\text{-}21)$$

$$\sigma = \frac{M_{WT}}{0.1d^3} \qquad (3\text{-}22)$$

$$\tau = \frac{M_n}{0.2d^3} \qquad (3\text{-}23)$$

合成应力　　　　　　$\sigma_j = \sqrt{\sigma^2 + 3\tau^2} \qquad (3\text{-}24)$

工作辊传动端辊头只有扭矩作用，剪应力为

$$\tau' = \frac{M_n}{W_n} \qquad (3\text{-}25)$$

式中　　W_n——辊头抗扭截面系数。

（2）支撑辊辊传动时，工作辊的受力情况如图 3-8 所示。

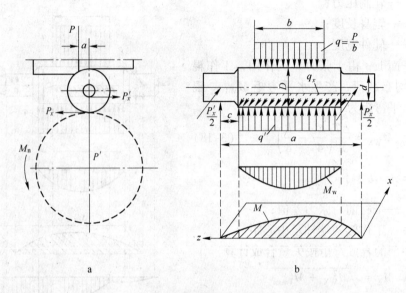

a   b

图 3-8　支撑辊传动四辊轧机工作辊受力简图

工作辊辊身中部承受的垂直弯矩为

$$M_{WX} = \frac{1}{8}P(l - b) \tag{3-26}$$

因为工作辊是借助支撑辊对其摩擦作用克服轧制力矩转动的，支撑辊对工作辊面较大的水平推力 P_x 的作用使工作辊产生水平弯曲，辊身中部的水平弯矩为

$$M_D = P_x\left(\frac{a}{4} - \frac{l}{8}\right) \tag{3-27}$$

式中，P_x 可由下式确定

$$P_x = \frac{2M_n}{D_2}$$

或

$$P_x = \left(Pa + P_x'\mu\frac{d}{2}\right)\frac{2}{D_1} = (M_n' + M_m)\frac{2}{D_1} \tag{3-28}$$

式中　　M_n ——转动支撑辊的扭矩；

      M_n' ——轧制力矩；

      M_m ——工作辊轴承摩擦力矩；

      D_1 ——工作辊径；

      D_2 ——支撑辊径；

      d ——工作辊颈直径；

      μ ——轴承摩擦系数。

合成力矩为

$$M_\Sigma = \sqrt{M_{WX}^2 + M_d^2} \tag{3-29}$$

辊身中部的弯曲应力为

$$\sigma = \frac{M_\Sigma}{0.1D_1^3} \tag{3-30}$$

3.3.3.2 四辊轧机支撑辊强度计算

A 工作辊传动时

对于工作辊传动的四辊轧机，支撑辊不承受扭矩，一般只验算支撑辊辊身中部的弯曲应力。

为了简化计算，一般按轧制力沿辊身均匀分布计算支撑辊的弯曲应力。其受力情况如图3-9所示。

支撑辊的弯曲力矩为

$$M_w = \frac{P}{2}x - \frac{1}{2}q_x\left(x - \frac{a-l}{2}\right)^2$$

辊身中部最大弯矩为

$$M_{max} = P\left(\frac{a}{4} - \frac{l}{8}\right) \qquad (3-31)$$

辊身中部的弯曲应力为

$$\sigma = \frac{M_{max}}{0.1D_2^3} \qquad (3-32)$$

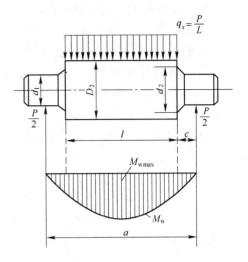

图 3-9 四辊轧机支撑辊受力简图

B 支撑辊传动时

对于支撑辊传动的四辊轧机，支撑辊不但承受弯矩，还要承受扭矩作用。所以，除了要计算辊身中部的弯曲应力外，还要计算辊颈处弯扭合成应力及传动辊头承受的扭转应力。其计算方法与二辊板带轧机轧辊强度计算相同。

3.3.3.3 四辊轧机辊间接触强度计算

四辊轧机在工作时，支撑辊与工作辊两圆柱面之间有很大的接触力，应对此进行强度校核。

半径方向产生的法向正应力在接触表面的中部最大，其值可按赫兹方程式求得

$$\sigma_{max} = \sqrt{\frac{q(r_1 + r_2)}{\pi^2(K_1 + K_2)r_1r_2}} \qquad (3-33)$$

式中　q ——接触表面单位长度上的负荷；

r_1，r_2 ——相互接触的两个轧辊（工作辊和支撑辊）的半径；

K_1，K_2 ——与轧辊材料有关的系数。

$$K_1 = \frac{1 - \mu_1^2}{\pi E_1}, \quad K_2 = \frac{1 - \mu_2^2}{\pi E_2}$$

式中　μ_1，μ_2 ——两轧辊材料的泊松比；

E_1，E_2 ——两轧辊材料的弹性模量。

若两轧辊材质相同并取 $\mu = 0.3$，则公式的形式可以转换成

$$\sigma_{max} = 0.418\sqrt{\frac{qE(r_1 + r_2)}{r_1r_2}} \qquad (3-34)$$

此应力虽然很大，但是对于轧辊不至于产生很大的危险。因为在接触区材料的变形近似于三维压缩状态，能承受较高的应力。

在接触区还存在剪应力 τ。根据计算，剪应力在离接触表面深度 $z = 0.78b$ 时，达到最大值（b 是工作辊与支撑辊接触面宽度之半）（见图3-10）。

为保证轧辊表面不产生疲劳破坏，τ_{max} 值应小于许用值。

$$\tau_{max} = 0.304\sigma_{max} \leq [\tau]$$

正应力与剪应力的许用值与轧辊表面硬度有关。按照支撑辊表面硬度列出许用值（见表3-5），σ 与 τ 在接触区的分布见图3-10。

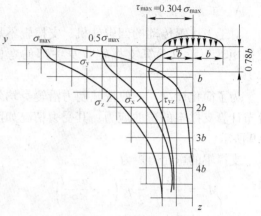

图 3-10　轧辊接触应力与深度的关系

表 3-5　许用接触应力值

支撑辊辊面硬度	许用应力 $[\sigma]$/MPa	许用应力 $[\tau]$/MPa
30	1600	490
40	2000	610
50	2200	670
60	2400	730

在生产实践中，曾发生高速运转的轧辊或其传动件突然断裂的现象。经研究，这是因轧件咬入时的冲击负荷使整个传动系统发生扭转振动造成的。扭转振动造成的应力会引起零件的疲劳破坏。这一现象将随着轧机向高速度、大功率、多电枢电机的传动的发展而日趋严重。

3.3.4　轧辊的安全系数

一般轧辊的强度均以静负荷计算。事实上，轧辊只满足静强度是不够的，这是因为，很多因素都将影响着轧辊的实际强度，例如，对轧制负荷估计的不精确、轧辊材质的不均匀、冲击负荷的作用、温度应力的作用以及轧辊的疲劳强度等因素。为了充分发挥轧机的生产能力，保证轧辊的安全运转，对于影响轧辊实际强度的其他因素，通常都纳入到安全系数中去考虑。由于采用静负荷计算轧辊强度是经过简化的一种方法，故轧辊的安全系数一般取 $n = 5$。轧辊材料的许用应力可参考以下数据：

对于合金锻钢轧辊，当强度极限 $\sigma_b = 700 \sim 800MPa$ 时，$[\sigma] = 140 \sim 160MPa$；

对于碳素锻钢轧辊，当强度极限 $\sigma_b = 600 \sim 650MPa$ 时，$[\sigma] = 120 \sim 130MPa$；

对于铸钢轧辊，当强度极限 $\sigma_b = 500 \sim 600MPa$ 时，$[\sigma] = 100 \sim 120MPa$；

对于铸铁轧辊，当强度极限 $\sigma_b = 350 \sim 400MPa$ 时，$[\sigma] = 70 \sim 80MPa$。

3.4　轧辊的挠度计算

在轧辊的作用下，轧件产生塑性变形。轧辊的弹性变形对产品的形状尺寸有着直接的影响。对于板材轧制，一般来说轧件的截面形状决定于辊缝的形状。某些扰动因素如轧制力波动对产品精度的影响是通过轧辊的弹性变形体现出来的；一些控制板形的手段如液压弯辊也是通过控制轧辊变形得以实现的。所以确定轧辊的弹性变形，对于确定合适的辊型，对于保证产品的尺寸精度和板形是非常重要的。

在钢板生产中，需要计算三个重要的挠度差值。一是辊身中间总挠度；二是辊身中间与钢板边缘挠度差；三是辊身中间与辊边缘的挠度差。

3.4.1 轧辊辊身中间总弯曲挠度的计算

因为轧辊直径与轧辊支点距离比值较大，轧辊属于短粗梁，所以计算轧辊挠度不仅要考虑弯矩的影响，还要考虑到剪力的影响。因此轧辊中间总挠度量为

$$f = f_1 + f_2 \tag{3-35}$$

式中　f_1——由弯矩引起的挠度值；

　　　f_2——由剪力引起的挠度值。

由卡氏定理求得

$$f_1 = \frac{\partial U_1}{\partial R} = \frac{1}{EI}\int M_x \frac{\partial M_x}{\partial R} \mathrm{d}x \tag{3-36}$$

$$f_2 = \frac{\partial U_2}{\partial R} = \frac{K}{GF}\int Q_x \frac{\partial Q_x}{\partial R} \mathrm{d}x \tag{3-37}$$

式中　U_1——系统中仅弯曲力矩作用的变形能，$U_1 = \int \frac{M_x^2}{2EI}\mathrm{d}x$；

　　　U_2——系统中由于切力作用的变形能，$U_2 = \int \frac{Q_x^2}{2GF}\mathrm{d}x$；

　　　R——在计算挠度位置所作用的外力；

　　M_x, Q_x——在任意截面上的弯矩和剪力；

　　　E, G——弹性模量和剪切模量；

　　　I, F——断面惯性矩和断面面积；

　　　K——剪应力分布不均影响系

　　　　　数，对于圆截面 $K = \dfrac{10}{9}$，

　　　　　对于矩形截面 $K = \dfrac{4}{5}$。

用卡氏定理求解的是挠度而不是挠度差，需要将挠度差转化成等效的挠度加以求解。由于轧辊结构和载荷的对称性，轧辊变形也是对称的，且辊身中央截面转角为零。为此可取轧辊一半，将转角为零的中央截面固定，把轧辊转化成悬臂梁，其受力和变形如图 3-11 所示。

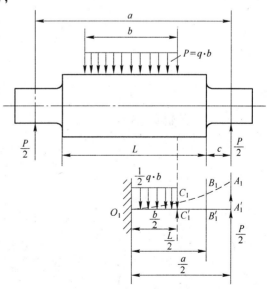

图 3-11　轧辊挠度计算简图

这样当确定轧辊中间总挠度量时，R 力可假定为轴承反作用力，即轧制力的一半 $(P/2)$，辊身中间挠度计算简图见图 3-12。

轧辊各段弯矩为

当 $x = 0 \sim \dfrac{a-b}{2}$ 时

$$M_x = \frac{P}{2}x \qquad (3\text{-}38)$$

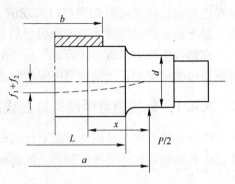

式中 a ——两轴承支反力作用点间距离。

当 $x = \dfrac{a-b}{2} - \dfrac{a}{2}$ 时

$$M_x = \frac{P}{2}x - \frac{q}{2}\left(x - \frac{a-b}{2}\right)^2 \qquad (3\text{-}39)$$

图 3-12   辊身中间挠度计算简图

式中 q ——钢板单位宽度的压力。

将式（3-38）、式（3-39）对 R（即 $P/2$）求微分得

$$\frac{\partial M}{\partial R} = x \qquad (3\text{-}40)$$

将式（3-40）中 $\dfrac{\partial M}{\partial R}$ 值代入式（3-36）得

$$f_1 = \frac{1}{EI_2}\int_0^c \frac{Px^2}{4}\mathrm{d}x + \frac{1}{EI_1}\int_c^{\frac{a-b}{2}} \frac{Px^2}{4}\mathrm{d}x + \frac{1}{EI_1}\int_{\frac{a-b}{2}}^{\frac{a}{2}}\left[\frac{Px}{4} - \frac{q}{2}\left(x - \frac{a-b}{2}\right)^2\frac{x}{2}\right]\mathrm{d}x$$

式中 I_1 ——辊身断面惯性矩；

       I_2 ——辊颈断面惯性矩；

       c ——轴承支反力作用点到辊身边缘距离。

将上式积分后得

$$f_1 = \frac{P}{384EI_1}\left[8a^3 - 4ab^2 + b^3 + 64c^3\left(\frac{I_1}{I_2} - 1\right)\right]$$

用直径表示为

$$f_1 = \frac{P}{18.8ED^4}\left\{8a^3 - 4ab^2 + b^3 + 64c^3\left[\left(\frac{D}{d}\right)^4 - 1\right]\right\} \qquad (3\text{-}41)$$

式中 D, d ——辊身直径与辊颈直径。

现确定 f_2，轧辊各断面切力 Q_x 为：

当 $x = 0 \sim \dfrac{a-b}{2}$ 时

$$M_x = \frac{P}{2}x$$

$$Q_x = \frac{\mathrm{d}M_x}{\mathrm{d}x} = \frac{P}{2}$$

当 $x = \dfrac{a-b}{2} \sim \dfrac{a}{2}$ 时

$$M_x = \frac{P}{2}x - \frac{q}{2}\left(x - \frac{a-b}{2}\right)^2$$

$$Q_x = \frac{dM_x}{dx} = \frac{P}{2} - q\left(x - \frac{a-b}{2}\right)$$

上两方程式对 $P/2$ 微分均得 1，代入式（3-37），得

$$f_2 = \frac{K}{GF_2}\int_0^c \frac{P}{2}dx + \frac{K}{GF_1}\int_c^{\frac{a-b}{2}} \frac{P}{2}dx + \frac{K}{GF_1}\int_{\frac{a-b}{2}}^{\frac{a}{2}}\left[\frac{P}{2} - q\left(x - \frac{a-b}{2}\right)\right]dx$$

式中　F_1，F_2——辊身与辊颈断面面积。

将上式积分得

$$f_2 = \frac{PK}{G\pi D^2}\left\{a - \frac{b}{2} + 2c\left[\left(\frac{D}{d}\right)^2 - 1\right]\right\}$$

辊颈为圆截面时，将 $K = \frac{10}{9}$ 代入上式

$$f_2 = \frac{P}{2.83GD^2}\left\{a - \frac{b}{2} + 2c\left[\left(\frac{D}{d}\right)^2 - 1\right]\right\} \tag{3-42}$$

辊身中间总挠度为

$$f = f_1 + f_2 = \frac{P}{18.8ED^4}\left\{8a^3 - 4ab^2 + b^3 + 64c^3\left[\left(\frac{D}{d}\right)^4 - 1\right]\right\} +$$

$$\frac{P}{2.83GD^2}\left\{a - \frac{b}{2} + 2c\left[\left(\frac{D}{d}\right)^2 - 1\right]\right\} \tag{3-43}$$

3.4.2　辊身中间位置和钢板边部挠度差值计算

欲求悬臂梁 C_1' 点的挠度，应在板边缘点 C_1' 处加虚力 R（假想力）。见图 3-13。此力位于钢板边缘，并作用在轧辊上。取 C_1' 点为坐标原点，分别列出外力与虚力 R 在轧辊上产生的弯矩并对 R 求偏导。

$$M_x = \frac{P}{2}\left(x + \frac{a-b}{2}\right) + Rx - \frac{P}{b}\frac{x^2}{2} \tag{3-44}$$

$$\frac{\partial M_x}{\partial R} = x$$

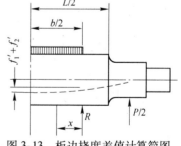

图 3-13　板边挠度差值计算简图

将式（3-44）代入式（3-36），并设 $R=0$，得

$$f_1' = \frac{1}{EI_1}\int_0^{\frac{b}{2}}\left[\frac{P}{2}\left(x + \frac{a+b}{2}\right) - \frac{P}{2b}x^2\right]x dx$$

$$= \frac{P}{384EI_1}(12ab^2 - 7b^3)$$

$$= \frac{P}{18.8ED^4}(12ab^2 - 7b^3) \tag{3-45}$$

由剪力引起的挠度 f_2' 计算如下：

将式（3-44）对 x 求积分得剪切力

$$Q_x = \frac{\mathrm{d}M_x}{\mathrm{d}x} = \frac{P}{2} + R - \frac{Px}{b}$$

而

$$\frac{\mathrm{d}Q_x}{\mathrm{d}R} = 1$$

设虚力 $R = 0$，并将剪切力及导数代入式（3-37）

$$f_2' = \frac{K}{GF_1} \int_0^{\frac{b}{2}} \left(\frac{P}{2} - \frac{Px}{b} \right) \mathrm{d}x$$

积分后得

$$f_2' = \frac{KP}{GF_1} \frac{b}{8} = \frac{KPb}{2\pi GD^2} \tag{3-46}$$

将 $K = \dfrac{10}{9}$ 代入上式，得

$$f_2' = \frac{Pb}{5.65GD^2} \tag{3-47}$$

作用在辊身中部和钢板边缘的挠度差值 f' 为式（3-45）与式（3-47）之和

$$f' = f_1' + f_2' = \frac{P}{18.8ED^4}(12ab^2 - 7b^3) + \frac{Pb}{5.65GD^2} \tag{3-48}$$

3.4.3　辊身中间位置和辊身边缘挠度差值计算

计算辊身中间和辊身边缘挠度差值，可提供确定辊型凸度根据。辊身中间与辊边挠度差相当于悬臂梁 B_1' 点挠度值。计算方法与前述相同，假设虚力 R 作用在辊身边缘上，由弯矩引起的挠度差值为

$$f_1'' = \frac{P}{18.8ED^4}(12aL^2 - 4L^3 - 4b^2L + b^3) \tag{3-49}$$

由切应力引起的挠度差值为

$$f_2'' = \frac{KP}{\pi GD^2}\left(L - \frac{b}{2} \right) \tag{3-50}$$

将 $K = \dfrac{10}{9}$ 代入上式中，得

$$f_2'' = \frac{P}{2.83GD^2}\left(L - \frac{b}{2} \right) \tag{3-51}$$

则轧辊中间与辊边挠度差为

$$f'' = f_1'' + f_2'' = \frac{P}{18.8ED^4}(12aL^2 - 4L^3 - 4b^2L + b^3) + \frac{P}{2.83GD^2}\left(L - \frac{b}{2} \right) \tag{3-52}$$

3.5　轧辊的辊型调节

在轧制过程中，轧辊的弹性变形，沿辊身长度上温度的不均匀分布以及轧辊辊身各部

位的不均匀磨损都是不可避免的，同时又随轧制条件的改变而变化着。这些因素的变化势必影响实际辊缝的变化，从而影响轧制板带材实际截面形状。为了获得横向厚差较小的理想截面板带材，轧制时需要采取措施调节轧辊的辊型，以便补偿一些因素变化对实际辊缝的影响。

辊型设计和辊型调节的条件，一般可用下面公式来表示：

$$\frac{1}{2}(\Delta D_0 + \Delta D_t + \Delta D_m) = f_2 + \Delta f_y \qquad (3-53)$$

式中　　ΔD_0——轧辊的原始辊型凸度；

　　　　ΔD_t——温度不均匀分布引起的轧辊热凸度；

　　　　ΔD_m——沿辊身不均匀磨损引起的辊型变化；

　　　　f_2——轧辊弯曲变形产生的挠度值；

　　　　Δf_y——两轧辊间不均匀压扁引起的挠度值。

按照上式所表示的各因素间关系，轧制生产中常采用的辊型调节方法有：

（1）预磨工作辊凸度，对给定规格的产品，根据经验或理论计算，预磨轧辊原始凸度 ΔD_0，以抵消轧辊弹性变形等对辊缝的影响。

（2）改变轧辊热凸度，采用分段冷却轧辊的方法，通过调节各部位冷却液数量来控制辊身的温度分布，达到调节轧辊热凸度 ΔD_t 的目的。

（3）改变轧辊的变形，轧制力的变化将导致轧辊弹性变形的改变。轧制中通过改变各道次压下量的分配，可达到改变轧制力，控制轧辊弹性变形的目的。

（4）采用液压弯辊装置，液压弯辊是借助液压缸的推力，使轧辊产生附加弯曲变形，以达到调节辊型的目的。液压弯辊可以实现快速、准确地调整辊型，是改善板带材横向厚差控制板型的重要措施之一。现代轧机上已普遍配置了这种辊型调节装置。

（5）辊型可调的新型轧机，液压弯辊调节辊型的方法虽是一种快速、准确地控制辊型的有力手段，但它还有一定的局限性。首先它受到液压油源最大压力和轧辊强度的限制，致使难以施加过大的弯辊力。其次在 $L/D>4$ 时，弯曲轧辊的作用不能达到辊身中部。因此，尽管液压弯辊技术得到了广泛应用，人们仍然不断研究开发更有效地控制辊型的新方法：如中间辊可轴向移动的六辊 HC 轧机，连续可变凸度的 CVC 轧机，支撑辊凸度可变的 VC 轧机，具有侧弯辊作用的五辊 FFC 轧机等。这些新型轧机的出现使得控制更有效、更显著。

3.5.1 液压弯辊装置

根据弯曲对象和弯辊力作用方式不同，液压弯辊可分成四种类型，见图 3-14。

3.5.1.1 正弯工作辊

正弯工作辊装置是在下工作辊轴承座上装设液压缸，对上、下工作辊轴承座施加弯辊力 F（见图 3-14a）。弯辊力 F 对工作辊的弯曲方向与轧制力 P 对工作辊弯曲方向恰恰相反，可以减小轧力对工作辊的弯曲作用。习惯上称此种弯辊方式为正弯工作辊。

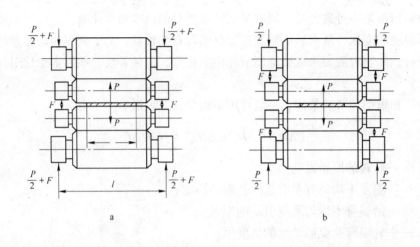

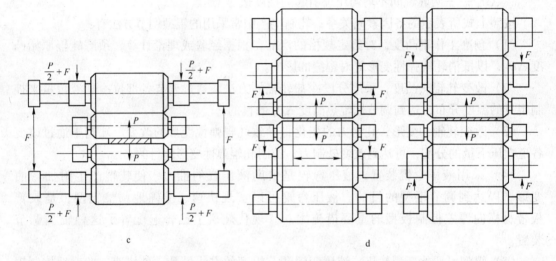

图 3-14　液压弯辊装置

a—正弯工作辊；b—负弯工作辊；c—弯曲支撑辊；d—弯曲中间辊

采用正弯工作辊时，通常工作辊磨成微凸度，工作辊弯曲挠度主要由正弯辊来补偿。这种弯辊方式需要的弯辊力较小，设备结构简单（可利用工作辊平衡缸）。但由于弯辊力的作用，使工作辊与支撑辊辊身边部接触负荷增加，影响轧辊和轴承的使用寿命。另外，调整弯辊力时将影响轧制负荷的波动，从而导致纵向厚差的波动。

3.5.1.2　负弯工作辊

负弯工作辊是在工作辊和支撑辊轴承座间装设液压缸，对它们施加弯辊力 F（见图 3-14b）。弯辊力 F 对工作辊的弯曲方向与轧制力相同，可以起到增大工作辊弯曲的作用。习惯上称此种弯辊方式为负弯工作辊。

采用负弯工作辊时，工作辊的原始凸度应该大些，以保证由轧制力引起的工作辊弯曲挠度小于工作辊的原始凸度，而多余的凸度由负弯辊来补偿。此种弯辊方式需要的弯辊力较小，同时负弯辊力又可以减轻工作辊与支撑辊间的接触负荷，改善了工作条件，且调节弯辊力又不影响轧制负荷，不会对纵向板厚变化产生影响，所以负弯工作辊是一种较好的弯辊方式。

3.5.1.3 弯曲支撑辊

弯曲支撑辊的弯辊装置是在支撑辊外伸辊头上装设液压缸，对两支撑辊施加弯辊力 F（见图 3-14c）。此弯辊力的作用方向与轧制力同向，对支撑辊的弯曲方向与轧制力引起的弯曲方向相反，可以减小轧制力对支撑辊的弯曲作用，习惯上称其为正弯支撑辊。

弯曲工作辊的方式虽有弯辊力小、效果灵敏的特点，但对于宽幅板带材，其效果是有限的。采用弯曲支撑辊的方法对于宽幅板带材板形调节将得到较好的效果。但支撑辊比工作辊粗 2~3 倍，因而弯矩要相应增大，也会带来相应的问题。

3.5.1.4 弯曲中间辊

此种弯辊装置用于六辊轧机的中间辊弯曲。如图 3-15 所示，中间辊轴承座两侧装设安装液压缸及柱塞铰链的弯辊块。将液压缸装设在大弯辊块上，而缸的柱塞铰接在小弯辊块上。当液压缸中的柱塞向上下方向运动时分别对中间辊产生正弯和反弯的作用。通过中间辊的凸度来控制工作辊的凸度，从而调节板形。

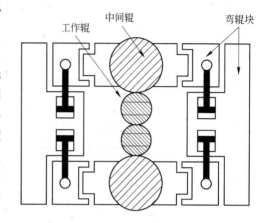

图 3-15 液压弯辊侧面结构

3.5.2 几种辊型可调的新型轧机

3.5.2.1 HC 轧机

HC 轧机（High Crown）是一种高性能辊型凸度控制轧机，是具有轧辊轴向移动的轧机。通过改善或消除四辊轧机中工作辊与支撑辊之间的有害接触的部分来提高辊缝的刚度。其工作原理如图 3-16 所示。此轧机于 20 世纪 70 年代出现，首先在日本问世，到目前已发展了多种机型（见图 3-17），分为中间辊移动的 HCM 六辊轧机，工作辊移动的四辊轧机 HCW 以及工作辊和中间辊都移动的 HCWM。

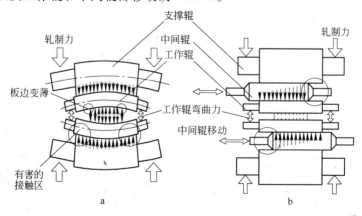

图 3-16 四辊和六辊 HC 的轧辊变形对比
a—四辊轧机；b—HC 轧机

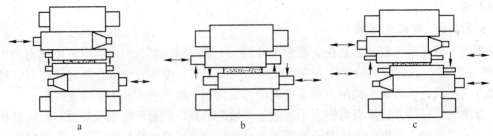

图 3-17 HC 轧机类型

a—HCM 六辊轧机；b—HCW 四辊轧机；c—HCWM 六辊轧机

对于六辊 HC 而言，由于采用了六辊结构且中间辊又可轴向移动，所以其刚性稳定和辊型可控性都较一般四辊轧机好得多。它可以显著提高带材的厚度精度，改善带材的平直度。因此近年来 HC 轧机得到了较快的发展。

3.5.2.2 UC 轧机

UC 轧机是在 HC 轧机基础上发展起来的一种万能凸度轧机，其主要特点是增加了中间辊弯辊装置，分为 UCM 和 UCMW 两种形式。其中在 HCM 六辊轧机上增加中间弯辊装置的，称为 UCM 轧机，具有中间辊和工作辊都能抽动又有中间辊弯曲装置的称为 UCMW 轧机，如图 3-18 所示。

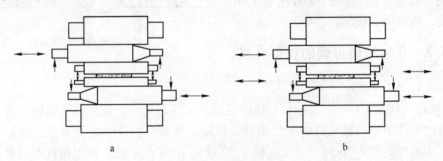

图 3-18 UC 轧机类型

a—UCM 轧机；b—UCMW 六辊轧机

3.5.2.3 CVC 轧机

CVC 轧机（Continous Variable Crown）是一种可连续变凸度的新型轧机，控制原理见图 3-19。此种轧机的特点是工作辊磨制成瓶形（S 形），借助工作辊的轴向移动，可连续改变辊缝形状，实现对板形的灵活有效控制。目前，有两辊 CVC、四辊 CVC、六辊 CVC。在铝板带生产中六辊 CVC 轧机应用较多，六辊 CVC 轧机有中间辊 S 形轴向窜动和工作辊 S 形轴向窜动两种，见图 3-20。

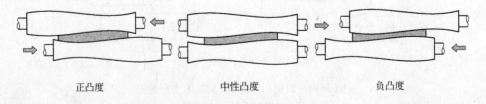

正凸度   中性凸度   负凸度

图 3-19 可连续变凸度轧机（CVC 轧机）

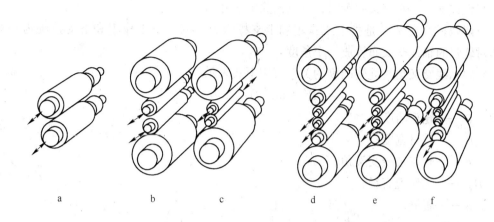

图 3-20　CVC 轧机类型

a—CVC 二辊轧机；b—工作辊传动的 CVC 四辊轧机；c—支撑辊传动的 CVC 四辊轧机；
d—工作辊为 S 形曲线轧辊、由工作辊传动的 CVC 六辊轧机；e—工作辊为 S 形曲线轧辊、
由支撑辊传动的 CVC 六辊轧机；f—中间辊为 S 形曲线轧辊、由支撑辊传动的 CVC 六辊轧机

3.5.2.4　PC 轧机

PC 轧机（Pair Cross Mill）是一种新型的板凸度可控轧机，与一般四辊轧机主要不同之处是将平行布置的轧辊改变成交叉布置，利用改变轧辊轴线的交叉角度来调节辊缝形状，控制板凸度，如图 3-21 所示。PC 轧机目前广泛应用于热轧板带轧机，只有少数的生产厂家用于冷轧机。

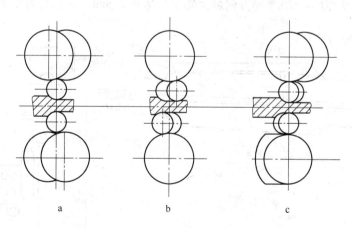

图 3-21　对辊交叉轧机（PC 轧机）

a—支撑辊轴线交叉；b—工作辊轴线交叉；c—成对轧辊轴线交叉

PC 轧机实际使用的交叉角很小，一般只有 0°~1.5°，而产生的凸度值可达 1000μm。带材的宽度越大，改变交叉角控制板凸度的效果越显著，同时改变交叉角并不会影响轧制力的变化，因此板凸度控制不会影响轧辊的强度和刚度。

轧辊轴线交叉布置有三种形式：工作辊轴线交叉布置；支撑辊轴线交叉布置和成对轧辊轴线交叉布置。工作辊轴线交叉布置时，轧辊凸度变化范围最大。但因工作辊和支撑辊之间产生较大的相对滑动增加了轧辊的磨损和能量消耗，因此这种形式未能得到实际应

用。当轧辊轴线成对交叉布置时,可以消除上述弊病。

所谓"成对交叉"是指上工作辊和上支撑辊为一对,下工作辊和下支撑辊为一对,这两对轧辊的轴线交叉布置成一个角度。

轧辊轴线交叉角与轧辊凸度的关系可用下式表示:

$$\delta = (B^2 + \tan^2\theta)/[2(D_W + S)] \tag{3-54}$$

式中 δ ——轧辊凸度;

       B ——带材宽度;

       θ ——轧辊轴线交叉角;

   D_W ——工作辊直径;

       S ——辊缝。

3.5.2.5 VC 轧机

VC 轧机是轧辊凸度可变轧机,它是通过改变支撑辊的凸度来调节轧辊辊缝形状。此轧机最早由日本开发。长期的生产实践证明,VC 轧机上可以有效地控制带材板形和辊型。目前,广泛应用于冷连轧机和热连轧机的精轧机组及铝箔、不锈钢冷轧和平整机冷轧等方面。

VC 辊系统如图 3-22 所示,由 VC 辊、液压动力装置、控制装置和操作盘等组成。VC 辊包括辊套、芯轴、油腔、油路和旋转接头。在辊套和芯轴之间是油腔,轴套两端紧密地热装在芯轴上,一般使其在承受轧制力的同时能耐高压密封。液压动力装置的高压油经旋转接头向辊子供油,通过控制高压油使辊套膨胀,以补偿轧辊的挠度。油压为 0~50MPa,轧制凸度在最大压力下,沿半径方向最大轧钢时达 0.27mm,轧铝时为 0.33mm。

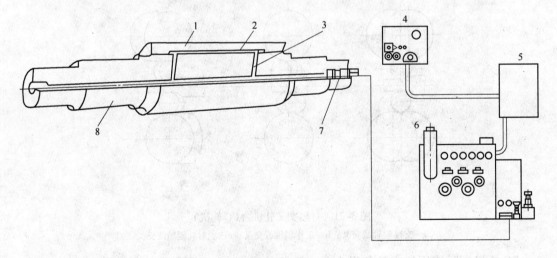

图 3-22 VC 轧机系统

1—辊套;2—油腔;3—油路;4—操作盘;5—控制仪表;6—液压仪表;7—旋转接头;8—芯轴

复 习 题

(1) 轧辊的工作特点是什么?

（2）轧辊分为哪几种类型？

（3）轧辊的结构形式和参数的确定原则是什么？

（4）型钢轧机与板带轧机的轧辊强度是如何进行校核的？

（5）计算轧辊的挠度的意义是什么？

（6）影响轧辊辊型因素有哪些？试说明辊型调节的几种方法。

（7）何为正弯工作辊，负弯工作辊？在采取正负弯辊时，轧辊的原始辊型应该是怎样的？

（8）HC、VC、PC、CVC轧机是如何调节板形的？

4 轧辊轴承

本章概述

轧辊轴承在轧机结构中占有重要的地位，其作用是用来支承转动的轧辊，并保持轧辊在机架中正确的位置。轧机的精度和刚性在很大程度上取决于轴承。轴承往往是限制轧机速度的关键环节。轴承的工作性能直接关系着轧机的性能，如速度、允许的轧制压力等，同时也直接关系着产品的质量、轧机作业率。

4.1 轧辊轴承的工作特点及主要类型

轧辊轴承是用于支撑轧辊，保持其在机架中正确位置的重要部件。轴承摩擦系数大小，关系到轧制能耗；轴承的使用寿命，关系到轧机的利用率；轴承的刚度对轧制产品的尺寸精度有一定影响。因此，轧钢生产要求轧辊轴承应具有较小的摩擦系数，足够的强度和一定的刚度。在现代化轧机上，轧辊轴承的结构造型形式还要便于快速换辊操作。

和一般轴承相比，轧辊轴承有以下特点：

（1）工作负荷大。因为轧辊轴承的外形尺寸受到轧辊直径的限制，因此，轧辊轴承要承受比普通轴承高得多的工作负荷，其单位压力 p 比一般轴承要高 2~4 倍。

（2）运转速度较高。随着轧制技术的进步，轧制速度正向高速化发展。现代化六机架连轧机末架速度已达 42m/s，无扭转高速线材轧机的轧速高达 125m/s。轧制技术的发展要求轧辊轴承能适应高速轧制的要求。

（3）工作环境恶劣。轧辊轴承的工作环境较差，特别是热轧机轧辊轴承除在高负荷高速度下工作外，还要受到高温的影响，冷却液和氧化铁皮等杂物又极易侵入而破坏轴承的正常润滑。

轧辊轴承根据辊颈与轴承的摩擦方式分为滑动轴承和滚动轴承。除了在过去制造的型钢轧机及老式板带轧机上应用的开式滑动轴承外，目前新制造的现代轧机均采用滚动轴承和闭式滑动轴承——液体摩擦轴承。所以目前普遍应用的轧辊轴承有以下几种主要类型：

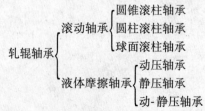

轧辊轴承的不同类型，是为了满足各类轧机对轴承的不同要求。

4.2 滚 动 轴 承

　　滚动轴承是目前应用最广泛的一种轴承。滚动轴承的摩擦系数只有 0.001~0.005，具有比较大的刚度，因此，滚动轴承有利于降低能耗和保证轧制产品精度，目前已广泛应用于冷、热板带轧机、线材轧机上。一般四辊轧机的工作辊常用滚动轴承，轧速不太高、载荷不太大的中型四辊轧机的支撑辊也采用滚动轴承。滚动轴承一般用干油润滑，不要求特别严密的密封。

　　滚动轴承的缺点是径向尺寸较大。因为轧辊轴承一般要承受很大的负荷，而且其径向尺寸又受到辊径的限制，所以轧辊用滚动轴承不得不采用具有多列（常用4列）滚动体的结构形式。

　　轧辊用滚动轴承主要有圆锥滚柱轴承、圆柱滚柱轴承、球面滚柱轴承3种形式。

4.2.1 圆锥滚柱轴承

　　在四辊冷、热板带轧机上工作辊上常采用4列圆锥滚柱轴承，如图4-1所示。这种轴承的主要特点是可同时承受径向负荷和轴向负荷，所以不需采用推力轴承。但是，圆锥滚柱轴承锥体端面和内圈导向边缘之间存在滑动摩擦，因此这种轴承不适合在高速下工作。由于这种轴承不能自动调正，这就加剧了各列滚动体受力的不均性，因此造成轴承寿命急剧降低。为了便于换辊操作，轴承在轴颈上和轴承座内均采用动配合。由于此种轴承没有调心作用，所以需在轴承座上安装自位块，以减少轴承边缘负荷。

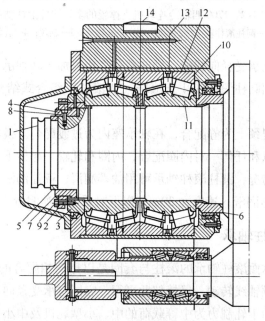

图 4-1　圆锥滚柱轴承

1—支撑辊轴颈；2—锁紧螺母；3，6—固定环；4—键；5—定位环；7—螺丝环；8，9—螺钉；
10—锥形滚柱；11—内圈环；12—外圈环；13—轴承座；14—自位球面垫

4.2.2　圆柱滚柱轴承

这类轴承的滚动体为圆柱体，其滚柱高度不大，因此，对一定的辊身直径来说，它可容纳较大的辊颈直径。这种轴承承载能力较大，适于在高速重载条件下工作。高速线材轧机的中轧机组，通常采用这种轴承。在四辊冷轧机支撑辊上也采用此种轴承，因为冷轧机的轧制力大，而轴向力小。图 4-2 为圆柱滚柱轴承的结构图。

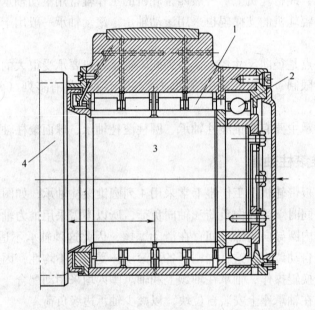

图 4-2　1700 四辊冷连轧机支撑辊的多列圆柱滚柱轴承
1—圆柱滚柱轴承；2—圆柱滚柱止推轴承；3—辊颈；4—轧辊

圆柱滚柱轴承只能承受径向载荷，轴向载荷需要另加止动轴承来承担，但这不能认为是一种缺点，因为采用圆柱滚柱和止推滚珠（或滚柱）组合式结构，可以充分发挥各自的作用。

圆柱滚柱轴承在辊颈上为静配合，在轴承座内为过渡配合。换辊时，外圈和滚柱与轴承座组成一整体，可以和任何一对内圈配合，内圈和轧辊一起拆下。

根据速度和载荷情况，圆柱滚柱轴承可用油雾润滑、稀油润滑和干油润滑。轧制速度高于 30m/s 时采用油雾润滑，速度在 30m/s 以下时采用干油润滑。

4.2.3　球面滚柱轴承

如图 4-3 所示，球面滚柱轴承的滚柱与套圈是以球面相配合的，因此它能自动调心，即轴承的轴线可随辊颈轴线转动，保持彼此平行。它同时承受径向和轴向载荷，因此不需另加止推轴承。它常用于轧制力为中等载荷的中、小型轧机及中小型冷轧机上。如果轧制力不太大，每个辊颈上装一个双列球面滚柱轴承即可。若载荷大，需要 4 列滚柱轴承，即一个辊颈上装两个双列球面滚柱轴承，那么轴承上就应有自位装置。

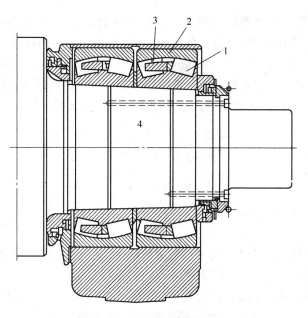

图 4-3　1700 球面滚柱轴承

1—球面滚柱；2—球面套圈；3—隔离环；4—锥形辊颈

4.3　液体摩擦轴承

　　液体摩擦轴承也叫做油膜轴承，1934 年开始用于轧机，是一种流体润滑的封闭式滑动轴承，主要特点是：轴颈旋转时轴与轴衬被一层油膜分隔开，而且能在很高的单位压力（25MPa 以上）下处于液体摩擦状态，所以摩擦系数只有 0.001~0.008。如果使用得当，几乎没有磨损，寿命可达几十年之久。这种轴承特别适于在高速条件下工作，目前已广泛用于四辊板带连轧机支撑辊轴承，连续小型和线材轧机也开始使用油膜轴承。

　　根据油膜形成的条件不同，液体摩擦轴承又分为动压轴承、静压轴承和动-静压轴承 3 种类型。

4.3.1　动压轴承

　　动压轴承是靠辊颈在轴承上旋转把润滑油吸入负荷区的楔形间隙中而形成工作油膜。由于依靠辊颈的旋转，即利用流体的动力效应来建立流体摩擦条件，故称动压轴承。

　　动压轴承油膜的建立过程如图 4-4 所示。辊颈直径为 D，轴衬内径为 D_s，半径间隙为 δ。当轴颈静止时，在外载 P 的作用下，轴颈与轴衬在承载区互相接触（图 4-4a）。当轴颈转动后，通入轴承的润

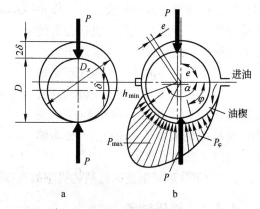

图 4-4　动压轴承工作原理简图

a—静止状态；b—轴颈旋转中油楔径向压力的分布

滑油被吸入楔形间隙并且随着转速的升高油楔的压力增大，最后与外载荷 P 相平衡。油楔中的径向压力 P_φ 按图 4-4b 分布，各点压力 P_φ 在垂直方向的投影之和等于外力 P。此时，轴颈中心顺着旋转方向偏到一个新的稳定位置（偏离轴衬中心为 e）。

液体摩擦轴承具有高的承载能力，低的摩擦损失和良好的冷却条件。对于轴承工作长度和直径之比为 $l/D = 0.7 \sim 1.0$ 的液体摩擦轴承来说，其承载能力为

$$P = 0.4\eta v l^2 D \frac{\dfrac{\delta}{h_{\min}} - 1}{\delta^2} \tag{4-1}$$

式中　η——油的黏度；

　　　v——轴颈表面滑动速度，m/s。

由此可知：

（1）油楔的承载能力（大小等于外载 P）随 η、v、D、l 的增加而提高，故对一定尺寸的轴承而言，油的黏度愈大、转速愈高，其承载能力愈大。

（2）当轴承间隙 δ 一定时，轴承的承载能力随 $h_{\min}$ 的减小而提高。$h_{\min}$ 的最小值取决于摩擦表面的加工精度，其值应大于两个相对滑动表面微观不平度之和。对于 $0.025 \sim 0.2\mu m$ 表面粗糙度（$10 \sim 13$ 级的表面光洁度），$h_{\min} > 1 \sim 2\mu m$。所以，动压轴承摩擦面需要高精度加工，尺寸精度为 1 级，表面粗糙度为 $0.025 \sim 0.2\mu m$，微观不平度不大于 $0.5 \sim 1\mu m$。

当前，动压轴承有两种典型结构，它们的摩擦件都是由通过套在锥面辊颈上的锥孔颈套和装在轴承座中的衬套组成的，只是承受轴向力的装置不同。一种是颈套端部带有凸肩，用来承受轴向力（图 4-5）。另一种则在轴颈外端专门装有止推滚动轴承（图 4-6）。前者的优点是结构简单紧凑，但颈套加工较为复杂。当轴向力过大时，止推凸肩容易折断，造成整个颈套报废，且工作中止推摩擦面不能形成油膜，巴氏合金铸层容易损坏。这种轴承近年来逐渐趋于淘汰。带专用止推轴承的结构优点是颈套加工简单，止推轴承可以单独更换，密封形式较为先进，目前得到广泛应用。其缺点是需要专门的止推滚动轴承，辊颈的轴向尺寸较大。

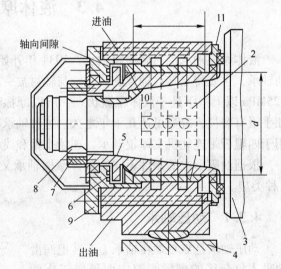

图 4-5　颈套带有止推凸肩的动压轴承

1—衬套；2—油腔；3—支撑辊；4—机架；5—颈套；

6—止推肩；7—螺母；8—部分螺丝；9—外压盖；

10—部分止推环；11—内压盖

国产 1700 热带钢连轧机精轧机座的支撑辊就是采用了后一种形式的动压轴承。

4.3.2　静压轴承

由于动压轴承的液体摩擦条件只在轧辊具有一定转速情况下才能形成，因此当轧辊经

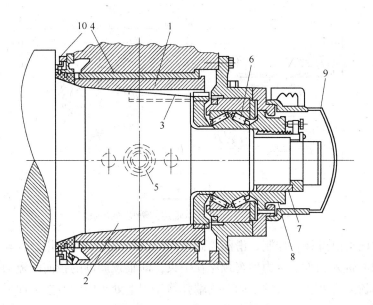

图 4-6 装有止推轴承的动压轴承

1—套筒；2—锥形辊颈；3—方键；4—轴承衬；5—锁销；6—止推轴承；

7—螺丝环；8—锁紧螺母；9—盖子；10—迷宫密封

常启动制动和反转时就不能保持液体摩擦状态，而且动压轴承在开动之前承受很大载荷是不允许的，这就使动压轴承的使用范围受到限制。一般它只在转速变化不大的不可逆轧机上才具有良好的效果。在轧制薄带钢的轧机上，由于轧辊有很大的预应力，有载启动时将使动压轴承寿命大为降低。甚至可能由于轴承中的巨大摩擦力矩而引起主电机跳闸，或使工作辊和支承辊之间打滑（工作辊驱动时），造成轧辊破坏或其他生产事故。此外，动压轴承的油膜厚度将随轧制速度的变化而变化 $25\sim40\mu m$（透平 30 号油）或 $60\sim70\mu m$（HJ-28 轧钢机油），而轧辊中心距的相应变化则为油膜厚度变化的两倍。所以，对轧制精度有很大影响。

为了克服动压轴承的上述缺点，人们研究出了静压液体摩擦轴承。1962 年出现了使用静压液体摩擦轴承的第一台轧钢机。近年来，静压轴承在轧机上的应用日趋增多。

静压轴承的高压油膜是依靠一个专门的液压系统供给的高压油产生的，即靠油的静压力使轴颈悬浮在轴承中。因此，这种高压油膜的形成与轴颈的运动状态无关，无论是启动、制动、反转、甚至静止状态，也能保持液体摩擦条件，这是它区别于一般动压轴承的主要特点。

静压轴承具有较高的承载能力，寿命比动压轴承更长（主要决定供油系统的寿命），应用范围广，可设计成直径几十毫米至几千毫米的静压轴承，能满足任何载荷条件和速度条件的要求，而且轴承刚度高。此外，轴衬材料可降低要求，只要比辊颈材料软就可以。

我国某厂在 600mm 四辊冷轧机的支撑辊上成功地使用了静压轴承，并取得了良好效果。所用轴承属于滑阀反馈节流静压轴承，其原理图如图 4-7 所示。

轴承衬套内表面的圆周上布置着 4 个油腔 1、2、3 和 4，受载方向的大油腔 1 为主油腔，对面的小油腔 3 为副油腔，左右还有两个面积相等的侧油腔 2 和 4。用油泵（图中未标出）将压力油经两个滑阀节流器 A 和 B 送入油腔。油腔 1 和 3 中的压力由滑阀 A 控制，

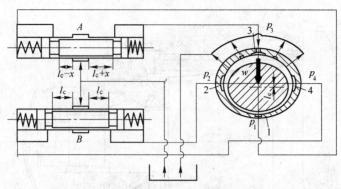

图 4-7 600 冷轧机支承辊用的静压轴承原理图

油腔 2 和 4 的压力由滑阀 B 控制，滑阀与阀体周围的间隙起节流作用。当轧辊未受径向载荷时，从各油腔进入轴承的压力使辊颈浮在中央，即辊颈周围的径向间隙均等，各油腔的流体阻力和节流阻力亦相等，两滑阀在两端弹簧作用下处于中间位置，即滑阀两边的节流长度相等 $(l_c = l_c)$。当轧辊承受径向载荷 W 时，辊颈即沿受力方向发生位移（图 4-7 所示状态），辊颈中心偏离轴承中心的距离为 e，使承载油腔 1 处的间隙减小，油腔压力升高 (p_1)，而对面油腔 3 处的间隙增大，油腔压力降低 (p_3)，因此，上下油腔之间形成压力差为 $\Delta p = p_1 - p_3$。此时，滑阀 A 左端弹簧作用于滑阀的压力将大于右端的压力，这就迫使滑阀向右移动一个距离 x，于是右边的节流长度增大到 $l_c + x$，节流阻力增加；而左边的节流长度则减小到 $l_c + x$，其节流阻力减小。因而，流入油腔 1 的油量增加，流入油腔 3 的油量减少，如此使压力差进一步加大，直到与外载平衡，从而使辊颈位置中心的偏移值有所减小，达到一个新的平衡位置。如果轴承和滑阀的有关参数选择得当，完全有可能使辊颈恢复到受载前的位置，即轴承具有很大的刚度，这一极其可贵的特点是采用反馈滑阀节流器的结果。反馈滑阀是靠载荷方向使两油腔的压力变化来驱动的，通过调节节流阻力形成与外载平衡的压力差。因此，轴颈受载后，可以稳定地保持很小的位移，甚至没有位移，这一特点对提高轧制精度十分有利。

600 冷轧机支承辊静压轴承的结构如图 4-8 所示。在承受径向载荷的衬套内表面上，沿轴向布置着双列油腔（有利于轴承的自位性），衬套外侧装有一个固定块和两个止推块，专门承受轴向载荷（每个支承辊只在换辊端设有止推轴承），衬套和止推块用螺母进行轴向固定，为了使轴承能够自动调位，下支承辊轴承座下部设有弧面自位垫板，上支承辊轴承与压下螺丝之间设有球面垫。

轴承的承载能力可按下式计算：

$$W = p_1 S_1 - p_3 S_3 \tag{4-2}$$

式中 S_1，S_3 ——油腔 1（承载油腔）和油腔 3（背载油腔）沿载荷 W 方向的投影面积。

为了保证轴承有较大的承载能力，同时又能在无载时不使辊颈与衬套接触，S_1 与 S_3 应有适当比例。

该静压轴承使用 50 号机械油，油的压力为 20.0～21.0MPa，这是按每边承受 1.5MN 的压力设计的。

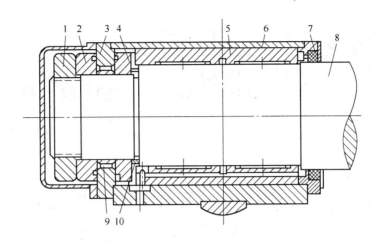

图 4-8　600 冷轧机轴承用的静压轴承结构图

1—螺母；2—止推块；3—固定块；4—衬套；5—轴承座；6—密封圈；7—轧辊；

8—调整垫；9—补偿垫；10—自位板

4.3.3　动-静压轴承

　　静压轴承克服了动压轴承的某些缺点，但它本身也存在着新的问题。主要是轧钢机重载静压轴承需要一套连续运转的高压液压设备（压力往往大于 40MPa）来建立静压油膜，这就要求液压系统有高度的可靠性，液压系统的任何故障都可能破坏轴承的正常工作条件。

　　采用动-静压轴承，可以把动压和静压轴承的优点结合起来，克服了它们各自的缺点。目前已有一些现代化的轧机采用了这种轴承。

　　动-静压轴承的特点是，仅在低速、可逆运转或启动制动的情况下才使静压系统投入工作，而在高速稳定运转时，轴承则按压制度工作。因此，高压系统无须长期连续地参加工作，它只在很短的时间内起作用，这就大大减轻了高压系统的负担，并提高了轴承工作时的可靠性。动压和静压制度的转换可以自动控制。

　　设计动-静压轴承时，应注意的一个重要问题是，既要满足静压承载能力需要的油腔尺寸，又要保证动压承载能力要求的支撑面积。由于过大的油腔面积会影响动压承载能力，为解决这一矛盾，往往要采用较小的油腔，因而不得不采用压力更高（有的高达 70~140MPa）的静压系统。

　　图 4-9 是 1700 五机架冷连轧机支承辊动-静压轴承供油系统简图。五架轧机每架有单独的静压系统。高压泵 9 吸入的油是由动压系统的泵供给的。动压系统 0.25MPa 的压力油经截止阀 11、单向阀 10 被吸入高压泵。压出的高压油经过所控换向阀 7 及单向阀 6 输送到轴承的静压油腔。高压泵的吸入侧及压出侧装有安全阀 12、8，压出侧的高压管路上为高压安全阀 8，压力调到 150MPa，以控制系统的压力。系统的正常工作压力为 70 ~ 100MPa，短时可达 140MPa。

　　当轧机开始工作时，电动机带动高压泵 9 工作，向轴承的静压油腔中供油。轧机轧速达到 73.5m/min 后，静压系统自动停止，轴承按动压制度工作。轧机制动停车时，当轧速降到 73.5m/min，高压泵又自动接通，高压油又送到轴承的静压油腔，直到轧机停止运转。

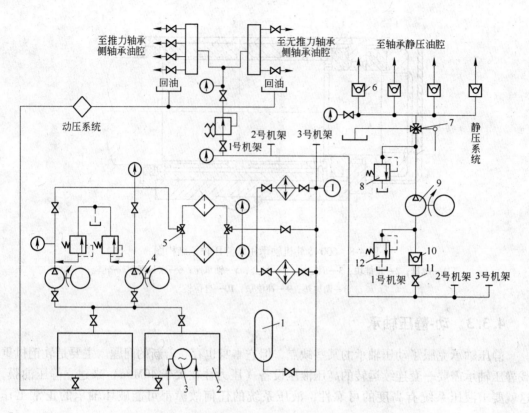

图 4-9　1700 冷连轧支承辊动-静压轴承供油系统

1—蓄能器；2—油箱；3—加热器；4—低压泵；5—换向阀；6，10—单向阀；7—气控换向阀；
8—高压安全阀；9—高压泵；11—截止阀；12—低压安全阀

复 习 题

（1）轧辊轴承的工作特点是什么？

（2）轧辊轴承的类型有哪些？

（3）轧辊轴承的作用是什么？

5 轧辊的调整装置与平衡装置

本章概述

轧辊的调整装置与平衡装置是轧机的重要机构，其设计的好坏直接关系到产品的质量和轧机的作业率，也最能体现轧机的装机水平。

5.1 轧辊调整装置的用途和类型

5.1.1 轧辊调整装置的用途

轧辊调整装置的用途是调整径向和轴向相互位置。径向调整的目的是：（1）调整辊缝，以保证轧件按照压下规程进行轧制；（2）调整轧辊平行度，保证两个轧辊所形成的辊缝形状使轧件达到理想的断面形状；（3）调整轧制线高度，对于连轧机，径向调整应保证各机座的轧制线高度一致。

轧辊轴向调整装置的用途是：（1）对于型钢轧机，保证对正孔型，保证产品的正确形状；（2）对于板带轧机，确定轧辊相对轴向位置，保证产品的几何尺寸和调整板形。

5.1.2 轧辊调整装置的类型

根据轧机用途不同，对轧辊调整装置的要求亦不同。如初轧机、板坯轧机，每轧一道都需要调整辊缝，且每次调整量都较大；而对于型钢轧机，在轧制生产中，一般不经常调整辊缝，即使调整，调整量也不大。板带轧机，为了调整轧件纵向的厚度偏差量，在一道次的轧制过程中都需要经常微调压下量。通常称调整轧辊间径向位置的机构为压下装置（也包括立辊的侧压装置）。

轧机的压下装置分为手动压下、电动压下、液压压下、电-液双压下等几种类型。手动压下一般用在辊缝不经常调节，轧制速度较低的横列式型材轧机、单机架轧机上。随着轧制技术的发展，手动压下已经不适应现代化生产方式的要求，逐渐被电动压下和液压压下所取代。电动压下装置主要用在辊缝经常调节，而且要求调节速度快的轧机上，如初轧机、板坯轧机、中厚板轧机等。液压压下用于辊缝调整量小，调节精度要求高，必须随时消除由于各种原因引起轧制压力变化而产生的辊缝变化，频繁而快速地调整的热轧及冷轧板带轧机上。

5.2 压下装置的基本结构

5.2.1 手动压下装置

手动压下结构的特点是：结构简单、压下行程小、速度低，大多用于无轧制负荷条件下进行调整辊缝（不带载压下），操作劳动强度大，生产效率低。

常见的结构形式见图 5-1。图 5-1a 采用移动斜楔形式。图 5-1b 采用直接转动压下螺丝形式。图 5-1c 通过齿轮转动压下螺丝。图 5-1d 通过蜗轮、蜗杆转动压下螺丝。型钢生产现场采用较多的是后 3 种。

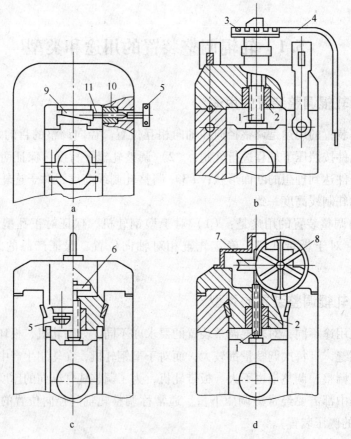

图 5-1 手动压下装置

1—压下螺丝；2—压下螺母；3—齿盘；4—调整杆；5—调整帽；6—大齿轮；7—蜗轮；
8—手轮；9—斜楔；10—螺母；11—丝杠

5.2.2 电动压下装置

电动压下是轧辊调整装置中应用最为广泛的一种。根据轧机对压下速度、加速度、压下行程和辊缝调整精度的不同要求，电动压下又分为快速电动压下和慢速电动压下两大类。

5.2.2.1 快速电动压下装置

快速电动压下装置的主要特征是轧辊调整行程大，调整速度高且调整频繁；在工艺操作上利用轧制道次间隙，采用不带负荷调整辊缝（不带载压下），因此压下电机功率一般按空载压下进行选择。对压下装置的传动系统，需采用惯性小的传动系统，便于频繁启动制动。快速电动压下多用在板坯轧机和热连轧机组的可逆粗轧机上。

快速压下装置，按照传动的布置形式，有两种类型：

（1）采用立式电动机，即传动轴与压下螺丝相平行布置。图 5-2 所示即为初轧机采用的立式电动机传动的压下装置。立式电动机的优点是由于选用圆柱齿轮传动，传动效率高，零件寿命长，节约有色金属。

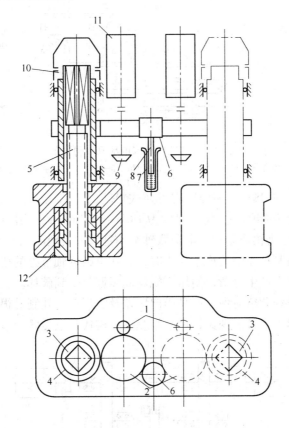

图 5-2　初轧机立式电动机传动装置
1—小齿轮；2—大惰轮；3—方孔套筒；4—大齿轮；5，12—压下螺丝；6—离合器；
7—液压缸；8—柱塞杆；9—伞齿轮；10—喷油环；11—电动机

（2）采用卧式电动机。图 5-3 所示为采用卧式电动机的快速压下装置。压下螺丝用两个电动机通过圆柱齿轮箱和两对蜗轮传动来带动。压下螺丝的方形尾部装在蜗轮轮毂中。装在蜗杆轴上的两个离合器壳保证在调整轧机时，两个上轧辊轴承座可以单独移动。

轧辊开口度指示器的指针由装在某一压下螺丝上的伞齿轮通过齿轮传动来带动，在齿轮传动装置中装有差动减速机，它可以使指针不依靠压下螺丝而由另一个 0.15kW 的小电机单独驱动，以实现调零操作。

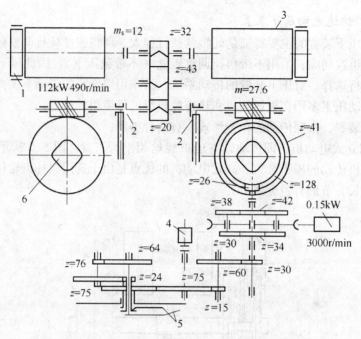

图 5-3 初轧机卧式电动机传动装置

1—制动器；2—离合器；3—电动机；4—自整角机；5—轧辊开口度指示器指针；6—压下螺丝

图 5-4 是我国 1700 热连轧机组四辊可逆式粗轧机座的压下装置由卧式电机传动的实例。压下螺丝总行程为 640mm，压下速度为 19.6~39.2mm/s；采用四线蜗杆，传动比 $i=12.75$；制动器 2 是用来快速制动；电磁联轴节 4 是用来实现两压下螺丝同时或分开调整。但是当两压下电机由某种原因造成不同步时，若在电磁联轴节处的扭矩差值超过电磁联轴节允许的扭矩值，则会产生打滑，使压下螺丝同步调整受到破坏。板、带材轧机，两压下螺丝的同步运转或单独调整对保证产品横向厚差及实现正常轧制是很重要的。为克服电磁联轴节在大负荷时出现的打滑现象，可采用差动机构代替电磁联轴节。

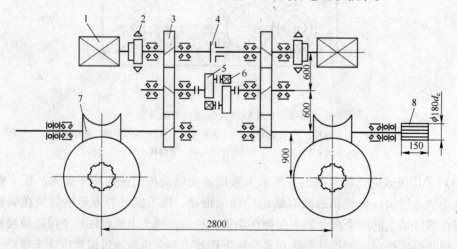

图 5-4 1700 热连轧机组四辊可逆式粗轧机座的快速压下装置传动示意图

1—电动机；2—制动器；3—圆柱齿轮减速机；4—电磁联轴节；5—传动箱；6—自整角机；7—球面蜗轮副；8—伸出轴

快速压下装置由于其压下行程大，压下速度高而且不带载压下，在生产中易发生压下螺丝的阻塞事故。这通常是由于卡钢或误操作使两辊过分压靠或上辊超限提升造成的，此时压下螺丝上的载荷超过了压下电机允许的压下的能力，电动机无法启动，上辊不能提升。为解决这一问题，在轧机上采用专门的回松机构抬起轧辊。回松机构的作用就是强行将被楔紧了的压下螺丝向压紧相反方向转动。图5-5是压下螺丝回松装置简图。

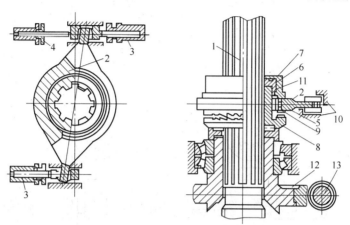

图5-5 快速压下装置回松装置简图

1—压下螺丝；2—双臂托盘（上半个离合器）；3—工作缸；4—回程缸；5—升降缸；6—托盘；7—压板；
8—花键套（下半个离合器）；9—铜套；10—机架；11—钢球；12—蜗轮；13—蜗杆

5.2.2.2 慢速电动压下装置

慢速电动压下装置的主要特征是：（1）较小的轧辊调整量与较高的调整精度。在轧制过程中调整行程一般只有10~25mm，最小时仅为几个微米；为了保证带钢的厚度公差，要求调整精度高，这类轧机的轧辊移动速度小于1mm/s，一般约为0.02~1mm/s。但加速度很大。（2）带钢（载）压下。为了消除在轧制过程中因某些原因引起的厚度偏差，压下装置必需随时在轧制负荷下进行调整，因此这类压下装置应按带负荷压下选择电机功率。（3）动作快，灵敏度高。考虑到在高速轧制时要求压下机构动作迅速，反应灵敏，也就是要求电机启动、制动时间最短，选择电机功率时不可忽略动力矩的影响，传动零件应该有较小的惯性。（4）轧辊平行度要求严格。由于带钢的宽厚板大，故要求轧辊严格地保持平行，压下机构除应保持严格同步外，还应便于每个压下螺丝单独调整。为了实现单独压下，压下螺丝采用两台电机分别驱动，而用离合器保证两个压下螺丝的同步压下。采用双电机的优点是：在功率相同的条件下，减少了电动机的飞轮惯性矩，有利于加速启动和制动过程。

慢速电动压下装置多用在轧制精度要求较高的冷、热轧薄板和带材轧机上。慢速电动压下装置有两级蜗轮蜗杆传动和一级蜗轮蜗杆加两级圆柱齿轮传动两种形式，见图5-6和图5-7。图5-8是现场应用的$\phi750/\phi1400\times2800$热轧铝合金板四辊轧机压下装置传动简图。该压下传动系统为圆柱齿轮与蜗轮蜗杆传动的压下装置。在该装置中，为防止轧卡现象的发生，设有回松装置。当发生轧卡事故时，接通液压离合器5，打开电磁离合器3，启动回松电动机6，便可松动一个压下螺丝，排除事故。为操作安全，系统中装有行程控制器11。

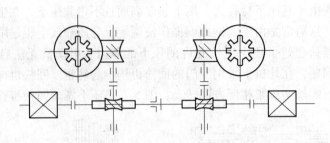

图 5-6 两级蜗轮蜗杆传动

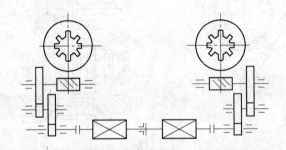

图 5-7 一级蜗轮蜗杆加两级圆柱齿轮传动

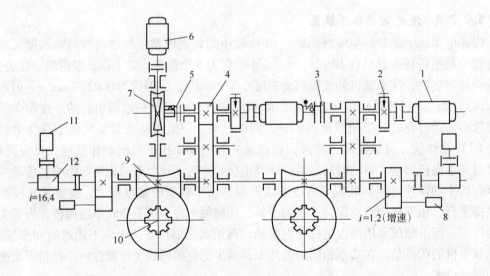

图 5-8 ϕ750/ϕ1400×2800 热轧铝合金板四辊轧机压下装置传动简图

1—压下电动机；2—制动器；3—电磁离合器；4—圆柱齿轮；5—液压离合器；6—回松电动机；7—回松球面蜗杆机构；8—自整角机；9—压下球面蜗杆机构；10—压下螺丝；11—行程控制器；12—行程开关的减速器

　　电动压下装置的压下行程指示可用指针盘读数表示或通过自整角机将行程显示在操作台的显示器上，也可用装在压下传动系统中的编码器来显示。前者由于传动链较长，累计误差较大，故指示精度不高，现已很少用。而后者精度较高，因此，在近代的轧机上均采用这一装置。

5.3 液压压下装置

近年来，随着轧机轧制速度的提高，电动压下装置固有的传动效率低、系统转动惯量大、反应速度慢、加速度小、调整精度差等缺点，已无法满足生产精度高、板形平直的板带材要求。为此，在高速板带轧机上广泛采用液压压下装置。

与电动压下装置相比，液压压下装置有如下特点：（1）响应速度快。液压压下具有很高的辊缝调整速度和加速度，压下速度比电动压下高 10~20 倍，加速度可提高 40~60 倍。（2）调整精度高。电动压下装置的位置分辨率为 0.01mm，液压压下装置的位置分辨率为 0.0025mm。因而液压压下的成品厚度偏差可以减少到 $\pm 4\mu m$，而电动压下的厚差一般为 10~20μm 以上。（3）液压压下装置采用标准液压件，简化了机械结构，传动效率高。（4）过保护简单、可靠。当轧机在轧制中出现故障或轧制力超负荷时，液压压下有自动快速卸载装置，确保承载件安全。（5）液压压下装置操作维护要求严格，液压传动系统对油的污染很敏感。

5.3.1 液压压下装置的组成

液压压下装置由供高压油的液压站及管路、液压缸和压下控制系统所组成。液压站主要由高压油泵、油箱等组成。根据液压缸在轧机机架窗口中的位置不同，分为"压下式"和"推上式"两种。

压下式的液压缸安放在机架上横梁与上支撑辊轴承座间（为快速换辊，通常在液压缸与上横梁间还加有垫块）。图 5-9 为某 1700 冷连轧机液压压下装置。从图中可见，液压

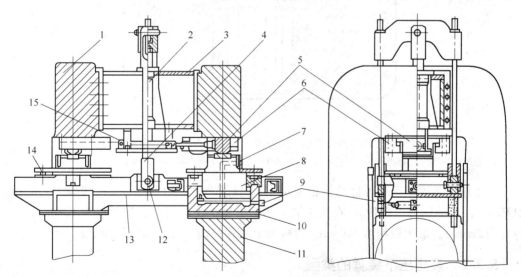

图 5-9 1700 冷连轧机液压压下装置及压下油缸的平衡装置图

1—机架；2—液压压下柱塞缸的平衡缸；3—连接左、右机架的上焊接横梁；4—平衡拉杆；5—快速换辊用的弧形垫块；6—弧形垫块移出滑轨；7—高压油；8—液压压下柱塞缸；9—压力传感器；10—垫片组；11—上支撑辊轴承座；12—销轴；13—平衡吊架；14—位移传感器；15—快速移动垫块的双向油缸

压下柱塞缸 8 经平衡吊架 13，通过平衡液压缸 2、平衡拉杆 4 悬挂在机架顶部。若拔掉销轴 12，利用快速移动垫块的双向油缸 15 将平衡吊架 13、液压缸 8、垫块和支撑辊一起拉出机架窗口。支撑辊轴承座 11 与液压缸间的垫片组 10 用来调整因为轧辊磨损而避免液压行程过大。液压缸上装有压力传感器 9，用来测定轧制力变化量，供板厚控制系统使用。位移传感器 14 位于液压缸活塞两侧。

　　推上式是将压下液压缸放在下支撑辊轴承座和机架下横梁之间。图 5-10 是 1700 热连轧精轧机液压压下装置，采用推上式。在液压缸下面装有机械推上装置，目的是减小液压缸行程和调整轧制线，在机座上部装有电动压下装置，用作粗调辊缝。

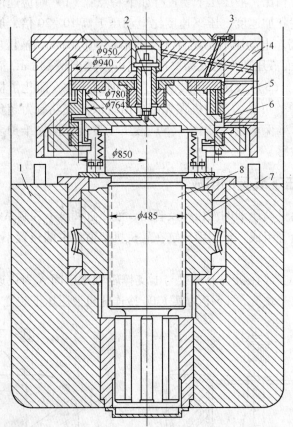

图 5-10　1700 热连轧精轧机液压压下（压上）液压缸结构简图

1—机架；2—位置传感器；3—排气阀，4—缸体；5—活塞环；6—活塞；7—带蜗轮的螺母；8—推上螺丝

　　在本压下装置中，液压缸总行程为 40mm，工作行程为 5mm（-3～+2mm），油压为 21MPa，回程油压为 1.5MPa。在液压缸下面的机械推上装置，工作行程为 121mm，调整速度为 2mm/s，最大行程为 180mm，机械推上装置在调整时，无负荷推上。

5.3.2　液压压下装置的类型

5.3.2.1　电液组合式压下装置

　　对液压缸行程的确定，应在满足轧制工艺要求条件下尽可能减小，以减小液压缸中的油柱高度，有利于提高工作机座的刚性；因此，辊缝行程较大的板带热轧机多采用电-液组合形式，电动压下与液压推上相配合，发挥各自优点。

图 5-11 为 2050mm 热连轧机电-液组合形式压下装置。压下螺丝的电动压下装置用于轧制前调整辊缝，因此电动机的容量主要依据它所传动的移动部分的机件重量与摩擦力来决定。而液压压下主要用于轧制过程中辊缝的微调，进行厚度控制。在每个压下液压缸的两侧各装有一个位置检测器，用以测量辊缝的变化，控制活塞的行程，调整辊缝。此外，在轧卡时液压压下还可松开轧辊。

液压压下缸的活塞直径为 $\phi 1050mm$，活塞杆部分的直径为 $\phi 950mm$，活塞行程为 30mm。活塞的压力为 30MPa，活塞的最大移动速度为 15mm/s。液压缸通过底板座装在上支撑辊轴承座的顶面上。为了防止压下螺丝转动时缸体发生转动，在缸体两侧用螺丝钉固定着两个侧耳。侧耳的外侧平面与机架窗口的衬板相接触（其接触的总间隙为 3mm），据此可防止缸体回转（见图 5-11）。

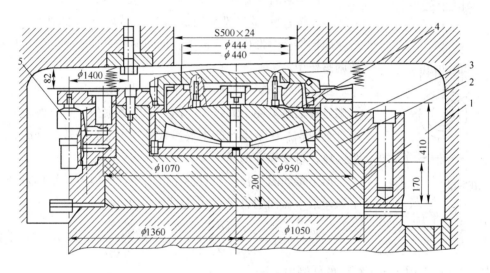

图 5-11　液压压下缸

1—活塞缸；2—活塞杆；3—止推轴承；4—压下螺丝；5—位置传感器

5.3.2.2　全液压压下装置

全液压压下装置取消了传统的电动压下机构，辊缝的调整完全靠液压缸的柱塞来完成。这样可以使机座的总高度降低，机座的外观也更为整齐美观。

5.4　压下装置主要零部件结构与计算

5.4.1　压下螺丝与螺母

5.4.1.1　压下螺丝

压下螺丝由三部分组成：与轧辊轴承座接触端称为头部；中间具有螺纹部分称为本体；压下螺丝传动端称为尾部，承受来自压下电机的驱动力矩，见图 5-12。压下螺丝本

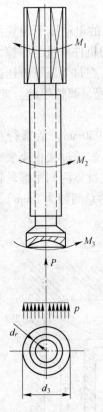

图 5-12　压下螺丝

体的螺纹部分与压下螺母内螺纹相配合，通过压下螺丝的转动完成辊缝的调整。

压下螺丝尾部截面形状有方形、花键形和带键槽圆形三种，见图 5-13。其中镶有可换青铜滑板方形结构主要用于快速压下装置；花键形结构主要用于压下负荷很重的慢速压下装置；带键圆柱形用于轻负荷的调整机构中。

压下螺丝本体部分的螺纹有锯齿形和梯形两种，如图 5-14 所示。前种传动效率较高，多用于粗轧机等快速压下装置；后者螺纹强度较高，多用于承受轧制力较大的冷轧板带材轧机的压下装置。压下螺丝多数选用单线（单头）螺纹，只在粗轧机等快速电动压下装置中选用双线（双头）或多线螺纹。

压下螺丝头部一般都做成具有球面形状，如图 5-15 所示。与球面铜垫接触形成止推轴承。球面形状有利于轧辊轴承座的自动调整作用。

压下螺丝、螺母的螺纹工作面承受很大的压力，为了减少压下螺丝转动时消耗于螺纹工作面上的摩擦损失，压下螺丝一般采用合金锻钢。压下螺丝的主要参数是螺纹部分的外径（d_0）和螺距（t），可按标准选择。

压下螺丝因为长度与直径比值很小，所以不计轴向弯曲。压下螺丝最小截面的直径 d_1 由最大轧制力确定：

$$d_1 = \sqrt{\frac{4P}{\pi[\sigma]}} \qquad (5-1)$$

式中　P——作用于压下螺丝的轧制力，N；

　　　$[\sigma]$——压下螺丝的许用压应力，MPa。

压下螺丝安全系数取为 6，若所选材料为合金钢，强度极限 $R_m = 600 \sim 700\mathrm{MPa}$，则许用压应力 $[\sigma] = 100 \sim 125\mathrm{MPa}$。

由于压下螺丝所受的轴向力为作用于轧辊辊颈的力，因此压下螺丝直径与辊颈直径间比例关系为

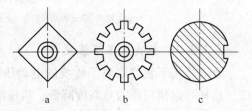

图 5-13　压下螺丝尾部形状
a—方形；b—花键形；c—带键槽圆形

$$d_0 = (0.55 \sim 0.62)d'$$

式中　d_0——压下螺丝外径；

　　　d'——轧辊辊颈直径。

轧辊精度要求高的板带轧机压下螺丝的螺距（t）一般取较小值，如热连轧带材轧机 $t = (0.025 \sim 0.05)d_0$，四辊冷轧机最小螺距可取 $0.017d_0$。对压下速度要求高的，如板坯轧机和开坯机压下螺丝螺距 $t = (0.12 \sim 0.16)d_0$。

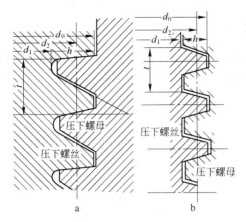

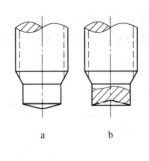

图 5-14　压下螺丝和螺母的螺纹断面形状
a—锯齿形；b—梯形

图 5-15　压下螺丝的止推端部
a—凸形；b—凹形

5.4.1.2　压下螺母

压下螺母安装在轧机牌坊孔中，端面用压板定位以防止工作时转动。压下螺母的合理结构除满足受力条件外，还应考虑节省有色金属。因此，压下螺母在结构上有整体式和组合式，整体式又有单级和双级之分，组合式有单箍和双箍两种形式，如图 5-16 和图 5-17 所示；在大型轧机上，压下螺母重量较大，为了节省有色金属，多采用组合式结构。对于组合式螺母，在加工制造、安装过程中，必须保证箍圈和铜螺母部分的整体性，同时两种材质应具有相近的弹性模量。压下螺母采用高强度青铜（ZQA-19-4）或黄铜（ZHA166-6-3-2）等材料。而组合螺母的镶套一般采用灰口铸铁。

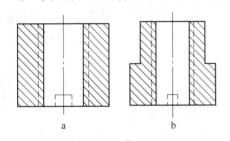

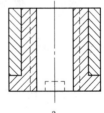

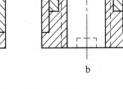

图 5-16　整体式螺母
a—单级；b—双级

图 5-17　组合式螺母
a—单箍式；b—双箍式

压下螺母的主要参数是它的高度（H）和外径（D）。压下螺母的高度（H）按螺纹的许用单位压力为 15~20MPa 来确定。根据这一条件取

$$H = (1.2 \sim 3) d_0$$

螺母外径 D 是根据它的端面与机架横梁接触面的单位压力为 60~80MPa 来确定，根据这一条件选取

$$D = (1.5 \sim 1.8) d_0$$

压下螺母与机架的镗孔的配合，应考虑更换方便，故通常选用 $\dfrac{H8}{h8}$ 或 $\dfrac{H9}{h9}$ 的动配合，并采用压板嵌在螺母和机架的凹槽内，用螺栓固定防止螺母从机架内脱出和在机架内转动。

5.4.2 转动压下螺丝的扭矩及功率计算

转动压下螺丝需要克服压下螺丝和螺母的螺纹间的摩擦力矩及压下螺丝头部止推轴承处的摩擦静力矩（见图5-18）。对高速压下的（如初轧机、板坯轧机、厚板轧机等）轧机，还应计算启动时的动力矩。

5.4.2.1 摩擦静力矩的计算

摩擦静力矩

$$M_j = M_1 + M_2 \tag{5-2}$$

式中 M_1——压下螺丝头部止推轴承处的摩擦力矩；

M_2——压下螺丝和螺母螺纹间摩擦力矩。

A   计算 M_1

设作用压下螺纹的轴向力 P 在压下螺丝头部与球形垫接触面上沿直径方向均匀分布，即单位压力

$$p = \frac{4P}{\pi d_3^2}$$

利用对半径为 r 处，宽度为 dr 的微小环形面积摩擦力矩的积分计算，便可求得 M_1。

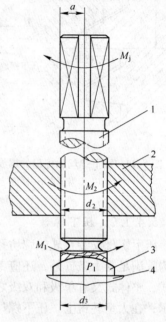

图 5-18 压下螺丝受力平衡图
1—压下螺丝；2—压下螺母；
3—止推垫块；4—上轴承座

$$M_1 = 2\pi f p \int_0^{\frac{d_3}{2}} r^2 \mathrm{d}r = \frac{1}{3}fPd_3 \tag{5-3}$$

式中 f——压下螺丝端部与球面垫摩擦系数，常取 $f = 0.15 \sim 0.2$；对采用滚动止推轴承时，可取 $f = 0.005$；

d_3——压下螺丝头部直径，mm。

B   计算 M_2

M_2 的计算方法是通过压下螺丝和压下螺母所构成螺旋副中力的关系，便可得出

$$M_2 = P\tan(\rho \pm \alpha)\frac{d_2}{2} \tag{5-4}$$

式中 P——作用于压下螺丝的轴向力；

ρ——螺纹间的摩擦角 $\rho = \tan^{-1} f_1$，螺纹间摩擦系数一般可取 $f_1 \approx 0.1$，则 $\rho \approx 5°40'$；

α——螺纹升角（°），压下时取正号，提升时取负号，$\alpha = \dfrac{t}{\pi d_0}$，其中 d_0、t 分别为螺纹外径和螺距；

d_2——压下螺丝和螺母螺纹中径，mm。

将式中 M_1 和 M_2 相加，便可求得转动压下螺丝所需静力矩

$$M_j = M_1 + M_2 = P\left[\frac{1}{3}d_3 f + \frac{1}{2}d_2\tan(\rho \pm \alpha)\right] \tag{5-5}$$

5.4.2.2　动力矩 M_d 的计算

$$M_d = \frac{GD^2}{38.2} \frac{dn}{dt} \qquad (5-6)$$

式中　GD^2——压下传动系统换算到电机轴上的飞轮力矩，$kN \cdot m^2$；

　　　$\dfrac{dn}{dt}$——电机角加速度。

5.4.2.3　电动机功率计算

$$N = \frac{n}{9550\eta}\left(\frac{M_j}{i} + M_d\right) \qquad (5-7)$$

式中　n——电机转速，r/min；

　　　η——压下传动系统的总传动装置的传动效率；

　　　i——压下传动系统的总传动比。

5.5　轧辊平衡装置

5.5.1　轧辊平衡装置的作用

轧辊平衡装置的作用是：（1）消除间隙，避免冲击。由于轧辊、轴承及压下螺丝自重等部件自重的影响，在轧件进入辊缝前，这些部件之间不可避免存在间隙，如轧辊辊颈和轴承衬间、轴承座和压下螺丝头部间、压下螺丝和压下螺母间的间隙，这些间隙会造成轧辊咬入轧件时产生冲击。（2）轧辊回升时，将轧辊托起。（3）对四辊轧机，平衡装置提供的平衡力应保证轧机空载时，工作辊与支撑辊间不打滑，有利于提高轧辊寿命和保证产品质量。

5.5.2　轧辊平衡装置的类型

根据轧辊的调整行程大小、调整速度、调整频率的不同，平衡装置主要有如下几种形式。

5.5.2.1　弹簧平衡

弹簧平衡如图 5-19 所示。弹簧置于机架盖上部，上辊的下轴承座通过拉杆吊挂在平衡弹簧上，由图可见，当轧辊上升时，弹簧放松，轧辊被压下时，弹簧被压缩。因此，弹簧力在轧辊调整过程中是变化的。该种平衡装置仅用于轧辊调整行程不大于 40～100mm 的轧机上。如三辊型材轧机、线材轧机、小型的四辊轧机等。弹簧平衡的优点是简单、可靠，缺点是更换轧辊时，需要拆除弹簧，增加了换辊时间。

5.5.2.2　重锤平衡

重锤平衡方式过去广泛应用于轧辊移动量很大的轧机上。如图 5-20 所示是 1000 初轧机的重锤平衡装置。它工作可靠，维修方便。缺点是设备重量大，轧机的基础较复杂。随着钢铁工业连铸比的增加，铸锭开坯已属于落后工艺，初轧机在特殊钢生产中还有应用，所以这种平衡方式的轧机已很少见。

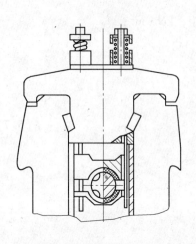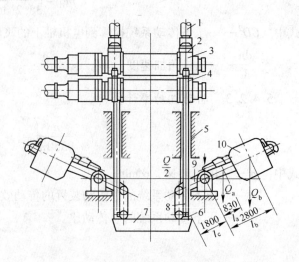

图 5-19　弹簧平衡装置　　　　　　　图 5-20　初轧机上的重锤平衡装置

1—压下螺丝；2—球面端垫；3—上轧辊轴承；4—顶杆；
5—滑道；6—自位端垫；7—托梁；8—连杆；9—杠杆；
10—平衡重锤

5.5.2.3　液压平衡装置

液压平衡装置利用液压缸推力来平衡上轧辊等部件的重量。它具有结构紧凑、动作灵活、工作平稳、操作和拆卸方便等特点。故可减少换辊时间，但该种平衡装置需要一套液压系统，投资较大。液压平衡装置广泛应用于四辊板带轧机上，也用于其他轧机，如初轧机上。

按照采用液压缸数量的不同，液压平衡装置分为单缸、四缸、五缸、八缸等类型。

单缸式和四缸式都用来平衡两辊轧机的上轧辊。图 5-21 所示为某初轧机的单缸式平衡装置。上轧辊是通过拉杆和横梁吊在平衡缸 1 的柱塞上。图中侧面的小液压缸 2 为连接轴平衡缸，这种液压缸与板带轧机液压平衡缸相比，液压缸的行程较大。

图 5-22 为四缸式平衡装置。在每个压下螺丝 3 的两侧设有两个平衡液压缸 4，通过横梁 2 和拉杆 11 与支撑辊轴承座 10 相连。

五缸式平衡装置中，支撑辊用一个平衡缸平衡，见图 5-23。工作辊由 4 个小液压缸平衡。此平衡装置又分重力蓄力器式和空气蓄力器式。五缸式平衡多用于中厚板轧机及热连轧钢板轧机上。

图 5-24 为八缸式平衡装置。工作辊和支撑辊各用 4 个液压缸平衡。工作辊平衡缸通过调整液压缸的压力，还可以起到弯辊缸的作用，以调整辊型。八缸式平衡缸结构紧凑，但是增加了轴承座的加工的复杂性，并且在换辊时必须拆装油管，在换支撑辊时，为了提起整个辊系，还需在机座下部设有提升液压缸。

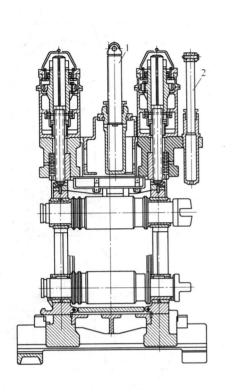

图 5-21 初轧机的单缸平衡装置

1—液压平衡缸；2—平衡装置上的小液压缸

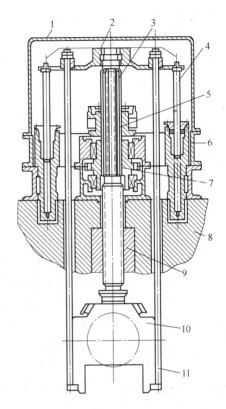

图 5-22 四缸式液压平衡装置

1—外罩；2—横梁；3—压下螺丝；4—液压缸；5—离合器；
6—壳体；7—压下蜗轮；8—机架上横梁；9—压下螺母；
10—支撑辊轴承座；11—拉杆

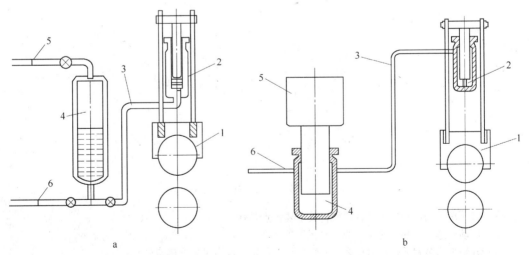

a   b

图 5-23 五缸式平衡的支撑辊液压平衡装置

a—空气蓄力器；b—重力蓄力器

1—支撑辊轴承座；2—液压缸；3—管道；4—蓄力器；5—压缩空气（或重锤）；6—通液压泵

5.5.3　轧辊平衡力的确定

轧辊平衡力 Q 一般取为被平衡件重 G 的 $1.2 \sim 1.4$ 倍，即

$$Q = (1.2 \sim 1.4)G$$

四辊轧机在确定工作辊平衡力时，除考虑被平衡件重量外，还应考虑工作辊和支撑辊辊面不许产生打滑的条件，即轧机空载，加、减速，反转时，主动辊作用给被动辊的摩擦力矩应大于被动辊的动力矩，见图 5-25。

对于工作辊传动的四辊轧机，如不考虑支撑辊轴承的摩擦力矩，满足辊间不打滑条件的最小平衡力为

$$Q \geqslant \frac{D_1}{\mu D_2{}^2} \cdot \frac{(GD_2)^2}{19.1} \cdot \frac{\mathrm{d}n}{\mathrm{d}t} \tag{5-8}$$

对于支撑辊传动的四辊轧机，如不考虑工作辊轴承的摩擦力矩，满足辊间不打滑条件的最小平衡力为

$$Q \geqslant \frac{(GD_1)^2}{19.1} \cdot \frac{\mathrm{d}n}{\mathrm{d}t} \cdot \frac{1}{D_1 \mu} \tag{5-9}$$

式中　　　　Q——最小平衡力；

D_1，D_2——工作辊、支撑辊直径，mm；

$(GD_1)^2$，$(GD_2)^2$——工作辊、支撑辊飞轮力矩，$kg \cdot mm^2$；

$\dfrac{\mathrm{d}n}{\mathrm{d}t}$——工作辊角加速度，$rad/s^2$；

μ——滑动摩擦系数。

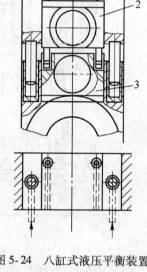

图 5-24　八缸式液压平衡装置
1—上支撑辊轴承座；2—上工作辊轴承座；
3—下工作辊轴承座

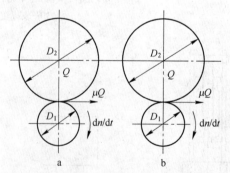

图 5-25　工作辊与支撑辊不打滑条件受力图
a—工作辊传动；b—支撑辊传动

复 习 题

(1) 液压压下与电动压下装置比较，其主要特点是什么？

(2) 电动快速压下和慢速压下的主要区别是什么？

(3) 轧辊平衡装置的作用是什么？四辊轧机工作辊平衡力是怎样确定的？

(4) 板坯粗轧机和带材精轧机压下螺旋结构有何不同？原因何在？

(5) 电动压下装置一般采用双电机，为什么？

(6) 压下螺丝不能正常工作（转不动或稳不住）应该采取什么措施解决？

6 轧机机架

本章概述

　　机架是轧机工作机座的骨架。在其上安装众多的装置,如轧辊调整装置、导位装置、换辊装置、冷却润滑装置等。机架承受着经轧辊、轴承座和压下螺丝等传来的全部轧制力。因此,轧制生产要求机架具有足够的强度和刚度,并且其结构要适应轧辊调节和快速换辊的需要。

6.1 机架的类型及结构

6.1.1 机架的类型

　　依轧机形式和工作要求,机架一般分为两种类型:闭式机架和开式机架。

　　如图 6-1a 所示,闭式机架是一封闭式整体框架,具有较高的强度和刚度。闭式机架主要用于轧制力较大的初轧机、板坯轧机和板带轧机。对于板带轧机来说,不仅轧制力大,而且轧制精度要求高,因此,要求机架具有足够的强度和较高的刚度。对于有些小型和线材轧机,为了获得较好的尺寸精度,也尽可能采用闭式机架。采用闭式机架的工作机座,在换辊时,轧辊沿其轴线方向从机架窗口抽出或装入。这种轧机一般设有专用的换辊装置。

　　开式机架由机架本体和上盖两部分组成,如图 6-1b 和图 6-1c 所示。开式机架主要用在横列式型材轧机上,因为在这类轧机上沿轧辊轴向换辊要受到相邻机座和连接轴的妨碍,因此,只能采用开式机架,拆下上盖,将轧辊从上面吊出或装入,完成换辊操作。开式机架的主要缺点是刚度较差,影响开式机架刚度的关键是上盖的连接方式。

　　图 6-1b 是螺栓连接的开式机架,机架上盖用两个螺栓与机架连接。这种连接方式结构简单,但因螺栓较长,受力变形较大,机架刚度较低。

　　图 6-1c 是套环连接的开式机架,这种机架在比较老式的型钢轧机上可以见到。套环的下部用销轴与 U 形架体铰接,扁楔从套环中穿过,压住机架上盖,在机架上盖与 U 形架体的结合面上装有一个定位销,这种形式的机架刚性也比较差,因为套环容易受拉变形。

　　图 6-1d 是销轴连接的开式机架,这种结构的机架是将上盖的下部插在立柱上端的凹槽内,并穿以圆柱销轴,使上盖和 U 形架体连接起来。为了消除销轴连接处的间隙,在销轴的两侧用楔子打紧,使机架上盖与 U 形架体连接比较牢固。这种机架的刚性较好,换辊也较为方便。但是圆柱销轴容易变形,影响拆卸。

　　图 6-1e 是斜楔连接的开式机架,与上述形式的开式机架相比有以下优点:(1) 由于连接件数量少、变形小,使上盖弹跳值减少;(2) 连接件结构简单,连接坚固;(3) 机

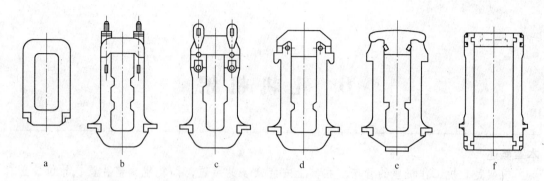

图 6-1　机架的主要形式

a—闭式机架；b—螺栓连接；c—套环连接；d—销轴连接；e—斜楔连接；f—组合式机架

架立柱横向变形小，在打紧斜楔后，机架立柱上部被斜楔和机盖止口紧紧挤住，大大减小了立柱的横向变形。

由上可知，斜楔连接的开式机架，除了换辊方便外，还具有较高的刚度，故称为半闭式机架。这种机架使用效果较好，在横列式轧机上得到了广泛的应用。

图 6-1f 是组合式机架。上下横梁与为单体先通过立柱上的止口将上下横梁块镶嵌立柱上，然后用贯穿螺栓将横梁块与立柱连接起来。此种机架刚性与闭式机架相当，但是制作和安装方便，目前在新建中厚板生产线上广泛使用。

6.1.2　机架的结构

虽然机架的形式种类繁多，但是它们的结构有许多共同的特点。下面就它们的共同特点进行叙述。

机架上横梁中部都镗有与压下螺母外径相配合的孔。装入压下螺母后，下面用压板固定，为了保证上横梁有足够的强度，上横梁的中部厚度要适当加大。

机架立柱的中心线应和轧辊轴承座的中心线相重合。对于上辊经常做上下移动的初轧机和钢板轧机，立柱的内侧面与上辊轴承座相接触的一段有铜或钢的滑板，以避免立柱被磨损。滑板用埋头螺钉紧固在立柱上。

为了适应快速换辊的需要，现代板带轧机机架窗口两侧都有附加支座（见图 6-2），在附加支座上，安装了上支撑辊和上工作辊的平衡液压缸，以及下工作辊的弯辊液压缸。

机架的侧面沿轧辊轴线方向，一般还固定有轴向调整装置，两机架之间装设导板梁。

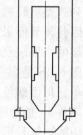

图 6-2　窗口两侧有附加支座的机架简图

为了换辊方便，换辊端窗口宽度比传动端略大，如某 1700 热轧带材连轧机精轧机架换辊端窗口宽度比传动端大 20mm。

机架立柱的断面形状有近似正方形、矩形、工字形和 T 字形 4 种，见图 6-3。目前在生产线上 T 字形断面的机架立柱已少见。

近似正方形的机架惯性矩小，适用于窄而高的闭式机架和水平力不大的四辊轧机。矩形和工字形断面的机架，惯性矩大，抗弯能力大，适于水平力较大，而机架矮而宽的闭式二辊轧机，如初轧机和板坯轧机。

机架下部有机架底脚，机架靠它坐在地脚轨上，并用地脚螺钉固定。

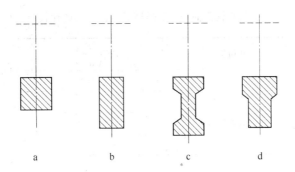

图 6-3 机架立柱的各种断面

a—方形断面；b—长方形断面；c—工字形断面；d—T 字形断面

6.1.3 机架的主要参数

机架的主要结构参数是窗口高度、窗口宽度和立柱截面尺寸。

6.1.3.1 窗口高度

机架窗口高度 H 与轧辊数目、辊身直径、辊颈直径、轴承和轴承座径向厚度及上辊调整的距离等因素有关。一般按照下式计算：

$$H = A + d + 2S + h + \delta \tag{6-1}$$

式中　A ——轧辊接触时，轧辊中心距，对四辊轧机指支撑辊中心距；

　　　d ——辊颈直径，对四辊轧机指支撑辊辊颈直径；

　　　S ——轴承和轴承座的径向厚度；

　　　h ——上轧辊调整距离；

　　　δ ——考虑压下螺丝头部伸出机架外的余量，以及安放压头或传感器的可能位置。

除上述公式外，现场对于四辊轧机，还有如下经验公式：

$$H = (2.6 \sim 3.5)(D_z + D_g) \tag{6-2}$$

式中　D_z，D_g ——支撑辊、工作辊直径。

6.1.3.2 窗口宽度

在闭式机架中，机架窗口宽度应稍大于轧辊最大直径以便于换辊；而开式机架窗口宽度主要决定于轧辊轴承座的宽度。

四辊轧机机架窗口宽度一般为支撑辊直径的 1.15～1.30 倍。为换辊方便，换辊侧的机架窗口应比传动侧机架窗口宽 5～10mm。

6.1.3.3 立柱的断面尺寸

机架立柱的截面尺寸是根据强度条件确定的。由于作用于轧辊辊颈和机架立柱上的力相同，而辊颈强度近似地与其直径平方（d^2）成正比，故机架立柱的截面积（F）与轧辊辊颈的直径平方（d^2）有关。根据轧辊材料和轧机类型，比值 $\left(\dfrac{F}{d^2}\right)$ 可按表 6-1 选取。

机架立柱截面尺寸对机架刚度影响较大。在现代板带轧机上，为了提高轧制精度，有

表 6-1 机架立柱截面积与轧辊辊颈直径平方的比值 $\left(\dfrac{F}{d^2}\right)$

轧辊材料	轧机类型	比值 $\left(\dfrac{F}{d^2}\right)$	备 注
铸 件		0.6~0.8	
碳 钢	开坯机	0.7~0.9	
	其他轧机	0.8~1.0	
铬 钢	四辊轧机	1.2~1.6	按支撑辊辊颈直径计算

逐渐加大立柱截面的趋势。厚板轧机机架立柱断面积已增至 $10000cm^2$；热轧带钢轧机的机架立柱断面积达 $7000cm^2$。

6.2 机架的强度计算

轧机机架结构比较复杂，不易进行精确的强度和刚度计算。在进行计算前对机架的形状和受力等进行相应的假设和简化，以便进行计算。按照材料力学的方法计算机架的强度一般采用如下步骤：（1）以机架各截面中性轴连线组成框架，将机架简化成平面刚架；（2）确定外力的大小及作用点；（3）根据结构和受力特点简化模型，降低静不定阶数；（4）根据变形谐调条件，用材力方法求解静不定力；（5）根据计算截面的面积、惯性矩和承受弯矩、拉力大小求出应力，验算强度。

6.2.1 简单闭式机架的强度计算

机架的实际情况是比较复杂的，然而由于机架各截面形心位于同一平面，故可把机架简化为平面刚架。

在轧制过程中，机架的受力也是相当复杂的，通常有下面一些力作用在机架上：（1）轧制力通过轧辊轴承，压下螺丝和底垫分别作用在机架的上、下横梁上；（2）坯料咬入或加、减速轧制所产生的惯性力作用在机架的立柱上；（3）带张力轧制时，由前、后张力差所引起的水平力作用于机架的立柱上；（4）异径轧制、异步轧制和单辊传动的轧制方式，由于轧制力的倾斜而产生的水平分力作用于机架的立柱上；（5）各种水平力所形成的倾翻力矩在机架下支撑面上所引起的反力。

在上述各作用力中，以轧制力为最大，其他各力相对较小。在强度计算时，有时可以忽略其他力的影响。

一般来说，求解平面刚架的内力属于三次静不定问题。这是因为当把平面刚架任一处截开时，三对未知内力不可能由平衡方程确定出来，见图 6-4a。为了简化机架强度计算，一般作以下假设：（1）每片机架只是在上、下横梁的中间截面处作用有垂直力 P_1，此两力大小相等方向相反，并作用在同一直线上。此时，由于机架外载荷对称，故不受倾翻力矩的作用；（2）机架的形状以窗口的垂直中心线对称，且不考虑由于上、下横梁惯性矩的差别所引起的水平内力；（3）上、下横梁和立柱的交界处（转角处）是刚性的，即机架变形后机架转角仍保持不变。符合上述条件的机架称之为简单闭式机架。

根据上述假设，机架的结构和受力都以垂直中心线为对称。若将机架沿垂直对称轴剖开，可得到两个结构和载荷完全相同的半机架，见图 6-5b。在截面处的 3 个力分量 x_1、x_2、x_3 中，按照剪力 x_1 的反对称条件可以判断出 $x_1 = 0$；由于假设中不考虑上、下横梁惯性矩差所引起的水平内力，所以可断定 $x_2 = 0$。这样，原机架的三次静不定问题就简化成一次静不定问题。

简单闭式机架受力变形时，上、下横梁中点挠角为零，故可将平面刚架进一步简化成悬臂支架，下横梁中央截面固定，上横梁中央截面作用有 $\dfrac{P_1}{2}$ 和静不定力矩 M_0，如图 6-5 所示。

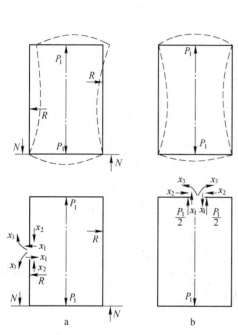

图 6-4 机架受力分析

a—非对称力系；b—对称力系

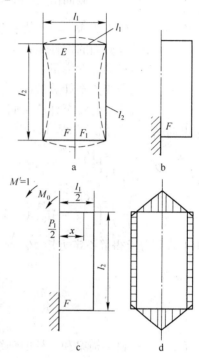

图 6-5 机架计算简图及弯曲力矩图

6.2.1.1 静不定力矩 M_0 的求法

根据变形谐调条件，M_0 应保证上横梁中央截面转角为零，以维持和原刚架完全等效。于是从 $\theta = 0$ 这一变形条件出发即可求出静不定力矩 M_0。

根据单位力法求变形，可得

$$\theta = \int_l \frac{M_x \cdot M_x'}{EI_x} \mathrm{d}x = 0 \tag{6-3}$$

对于上横梁

$$M_x = \frac{P_1}{2}y - M_0 = \frac{P_1}{2}x - M_0 \ (\text{因为 } x = y) \tag{6-4}$$

$$M_x' = -1 \tag{6-5}$$

对于立柱

$$M_x = \frac{P_1}{2}y - M_0 = \frac{P_1}{2} \cdot \frac{l_1}{2} - M_0 \left(\text{因为 } y = \frac{l_1}{2} \right) \tag{6-6}$$

$$M_x' = -1 \tag{6-7}$$

对于下横梁

$$M_x = \frac{P_1}{2}y - M_0 = \frac{P_1}{2}x - M_0 \left(\text{因为 } y = x \right) \tag{6-8}$$

$$M_x' = -1 \tag{6-9}$$

式中　　M_x——机架计算截面由 $\frac{P_1}{2}$ 和 M_0 产生的弯矩；

M_x'——单位力矩 $M' = -1$ 在计算截面时产生的弯矩；

I_x——计算截面的惯性矩；

E——材料的弹性模量；

x——积分起点至计算截面的轴线长；

y——机架中心线至计算截面的水平距离。

将上面结果分别代入方程（6-3）并积分可得

$$\theta = \frac{1}{EI_1}\int_0^{\frac{l_1}{2}}\left(\frac{P_1}{2}x - M_0\right)(-1)\mathrm{d}x + \frac{1}{EI_2}\int_0^{l_2}\left(\frac{P_1}{2} \cdot \frac{l_1}{2} - M_0\right)(-1)\mathrm{d}x +$$

$$\frac{1}{EI_3}\int_0^{\frac{l_1}{2}}\left(\frac{P_1}{2}x - M_0\right)(-1)\mathrm{d}x = 0$$

由上式积分求得静不定力矩 M_0 为

$$M_0 = \frac{P_1 l_1}{4} \cdot \frac{\dfrac{l_1}{4I_1} + \dfrac{l_2}{I_2} + \dfrac{l_3}{4I_3}}{\dfrac{l_1}{2I_1} + \dfrac{l_2}{I_2} + \dfrac{l_3}{2I_3}} \tag{6-10}$$

式中　　l_1，l_2——机架横梁和立柱的轴线长度。

如果上、下横梁截面相等，则惯性矩相等，即 $I_1 = I_3$，而 $l_1 = l_3$ 的情况下，式（6-10）可简化为

$$M_0 = \frac{P_1 l_1}{4} \cdot \frac{\dfrac{l_1}{2I_1} + \dfrac{l_2}{I_2}}{\dfrac{l_1}{I_1} + \dfrac{l_2}{I_2}} \tag{6-11}$$

6.2.1.2　弯矩方程与弯矩图

确定力矩 M_0 后，则上、下横梁的弯矩 M_1、M_3 可由方程式（6-4）、式（6-6）确定

$$M_1 = M_3 = \frac{P_1}{2}x - M_0 \tag{6-12}$$

立柱的弯矩 M_2 可由方程式（6-3）求得

$$M_2 = \frac{P_1 l_1}{4} - M_0 \tag{6-13}$$

在求出弯矩 M_1 和 M_2 之后，即可绘出机架各截面的弯矩图，见图 6-5d。

6.2.1.3 机架强度校核

由弯矩图可知，横梁中央截面受弯矩最大，其外侧受拉，内侧受压，其弯曲应力为

$$\sigma_1 = \frac{M_0}{W_1} \tag{6-14}$$

$$\sigma_3 = \frac{M_0}{W_3} \tag{6-15}$$

机架立柱受弯曲、拉伸作用，立柱内缘拉应力值为

$$\sigma_2 = \frac{M_2}{W_2} + \frac{P_1}{2F_2} \tag{6-16}$$

式中　W_1，W_2，W_3——上、下横梁和立柱的截面模数；

　　　　F_2——立柱的截面积。

6.2.2　二辊开式机架强度计算

以螺栓连接的二辊开式机架为例，介绍二辊开式机架强度计算方法。当机架上作用有轧制力时，连接螺栓仅承受拉力，但下横梁在轧制力作用下产生弯曲，立柱将跟随着向内变形。上横梁一般均由立柱外侧销紧，故它不影响立柱向内倾斜，而上辊轴承座则可能妨碍立柱互相靠近，机架在上辊轴承座处出现静不定力 T。所以二辊开式机架仍然是一次静不定结构（见图 6-6）。由于 U 形架体的结构和受力以垂直中心线为对称，且下横梁中央截面转角为零，因此可研究半机架且简化成悬臂梁形式，如图 6-6b 所示。静不定力 T 根据下面变形条件决定

$$\Delta_\Sigma + \Delta = 0 \tag{6-17}$$

式中　Δ——（一侧）立柱和轴承座间的侧向间隙；

　　Δ_Σ——作用力 $\dfrac{P_1}{2}$ 和静不定力 T 在 T 方向产生的位移。

用单位力法可求得 Δ_Σ，图中 $T' = 1$ 为单位力。

对于立柱　　　　　　　　$M_x = T \cdot x$，$M_x' = x$

对于横梁　　　　　　$M_x = \dfrac{P_1}{2}x - TC$，$M_x' = -C$

根据卡氏定理

$$f = \frac{1}{EI}\int M_x \cdot M_x' \mathrm{d}x$$

得到下列积分方程

$$\Delta_\Sigma = \frac{1}{EI_2}\int_0^C T_x \cdot x \cdot \mathrm{d}x + \frac{1}{EI_1}\int_0^{\frac{l_1}{2}} \left(\frac{P_1}{2} \cdot x - TC\right) \cdot (-C) \cdot \mathrm{d}x$$

$$= \frac{C^3}{3EI_2}T + \frac{l_1 C^2}{2EI_1}T - \frac{P_1 l_1^2 C}{16EI_1} \tag{6-18}$$

式中　M_x——静不定力（T）作用产生的弯矩；

　　　M_x'——单位力 $T' = 1$ 产生的弯矩；

I_1，I_2——下横梁、立柱的截面惯性矩；

　　l_1——下横梁的轴线长度；

　　C——T力作用点和机架下横梁轴线之间的距离。

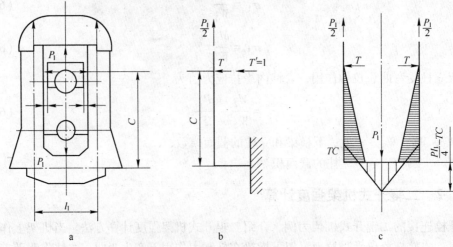

图 6-6　二辊开式机架的弯矩计算图

将求得的 Δ_Σ 代入公式（6-18），并简化得

$$T = \frac{\dfrac{P_1 l_1^2}{8} - \dfrac{2\Delta \cdot E \cdot I_1}{C}}{C\left(l_1 + \dfrac{2}{3}C\,\dfrac{I_1}{I_2}\right)} \tag{6-19}$$

T 力只能为正值或零。如果按上式算出的 T 是负值，则表示立柱上 T 力作用点的水平位移小于侧向间隙，说明实际上 T 力不存在。有 T 力作用时机架的弯矩图如图 6-6c 所示。

下横梁的弯曲力矩为

$$M_x = \frac{P_1}{2}x - TC$$

最大弯曲力矩将发生在下横梁的中间，即当 $x = \dfrac{l_1}{2}$ 时

$$M_{3\max} = \frac{P_1 l_1}{4} - TC \tag{6-20}$$

下横梁上的最大弯曲应力

$$\sigma_3 = \frac{M_{3\max}}{W_3} \tag{6-21}$$

式中　W_3——下横梁截面模数。

立柱上的弯曲力矩

$$M_x = T \cdot x$$

最大弯曲力矩发生在下横梁与立柱的连接处，即当 $x = C$ 时

$$M_{2\max} = TC \tag{6-22}$$

考虑立柱同时承受拉伸作用，立柱内侧最大拉应力

$$\sigma_2 = \frac{M_{2\max}}{W_2} + \frac{P_1}{2F_2} \qquad (6\text{-}23)$$

式中 W_2，F_2——立柱的截面模数和截面积。

应该说明的是，轧机在工作过程中，由于制造精度和磨损的原因，侧向间隙可能变化很大，所以在计算立柱应力时，应设 $\Delta = 0$，即 T 取为最大；在计算横梁应力时，应设 $T = 0$，即取最大可能的 Δ 值。

开式机架的上横梁中部作用有轧制力，两端由螺栓引起反力，因此上横梁可按简支梁计算。上横梁上的最大弯曲力矩也位于其中点，其值为

$$M_{1\max} = \frac{P_1 l}{4} \qquad (6\text{-}24)$$

上横梁上的最大弯曲应力为

$$\sigma = \frac{M_{1\max}}{W_1} \qquad (6\text{-}25)$$

式中 l——上横梁两螺栓之间的中心距；

W_1——上横梁的截面模数。

6.2.3 机架的材料和许用应力

机架一般采用含碳量为 $0.25\% \sim 0.35\%$ 的 ZG35 材料，其强度极限 $R_m = 500 \sim 600\text{MPa}$，伸长率 $A = 12\% \sim 16\%$。

机架是轧机中最重要的部件，必须具有较大的强度储备，甚至在轧机因偶然事故过载导致轧辊断裂时，机架都不允许产生塑性变形。根据这一要求，机架的安全系数为

$$n_j > n_g \cdot \frac{R_{mg}}{R_{elj}} \qquad (6\text{-}26)$$

式中 n_j——机架的安全系数；

n_g——轧辊的安全系数；

R_{mg}——轧辊材料的强度极限；

R_{elj}——机架材料的屈服极限。

在一般情况下，轧辊材料强度极限与机架材料屈服极限的比值近似为 $2 \sim 2.5$。当轧辊的安全系数 $n_g = 5$ 时，可取机架的安全系数 $n_j = 10 \sim 12.5$。对于 ZG35 来说，许用应力 $[\sigma]$ 采用以下数值：

对于横梁 $[\sigma] \leq 50 \sim 70\text{MPa}$

对于立柱 $[\sigma] \leq 40 \sim 50\text{MPa}$

复 习 题

(1) 轧机机架有几种类型？简述各自特点。

(2) 机架窗口的高度和宽度是怎样确定的？

(3) 结合四辊可逆轧机说明有哪些力作用在机架上？

(4) 掌握轧辊强度计算中静不定问题分析和确定静不定力的变形条件方程。

7 轧机主传动装置

本章概述

　　轧机主传动装置将主电机的驱动力矩传递给工作机座中的轧辊，按生产工艺要求的轧制速度和最大力能参数实现对金属的轧制。

　　轧机的用途不同，主传动装置的组成也不尽相同，大多数轧机主机列由连接轴、齿轮机座、主联轴节、减速机、电机联轴节等零部件组成。本章重点介绍连接轴。

　　连接轴的用途为：（1）传递动力：将动力由齿轮机座或电机（对于无齿轮座的轧机）传递给轧辊，或从一个机座的轧辊传递给另一个机座的轧辊；（2）连接作用：连接齿轮机座或电机与轧辊；对于横列式轧机而言，连接各机座中的轧辊。

　　轧机常用的连接轴有梅花接轴、万向接轴和弧形齿接轴等几种形式。梅花接轴在老式的型材轧机上还有应用。滑块式万向接轴传递扭矩冲击性大、滑块润滑条件差、磨损快。因此，近年来在大倾角条件下多采用十字轴式万向接轴，小倾角条件下多采用弧形齿接轴。各种连接轴的用途、特点和允许使用倾角见表7-1。

表7-1　各种连接轴的用途、特点和允许倾角

类　型		用　途	优　缺　点	允许倾角
梅花接轴		横列式型钢轧机，最大转速为400r/min	结构简单，运转时噪声大	1°~2°
万向接轴	滑块式	初轧机、管材轧机、中厚板轧机、冷热板带轧机，转速不超过1000r/min	传递扭矩大，垫板磨损快，润滑条件差	8°~10°
	十字头式	型材轧机、冷热板带轧机、管材轧机、立辊轧机	传递扭矩大，允许倾角大，润滑条件好、运转平稳	15°
弧形齿接轴		板带精轧机、连续式小型轧机和转速不高的线材轧机（速度高，磨损大）	传递扭矩大，润滑条件好、运转平稳，允许较小倾角和一定位移	1°~3°

7.1　梅花接轴

　　梅花接轴应用在轧辊中心线间距变化不大并且接轴的倾角不大于1°~2°的轧机上。当倾角较小时，采用普通梅花头，见图7-1；当倾角在1°~2°时，采用外圆具有弧形半径的弧形梅花头，见图7-2。

　　梅花接轴的轴头及轴套的直径等各个尺寸已成系列，应用时可查阅相应的资料。而接

轴的最小长度应根据在接轴上能放下两个轴套和给吊车的钢绳留下合理的操作间隙来决定。

梅花接轴所用材料为强度极限为 500~600MPa 的铸钢或锻钢，而轴套用灰口铸铁或铸钢。

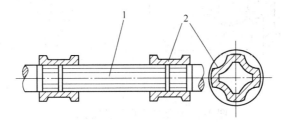

图 7-1 普通梅花接轴
1—接轴；2—轴套

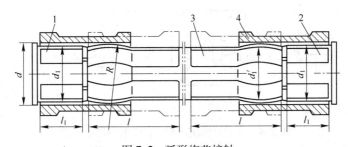

图 7-2 弧形梅花接轴
1—齿轮端辊头；2—轧辊端头；3—弧形接轴；4—轴套

7.2 滑块式万向接轴

滑块式万向接轴结构形式很多，其区别在于接轴铰链的结构不同，但都是根据虎克铰链原理制成的。

7.2.1 结构及主要参数

7.2.1.1 滑块式万向接轴结构

滑块式万向接轴两端的铰链结构如图 7-3 所示。它由扁头 1，叉头 2，销轴 3 和滑块 4 等主要零部件组成。扁头加工有切口，叉头径向镗孔直径为 d，销轴可为圆柱形，也可为方形。铰链有两个相互垂直的回转轴线，一条是叉头 2 的径向镗孔轴线 I—I；另一条是销轴 3 的中心线 II—II。两月牙形滑块以滑动配合装在叉头径向镗孔中，扁头插在两月牙形滑块中间。这样叉头和扁头可绕轴线 I—I 相对回转，销轴 3 装在扁头的开口中，销轴两端轴颈与月牙形滑块也是滑动配合，扁头和叉头也可绕轴线 II—II 相对转动。当接轴倾角变化时，扁头沿开口相对销轴产生滑动。考虑到铰链装拆时是两月牙形滑块和销轴组装后从叉头开口处装入和取出（见图 7-4），故叉头两股间开口尺寸 B_1 应稍大于月牙形滑块宽度 B。扁头具有切口的铰链，通常称为开式铰链，开式铰链一般用在轴向换辊的轧机上。

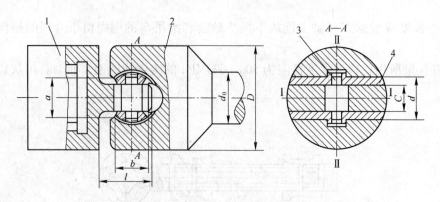

图 7-3　滑块式万向接轴铰链结构

1—扁头；2—叉头；3—销轴；4—滑块

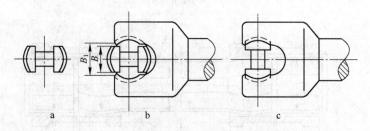

图 7-4　月牙形滑块式和销轴安装顺序示意图

a—待装位置；b—轴向装入叉头；c—旋转 90°

　　闭式铰链（见图 7-5）扁头 1 有一个圆孔，圆销轴 3 由此孔穿过并贯穿叉头 2 和滑块 4，用螺母 5 固定。当把螺栓抽出后，扁头和滑块从叉头侧向拆出。这种闭式铰链一般用在接轴的传动端。万向接轴整体装配如图 7-6 所示。

　　接轴铰链中的一个轴连接在电动机一侧的主动轴上，是固定的；另一个轴连接轧辊，是可以轴向移动的。当上轧辊提升量很大时，为了使两根接轴的工作条件均衡，将下接轴也配置成倾斜的，但倾角较上接轴的小，接轴本体两侧端部尺寸（叉头与扁头的直径）可

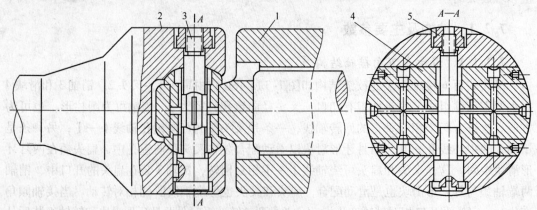

图 7-5　闭式铰链结构图

1—扁头；2—叉头；3—圆销轴；4—滑块；5—螺母

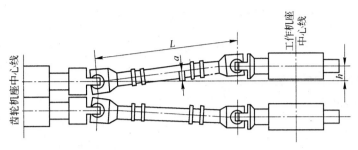

图 7-6　万向接轴整体装配图

以不同，靠近齿轮机座一端的直径可以比靠近轧辊一端的大，主要考虑齿轮是比轧辊更贵的部件，接轴的连接强度大，可以保证过载时不致破坏。

7.2.1.2　滑块式万向接轴主要参数

滑块式万向接轴主要参数是：（1）叉头直径 D；（2）叉头镗孔直径 d；（3）扁头厚度 S；（4）接轴倾角 α；（5）接轴本体直径 d_3；（6）两铰链中心距 L。

叉头直径 D 取决于强度及轧辊最小直径，可用下面经验公式确定

$$D = (0.85 \sim 0.95) D_{轧辊} \tag{7-1}$$

或

$$D = D_{辊min} - (5 \sim 15) \tag{7-2}$$

式中　$D_{轧辊}$——轧辊名义直径；

$D_{辊min}$——磨削后轧辊最小直径。

镗孔直径通常取约为接轴端部直径的一半

$$d = (0.48 \sim 0.5) D \tag{7-3}$$

扁头的厚度为

$$S = (0.25 \sim 0.28) D \tag{7-4}$$

接轴本体直径为

$$d_3 = (0.5 \sim 0.6) D \tag{7-5}$$

接轴本体长度 L 由接轴允许的倾角及轧辊与主动轴中心线间所需的最大距离 h 来决定，因为角度不大，用下式来确定

$$L = \frac{h}{\tan\alpha} \tag{7-6}$$

7.2.2　接轴的强度计算

滑块式万向接轴的强度计算方法通常有两种：一种是材料力学的理论计算方法；另一种为经验公式计算方法。下面就扁头和叉头在外力扭矩的作用下分别进行其强度计算。

7.2.2.1　扁头的受力分析和强度计算

图 7-7 是开口式扁头的受力分析图。其合力 P 在扁头的一个支叉上的作用点将由其断面的中心移向一侧。故在危险断面 Ⅰ—Ⅰ 中，除有弯曲应力外，还有扭转应力。

设万向接轴传递的扭转力矩为 M，则

$$M = P\left(b_0 - \frac{2}{3}b\right)$$

由上式可求力 P

$$P = \dfrac{M}{b_0 - \dfrac{2}{3}b} \qquad (7\text{-}7)$$

式中　M——接轴传递的扭转力矩；

　　　b_0，b——扁头的总宽度与扁头一个支叉的宽度。

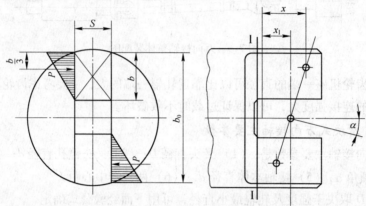

图 7-7　扁头受力图

　　断面 I—I 中的弯曲力矩为

$$M_w = P \cdot x \qquad (7\text{-}8)$$

式中　x——合力 P 的力臂，

$$x = 0.5\left(b_0 - \frac{2}{3}b\right)\sin\alpha + x_1 \qquad (7\text{-}9)$$

　　　x_1——铰链中心至 I—I 断面的距离；

　　　α——接轴的倾角。

　　I—I 断面中的扭矩为

$$M_n = P \cdot \frac{b}{6} \qquad (7\text{-}10)$$

　　则 I—I 断面中弯曲应力和扭转应力分别为

$$\sigma = \frac{6M_w}{bS^2} \qquad (7\text{-}11)$$

$$\tau = \frac{M_n}{\eta S^3} \qquad (7\text{-}12)$$

式中　S——扁头断面厚度；

　　　η——抗扭断面系数，它与比值 $b:S$ 有关，见表 7-2。

　　根据第四强度理论

$$\sigma_j = \sqrt{\sigma^2 + 3\tau^2} \qquad (7\text{-}13)$$

经验公式法提供的计算公式为

$$\sigma_j = \frac{0.11M}{\left(b_0 - \dfrac{2}{3}b\right)bS^2}\left[3x + \sqrt{9x^2 + \left(\frac{b}{6\eta}\right)^2}\right] \qquad (7\text{-}14)$$

式中力矩的单位为 N·mm，长度单位为 mm。

表7-2 扁头的抗扭断面系数 η 值

$b:S$	1	1.5	2	3	4	5
η	0.208	0.346	0.493	0.801	1.15	1.789

7.2.2.2 叉头的受力分析和强度计算

图7-8为叉头受力分析图。b_1 为叉股的宽度，其合力 P 位于铰链中心线 $\dfrac{b_1}{3}$ 处。

由接轴传递过来的力矩 M 所决定的合力 P 等于

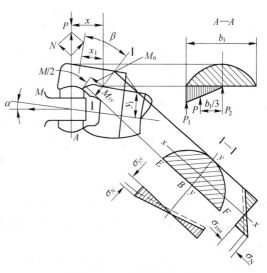

$$P=\frac{3M}{2b_1} \qquad (7\text{-}15)$$

假设在 $A—A$ 截面中心有两个大小均等于 P，方向相反的力 P_1、P_2，由此则可认为在一个叉股上作用着由 P、P_1 形成的力矩 $\dfrac{M}{2}$，此力矩形成剪应力，而 P_2 在叉股上引起弯曲应力和拉应力。因此在叉股任意断面 I—I 上就作用着由多种力和力矩引起的应力。计算如下：

图7-8 叉头受力分析图

（1）对该截面 $x—x$ 轴的弯曲力矩：

$$M_{xx}=P \cdot x \qquad (7\text{-}16)$$

式中　x——P 的力臂，

$$x=(x_1+\tan\alpha)\cos\alpha=x_1\cos\alpha+y_1\sin\alpha \qquad (7\text{-}17)$$

x_1—— I—I 断面中性线的横坐标；

y_1—— I—I 断面中性线的纵坐标。

（2）拉力 N：

$$N=P\sin(\alpha+\beta) \qquad (7\text{-}18)$$

式中　β—— I—I 断面的倾角。

（3）对该截面 $y—y$ 轴的弯曲力矩：

$$M_{yy}=\frac{M}{2}\sin(\alpha+\beta) \qquad (7\text{-}19)$$

（4）扭转力矩：

$$M_{KP}=\frac{M}{2}\cos(\alpha+\beta) \qquad (7\text{-}20)$$

I—I 断面上应力的最大值通常是在 EF 线上的 B、E 点或 F 点。这些应力的组成部分如下：

（1）由主要弯曲力矩 M_{xx} 所产生的弯曲应力，这些弯曲应力在叉股的内表面（在 EF 线上）处等于

$$\sigma_{xxn} = \frac{M_{xx}}{W_{xxn}} \tag{7-21}$$

式中　W_{xxn}——该断面对于 x—x 轴的断面系数。

（2）由力 N 产生的拉应力

$$\sigma_N = \frac{N}{F} \tag{7-22}$$

式中　F——I—I 断面的面积。

（3）由力矩 M_{yy} 在 E 点或 F 点所产生的弯曲应力

$$\sigma_{yy} = \frac{M_{yy}}{W_{yy}} \tag{7-23}$$

式中　W_{yy}——该断面对于 y—y 轴的断面系数。

（4）扭转应力（最大值发生在 B 点）

$$\tau_B = \frac{M_{KP}}{W_{KP \cdot B}} \tag{7-24}$$

式中　$W_{KP \cdot B}$——I—I 断面在 B 点处的抗扭截面系数。

计算 I—I 断面的抗弯断面系数和抗扭截面系数
方法如下：

使 I—I 扇形断面等于梯形，见图 7-9。

$$W_{xxn} = \frac{3C_2^2 + 6C_2C_3 + 2C_3^2}{6(3C_2 + 4C_3)} \cdot C_1^2 \tag{7-25}$$

$$W_{yy} = \frac{C_2^3 + 3C_2^2C_3 + 4C_2C_3^2 + 2C_3^3}{6(3C_2 + 2C_3)} \cdot C_1 \tag{7-26}$$

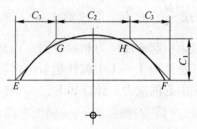

图 7-9　叉头断面形状等效图

断面 B 点处的抗扭截面系数可用下式计算

$$W_{KP \cdot B} = \frac{r^3}{2.86} \left(\frac{h}{r} \right)^{2.82} \tag{7-27}$$

式中　r，h——扇形弧的半径与扇形面的高。

B 点处的应力为：

$$\sigma_j = \sqrt{(\sigma_{xxn} + \sigma_N)^2 + 3\tau_{KP \cdot B}^2} \tag{7-28}$$

E 点及 F 点处的应力：

$$\sigma_j = \sigma_{xxn} + \sigma_{yy} + \sigma_N \tag{7-29}$$

叉头应力除上述材料力学计算方法外，还可以用经验公式进行计算。叉股内表面某一
点的最大应力经验公式为

$$\sigma_j = 35 \frac{M}{D^3} \left(\frac{D}{D-d} \right)^{1.25} \cdot k \tag{7-30}$$

式中　d——叉头镗孔直径，cm；

　　　D——叉头外径，cm；

　　　M——力矩，kN·cm；

　　　k——接轴倾角系数，

$$k = 1 + 0.05\alpha^{\frac{2}{3}} \tag{7-31}$$

当 $d = 0.5D$ 时

$$\sigma_j = 27.5 \frac{M}{D^3}(2.5k + 0.6) \tag{7-32}$$

7.3 十字轴式万向接轴

曾经广泛地应用于汽车工业的带有滚动轴承的十字轴式万向接轴,近年来越来越多地应用于轧机主传动中,并有逐步发展取代滑块式万向接轴的趋势,因为它具有如下优点:

(1) 传动效率高。由于采用滚动轴承,所以摩擦损失小,传动效率可达 98.7% ~ 99%,可降低电力消耗约 5% ~ 15%。

(2) 传递扭矩大。在回转直径相同的情况下,比滑块式万向接轴能传递更大的扭矩。

(3) 传动平稳。由于滚动轴承的间隙小,接轴的冲击和振动显著减小。

(4) 润滑条件好。用润滑脂润滑,易密封,没有漏油现象,耗油量小。

(5) 允许倾角大可达 10°~15°,用于立辊轧机可降低车间高度,节省投资。

(6) 适用于高速运转。

十字轴式万向接轴的缺点是叉头的强度较弱,外形尺寸大,十字头的同心度要求高,制作要求高。

轧机用的大型十字轴式万向接轴的结构,根据万向节的连接固定方式的不同,可分为轴承盖固定式、卡环固定式和轴承座固定式。

图 7-10 为轴承盖固定式十字轴式万向接轴的结构。此万向接轴主要由十字轴,带内、

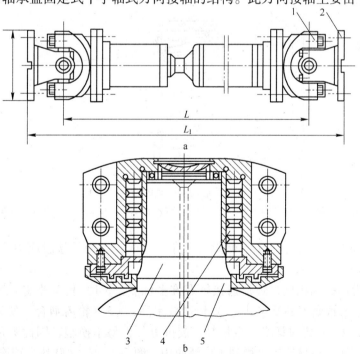

图 7-10 轴承盖固定式十字轴万向接轴

1—轴承盖;2—法兰叉头;3—综合式迷宫密封;4—滚子轴承;5—十字轴

外圈的多列短圆柱滚子轴承，止推轴承，综合式迷宫密封，轴承盖及法兰叉头等组成。采用多列短圆柱轴承，使滚子和内圈接触而不与十字轴轴颈接触，维修时只更换轴承。另外，还用滚子止推轴承代替了止推垫，增强了承受轴向载荷的能力。轴承盖、法兰叉头采用合金铸钢，十字轴承采用合金锻钢。

目前，十字轴式万向接轴在各行业中已趋于标准化。在设计万向接轴时，应尽量采用标准系列中的尺寸，然后根据最大工作扭矩进行强度校核计算。

万向接轴材质一般选用 40Cr、40CrNi、40CrNiMo 等合金钢，其 $R_m = 650 \sim 850\text{MPa}$。安全系数为 6。

7.4 弧形齿接轴

由于滑块式接轴润滑条件差，磨损严重，20 世纪 50 年代国外开始使用弧形齿接轴来代替滑块式万向接轴。

7.4.1 弧形齿接轴的结构

图 7-11 是弧形齿式接轴的结构，由外齿轴套 5、内齿圈 6 及中间接轴 1 等主要零件构成。外齿轴套的齿顶和齿根表面在轴向为圆弧形，齿廓母线即齿侧面呈腰鼓形，而与它相啮合的内齿圈是直齿渐开线齿（见图 7-12）。因此内齿圈和外齿套啮合时，允许其轴线互成一定角度或轴向移动。

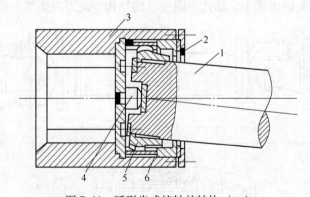

图 7-11 弧形齿式接轴的结构（一）

1—中间接轴；2—密封圈；3—连接套；4—球面顶头；5—弧形外齿轴套；6—内齿圈

弧形齿接轴工作倾角可达 6°。但随着倾角的增大，齿面的接触应力增加，传递扭矩的能力将显著降低。

与滑块式万向接轴相比，弧形齿接轴有许多优点：（1）传动平稳，冲击和振动小，有利于提高轧速和改善产品质量；（2）传动效率高；（3）轮齿啮合处便于密封和润滑，使用寿命更长；（4）结构紧凑，重量轻，装拆方便，易于换辊。因此弧形齿接轴在冷、热带材连轧机，线、棒材轧机上得到了广泛应用。图 7-13 是 1700 热带钢连轧机的弧形齿接轴。在某 2050 热轧机上应用的弧形齿接轴技术特性见表 7-3。

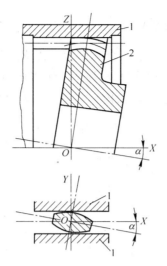

图 7-12 弧形齿式接轴的结构（二）

1—内齿圈；2—外齿套

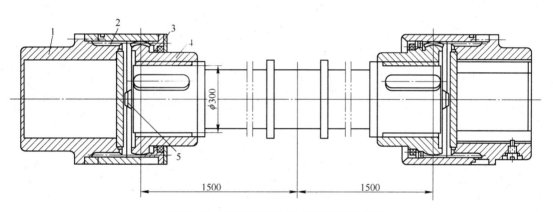

图 7-13 1700 热带钢连轧机的弧形齿接轴

1—轴套；2—内齿圈；3—密封圈；4—弧形外齿轴套；5—球面顶头

表 7-3 2050 轧机弧形齿接轴技术特性

机座号	功率/kW	额定扭矩/kN·m	转速/r·min⁻¹	负载偏角 δ/(°)	圆整偏角 δ/(°)	齿数	模数	长度补偿/mm
F1	5000	1310	0~36.47/80.24	−1.8	+1.7	54	12	200
F2	5000	860	0~55.55/131.11	−1.8	+1.7	54	12	200
F3	5000	564	0~84.64/99.69	−1.8	+1.7	54	12	200
F4	5000	341	0~140.24/330.98	−1.6	+1.73	48	12	200
F5	4500	224	0~192.31/453.85	−1.6	+1.73	48	12	200
F6	4500	172	0~250/550	−1.6	+1.73	48	12	200
F7	5000	96	0~250/630	−1.6	+1.73	48	12	200

7.4.2 弧形齿接轴的材质

齿接轴的外齿轴套及内齿圈都采用合金锻钢，淬火后齿面硬度大于 HRC50。例如在某 1700 冷轧机上应用的接轴的外齿轴套材质为 15CrNi6，内齿圈材质为 42CrNiMo。而在某 1700 热轧机上所用接轴的外齿轴套及内齿圈材质均为 37SiMn2MoV。

复　习　题

(1) 轧机用连接轴有几种类型？简述各自特点和使用条件。

(2) 掌握万向接轴的长度确定和安装方法。

(3) 掌握连接轴强度计算方法。

(4) 试说明轧辊平衡与接轴平衡的异同点。

8 轧机机座的刚性

本章概述

    轧机机座的刚性是轧机的一项重要性能指标。刚性与轧制时工作机座弹性变形量有直接关系。对于成品轧机，特别是宽度较大的薄钢板轧机，机座的弹性变形对轧机调整和轧件尺寸精度有很大的影响。因此，了解轧机机座刚性、刚性的影响因素及刚性的控制方法对于轧件的厚度方向尺寸精度控制具有重要意义。

8.1 轧机刚性与板厚差的关系

8.1.1 轧机的弹跳与刚性

    轧机在轧制时产生的轧制力，通过轧辊、轴承、压下螺丝、最后传递至机架，由机架来承受。轧机上的所有零部件在轧制力作用下都要产生弹性变形。因此，轧机受力时轧辊之间的实际间隙要比空载时大。通常我们将空载时的轧辊间隙称为原始辊缝 S_0，而把轧制时轧机的辊缝弹性增大量称为弹跳值。

    弹跳值是从总的方面来反映轧机机座受力后机座变形的大小，它与轧制力的大小成正比。在相同的轧制力作用下，轧机弹跳值愈小说明该轧机机座的刚性愈好。所以轧机机座刚性的概念是表示该轧机抵抗弹性变形的能力。

    任何轧机都有弹跳现象的存在，但这并不妨碍轧机轧出目标厚度的轧件，只需对轧机预设好原始辊缝，使弹跳后的辊缝值恰好与目标轧件厚度相同，就可以实现目的。但轧制薄钢板时，有时由于压下装置能力的限制，即使采用预压紧的办法，轧机的弹跳值仍然大于钢板厚度，这时就无法轧出较薄的钢板来，也就是说轧机弹跳值的大小将限制轧出板材的最小厚度。

    轧机弹跳值（或轧机刚性）对产品质量有很大影响，它是决定轧出钢板厚度波动量的主要因素之一，如果钢板的厚度波动差别过大，将使钢板成为不合格品。造成板厚波动的主要原因是在一道轧制过程中，当轧制压力由于某种原因而发生变化时（例如张力发生变化，轧件温度和机械性能不均匀等），辊缝的弹性增大量也随着变化，轧机辊缝弹性增大量的变化就是轧出钢板板厚的变化。

8.1.2 轧机的弹性变形曲线与轧件的塑性曲线

    我们可以通过轧机的弹性变形曲线来理解轧制力变化对辊缝弹性增大量的影响。见图

8-1。纵坐标表示轧制力，横坐标表示轧辊的开口度。曲线与横坐标轴的交点，即为原始辊缝 S'_0。随轧制力增大，轧辊的开口度加大。由图 8-1 可以看出，在轧制负荷较低时有一非线性线段，但是在高负荷部分曲线的斜率逐渐增加，而趋向于一固定值。曲线的斜率就是机座的刚性系数，所以轧机的刚性系数可以定义为：当轧机的辊缝值产生单位距离的变化时所需的轧制力的增量值，即

$$K = \frac{\Delta P}{\Delta f} \tag{8-1}$$

式中　Δf——弹跳值的改变量。

当轧机弹性变形曲线为一直线时，刚性系数可以表示为

$$K = \frac{P}{f} \tag{8-2}$$

式中　f——弹跳值。

上式说明，轧机弹性变形曲线愈陡，系数愈大，则轧机的刚性也愈好。

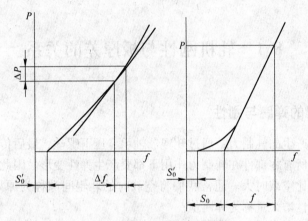

图 8-1　轧机的弹性变形曲线

如果轧机的弹性变形曲线为一直线（见图 8-2a），可知轧出钢材的厚度为：

$$h = S_0 + f = S_0 + \frac{P}{K} \tag{8-3}$$

即

$$P = K(h - S_0) \tag{8-4}$$

式（8-3）和式（8-4）为轧机的弹性变形曲线方程，反映了轧制力与轧件厚度的关系。而就轧件而言，根据塑性加工力学可知，轧制力大小又与轧件变形时的压下量 Δh 值有关，用塑性变形方程表示为

$$P = p_m b \sqrt{R \Delta h} = p_m b \sqrt{R(H-h)} \tag{8-5}$$

式中　p_m——平均单位压力；

H，h，b——分别为坯料厚度、板的厚度与宽度；

　　　R——轧辊半径。

塑性变形方程为一非线性方程，所以其塑性变形曲线非直线（如图 8-2b 所示）。

在一台轧机上，作用于轧机的力 P 与使轧件变形的轧制力 P 是成对出现的作用力与

反作用力，两者应该相等，因此联立公式（8-4）和式（8-5）求解，即可求得轧件的厚度。图 8-2c 中轧机弹性变形曲线与塑性线的交点称为工作点，工作点对应的厚度就是板厚。

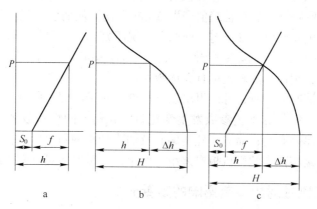

图 8-2　轧制时的工作特性
a—轧机的弹性线；b—轧件的塑性线；c—轧制时的 $P—H$ 图

8.1.3　轧机刚性对板厚差影响的定性分析

（1）由于轧件变形抗力、摩擦系数和张力等外部因素发生变化的情况。如图 8-3a 所示，在轧制过程中轧件变形抗力、摩擦系数和张力等外部因素发生变化，轧件塑性曲线由 B 变为 B'。这时对于刚性系数不同的两条弹性变形曲线而言，显然轧机的刚性愈大，外部因素改变对轧出板厚的影响愈小，即 $h-h_1<h-h_2$。如果要求板厚的波动——板厚差 δ 小，则轧机的刚性越大越有利。

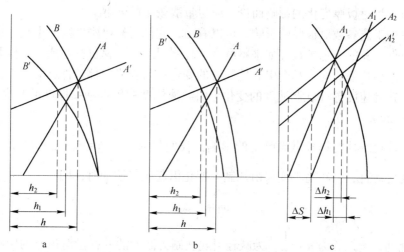

图 8-3　轧机刚性对板厚变化的影响
a—变形抗力发生变化；b—来料厚度不均匀；c—轧辊偏心和轴承油膜厚度改变

（2）板坯厚度不均匀的情况。在生产过程中可能出现两块板坯厚度不同或轧制时同一块板坯长度方向厚度不均的情况，均会造成板厚的变化或波动。图 8-3b 表示板坯厚度不均匀引起塑性变形曲线的改变。这时轧机刚性对板厚的影响与前一种情况相同，也是轧机的刚性越大，板坯厚度变化对轧出板厚的影响越小。同样，如果要求板厚波动小，则轧机的刚性大越大越有利。

（3）轧辊偏心及油膜轴承油膜厚度变化的情况。图 8-3c 表示由于轧辊偏心及油膜轴承油膜厚度变化的影响，使轧辊辊缝值产生 ΔS 的变化，从而引起板厚的变化。在这种情况下，轧机刚性对板厚变化的影响与上面两种情况正好相反。对于刚性大的轧机，轧辊偏心及轴承油膜厚度变化引起钢厚的变化也大，即 $\Delta h_1 > \Delta h_2$。故对于轧辊偏心这种因素所引起轧制状态改变，刚性小的轧机更具有优越性。

综合上述 3 种情况的分析，可以得出以下结论：对于类似轧件变形抗力、摩擦系数和张力、轧件温度等这些外部工艺参数发生变化时，轧机的刚性系数越大，板厚的波动越小，即对于减小板厚差有利；而对于轧辊偏心及油膜轴承油膜厚度变化这类轧件内部工艺参数变化时，反而是刚性小的轧机板厚差小，对于减小板厚差更具有优越性。

8.1.4 轧机刚性对板厚差影响的定量分析

前面通过 P-H 图就工艺参数变化对板厚差的影响做了定性的分析。下面从理论上对刚性系数与板厚差的关系进行分析。

轧机由于外扰作用，势必会影响钢板的板厚波动。所谓外扰作用是指轧制过程中工艺参数的变化。这些工艺参数诸如来料厚度、轧制温度、摩擦系数、轧制速度、钢材的机械性能、张力和轧辊偏心等。工艺参数发生变化，对钢板板厚波动的影响，可用下式表示

$$\delta h = m \Delta x \tag{8-6}$$

式中 δh——钢板板厚偏差；

x——泛指各种工艺参数；

m——扰动影响系数。

就减弱外扰对板厚变化的影响而论，应尽量取较小的 m 值。

分析各种工艺参数对板厚的影响，可以看出，它们对轧机刚性的要求是不相同的。与轧机外部条件有关的工艺参数，如来料厚度、轧制温度、钢材机械性能、摩擦系数、张力等，这些工艺参数的改变，都会引起轧制力的变化；与轧机内部条件有关的工艺参数，如轧辊偏心、轧制速度等（轧制速度的变化会引起液体摩擦轴承油膜厚度的改变），都会造成辊缝值的波动。

为求出轧机刚性对钢板纵向厚度的影响，我们先对公式 $h = S_0 + \dfrac{P}{K}$ 求增量。对于外部工艺参数变化而言，当辊缝不变仅由轧制力变化引起板厚波动时，则

$$\delta h = \frac{1}{K} \Delta P \tag{8-7}$$

此时扰动影响系数为 $m = \dfrac{1}{K}$，为减轻引起轧制力波动的外扰量对板厚的影响，应采用刚性系数大的轧机。

当辊缝由于轧辊偏心和轴承油膜厚度波动而变化时，轧制力也随之而变，这时引起的板厚变化为

$$\delta h = \Delta S + \frac{\Delta P}{K} \tag{8-8}$$

而
$$\Delta P = -\frac{\partial P}{\partial h}\delta h \qquad (8-9)$$

式中，$\frac{\partial P}{\partial h} = M$，称为材料的塑性系数。将上式代入公式（8-8），并经过化简得

$$\delta h = \frac{K}{K+M}\Delta S \qquad (8-10)$$

此时扰动影响系数为 $m = \frac{K}{K+M}$。为了尽量减轻轧辊偏心和轴承油膜厚度波动等外扰量对板厚的影响，应采用刚性系数小的轧机更为有利。

8.2 轧机刚性与轧机控制性能的关系

由于弹跳现象的存在，使得工艺参数变化时避免不了产生板厚差。为了消除这种板厚差，目前采用的最有效最先进的方法是采用厚度自动控制轧机。在这种带有厚度自动控制装置的轧机上，当轧制过程中由于某工艺参数改变，引起钢板厚度偏离给定值时，自动控制系统立即发出信号，调节轧机的某一参数，纠正钢板的偏差（简称纠偏）。目前轧机上可供控制的调节参数有：（1）调整轧机的压下，改变给定的轧辊辊缝值；（2）调节轧机的前后张力；（3）调节轧制速度。所谓轧机的控制性能，就是指调节这些参数时，轧机对钢板厚度的纠偏能力。可用下式表示

$$\delta h = Q\Delta Y \qquad (8-11)$$

式中　Y——泛指各控制参数；

　　　Q——控制灵敏度。

就提高控制系统的纠偏能力而论，应尽量提高控制灵敏度。

各种控制参数对板厚的纠偏能力，对轧机刚性的要求是不相同的。下面分析不同情况下刚性系数对纠偏能力的影响。

采用增量方程来研究，首先分别写出调节每个控制参数时的增量方程。

（1）调整压下改变原始辊缝值时，纠偏量 δh 为

$$\delta h = \frac{K}{K+M}\Delta S \qquad (8-12)$$

此时控制灵敏度 $Q = \frac{K}{K+M}$，为了提高调压下对钢板纠偏的能力，采用刚性大的轧机为宜。

（2）调节张力时，一般原始辊缝不变，所以

$$\delta h = \frac{1}{K}\Delta P \qquad (8-13)$$

而压力的波动既受张力变化的影响，又受压下量变化的影响，因此有

$$\Delta P = -\frac{\partial P}{\partial T}\Delta T - \frac{\partial P}{\partial h}\delta h \qquad (8-14)$$

式中，$\dfrac{\partial P}{\partial h} = M$ 为材料的塑性系数，将上式代入公式（8-13），并化简得

$$\delta h = \frac{-\dfrac{\partial P}{\partial T}}{K+M}\Delta T \tag{8-15}$$

此时控制灵敏度 $Q = \dfrac{-\dfrac{\partial P}{\partial T}}{K+M}$，为了提高调张力对钢板纠偏的能力，采用刚性小的轧机具有更好的效果。

（3）调节轧制速度时，情况与调张力相同，也有

$$\delta h = \frac{-\dfrac{\partial P}{\partial V}}{K+M}\Delta V \tag{8-16}$$

此时控制灵敏度 $Q = \dfrac{-\dfrac{\partial P}{\partial V}}{K+M}$，为了提高调节轧制速度对钢板纠偏的能力，也应采用小刚性轧机。

8.3　轧机刚性系数可任意调节问题

轧机的刚性系数是反应轧机能力的一个固定常数。当轧机设计制造成以后，它的刚性系数就被确定下来了。虽然刚性系数在生产过程中随着轧制速度和轧件宽度的变化而有所改变，但这只是在轧机刚性系数附近的小幅度变动。如前面所述，生产过程对轧机刚性的要求，有些情况下希望大些，而在另外一些情况下又希望小些，尤其在连轧机上前几架和后几架取不同的刚性系数值，才能获得最佳的控制效果，最理想的轧件尺寸公差和良好的板形。也就是说生产过程中希望能够改变轧机的刚性，以满足生产时的不同要求。

在有厚度自动控制装置的轧机上，可以实现轧机刚性系数可调的愿望。这里讲述实现轧机刚性系数可调的基本控制思想。钢板轧机厚度自动控制的原理是基于轧机的弹跳方程或它的偏差方程

$$h = S_0 + \frac{P}{K}$$

$$\delta h = \Delta S + \frac{\Delta P}{K} \tag{8-17}$$

如果在轧制过程中能随时保证

$$\delta h = \Delta S + \frac{\Delta P}{K} = 0 \tag{8-18}$$

即当轧制温度、来料厚度、轧件材质等因素发生变化，而引起轧制力波动时，板厚要随之发生变化。如果控制系统以极高的速度调节轧辊间的辊缝值，使其刚好抵消轧制力波动引起的板厚变化，则可维持板厚不变。

实际工作过程如图 8-4 所示。四辊轧机的轧制力 P 由安装在压下螺丝端头上的测压仪测得，并与压力 P_0 比较得压力偏差 ΔP。轧辊辊缝由液压缸推动下辊轴承座来调节，辊缝值 S 由装于液压缸上的位移传感器来测量，并与给定原始辊缝值 S_0 比较得辊缝偏差 ΔS。ΔP 乘以 $\dfrac{1}{K}$ 后再与 ΔS 相加。如果 $\Delta S + \dfrac{\Delta P}{K}$ $\neq 0$，则控制系统输出一信号给伺服阀，使液压缸动作，直到 $\Delta S + \dfrac{\Delta P}{K} = 0$ 时，伺服阀才停止动作。这就是板厚自动控制的基本原理。

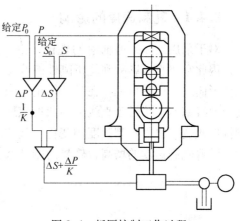

图 8-4　板厚控制工作过程

假设 $\dfrac{\Delta P}{S}$ 和 ΔS 以不同比例反馈，使

$$\Delta S + \alpha \frac{\Delta P}{K} = 0 \tag{8-19}$$

式中　α——轧机刚性可控系数。

这只要在 $\dfrac{\Delta P}{K}$ 信号之后，加一比例系数可调的乘法器即可做到。将公式（8-19）代入公式（8-17），得

$$\delta h = (1-\alpha)\frac{\Delta P}{K} \tag{8-20}$$

这时，根据刚性系数的概念，认定轧机的系统刚性系数为

$$K_c = \frac{\Delta P}{\delta h} = \frac{K}{1-\alpha} \tag{8-21}$$

适当地选择轧机刚性可控系数 α，改变轧机的刚性，其关系为（见图 8-5）：

当 $\alpha = 1$ 时，$K_c = \infty$，$\delta h = 0$，此为等厚轧制过程。

当 $\alpha = 0$ 时，$K_c = K$，$\delta h = \dfrac{\Delta P}{K}$，此为无控制轧制过程。

当 $\alpha = \infty$ 时，$K_c = 0$，$\Delta P = 0$，此为等压轧制过程。

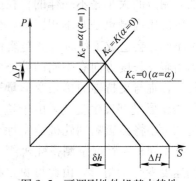

图 8-5　可调刚性轧机基本特性

8.4　影响轧机刚性的因素

一般来说，当一台轧机设计制造成以后，它的刚性系数就基本被确定下来了。但是在小范围内，刚性系数也要随外界条件的改变而变化。影响刚性系数的外界因素有两个——轧制速度和轧件宽度。

8.4.1 轧制速度的影响

对于采用液体摩擦轴承的轧机，由于轴承的油膜厚度在生产过程中是经常发生变化的，因此它将直接影响到轧机刚性的改变。图 8-6a 表示在不同轧制速度下测得的轧机弹性变形曲线。由图可见，在某一恒定轧制速度下，当轧制力大于某一定值时，轧机的弹性变形曲线基本上接近于直线，因此近似地认为轧制力的变化对轧机刚性不发生影响。轧机刚性的改变主要由轧制速度的变化引起的。轧制速度与轧机刚性系数的关系如图 8-6b 所示，随着轧制速度的增高，轧机的刚性系数下降。

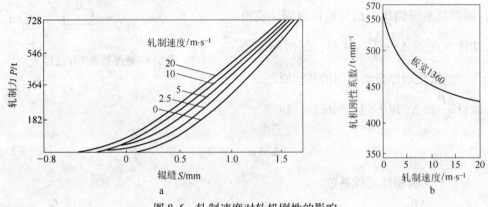

图 8-6　轧制速度对轧机刚性的影响
a—不同轧制速度下的轧机弹性变形曲线；b—轧机刚性与轧制速度的关系

8.4.2 板宽的影响

在轧制不同宽度的钢板时，单位板宽上的轧制力的大小是不一样的，在变形区中工作辊的压扁量也是互不相同的。另外由于板宽不同，会造成工作辊与支持辊间的接触压力沿辊身长度方向有不同的分布情况，从而使工作辊与支持辊的接触变形量和支持辊的弯曲变形量都发生变化。由于这些原因，板宽的大小将会影响到轧机的刚性。图 8-7 表示在不同板宽情况下测得轧机刚性系数随轧制速度变化的情形。由此可见，板越窄，轧机刚性系数下降越多。

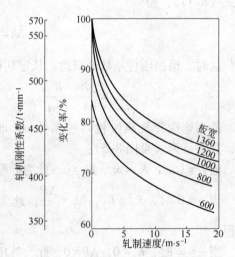

图 8-7　板宽对轧机刚性的影响

8.5　提高轧机刚性的措施

从轧机弹跳方程 $h = S_0 + \dfrac{P}{K}$ 可以看出，对于克服由于轧制力的波动而引起板厚的变化，轧机的刚性系数愈大愈有利。因此一般情况下均希望尽可能地增大轧机的刚性。目前在板轧机设计中，有增大立柱断面和各受力零部件尺寸的趋势。用增大轧机零部件尺寸的方法来提高轧机刚性是有一定限度的，一方面它遇到像机架这样巨大零件在制造、加工和运输方面的困难，另一方面由于轧辊间以及轧辊和轧件间接触变形的不可避免，而且随着轧辊尺寸加大，接触变形也要增加，它约占总变形的 15%~50%。所以提高轧机刚性一般采取两个措施：（1）缩短轧机应力回线的长度；（2）对机座施加预应力。

8.5.1 缩短轧机应力回线的长度

在普通轧钢机座中，轧机的弹性变形 f 可近似地用各受力部件的变形之和来表示，即

$$f = \frac{P}{E}\left(\frac{l_2}{2F_2} + \frac{l_3}{F_3} + \frac{l_3'}{F_3'} + K\frac{l_1^3}{I_1}\right) \tag{8-22}$$

式中　l_2，F_2——机架立柱的长度和断面积；

　　　l_3，F_3——上辊轴承至上横梁的长度及压下螺丝的断面积；

　　　l_3'，F_3'——下辊轴承座高度及断面积；

　　　l_1，I_1——上下横梁的长度及断面惯性矩；

　　　　K——系数。

由上式可看出，在一定的轧制力作用下，轧机的弹性变形是受力零件的长度和断面积的函数。靠增加轧机各零件的断面积和惯性矩会增加设备重量，所以减少轧机弹性变形增大轧机刚性的唯一办法，就是尽可能地减少轧机中受力零件的长度。由图 8-8a 可知，轧机中受力零件长度之和就是该轧机应力回线的长度，因此缩短轧机应力回线的长度，便能提高轧机的刚性。

根据这个原理设计成的轧机，称为短应力回线轧机。该轧机取消了长度较大的受力件机架，而在轧辊的每侧用两个拉紧螺栓将刚性很大的两个轴承座固定在一起（图 8-8b），缩短了轧机应力回线的长度，使轧机具有较大的刚性。同时两螺栓在轧辊轴承外圈允许的条件下，尽量靠近安装，以减小公式（8-22）中 l_1 的数值。这种轧机也称无牌坊轧机，或称悬挂式轧机。它可制成二辊、三辊或四辊形式，用于线材、型钢、中厚板及板带材轧机上。

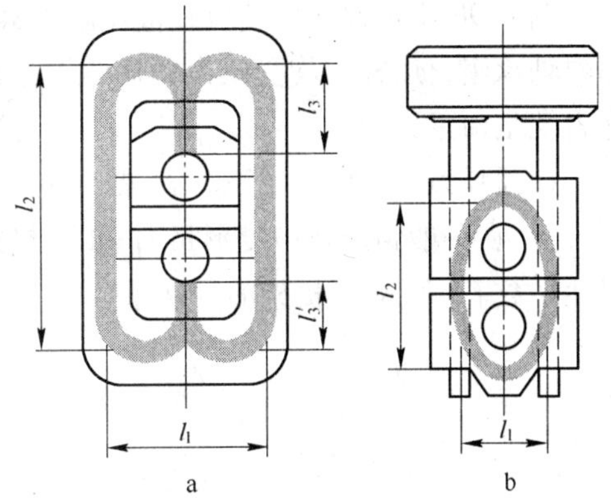

图 8-8　轧机的应力回线
a—有机架；b—无机架

8.5.2 对机座施加预应力

如果在轧制前对轧机施加预应力，那么轧机在轧制时的变形量可大大减小，从而提高了轧机的刚性。凡是轧辊未受力就使机架和轴承座处于受力状态的轧机，都称为预应力轧机。

预应力轧机的种类很多，有小型型钢轧机上用的预应力轧机，也有薄板和中厚板轧机上用的预应力轧机，它们的结构形式各不相同，而且有多种施加预应力的方案。图 8-9 表示出两种四辊预应力轧机的结构示意图。它们都是采用闭式机架，这和普通四辊轧机是相

同的，所不同的是在图 8-9a 所示的预应力轧机的支撑辊轴承座之间装设有推力的液压缸；在图 8-9b 所示的预应力轧机的窗口内装设有两个调整螺栓，它们通过两根预应力压杆压在下支撑辊轴承座上，在下横梁上装有液压缸。液压缸在轧制前充油加载，使轧钢机架、调整螺栓、预应力压杆和下轴承座处于预先受力状态。这两种形式的预应力轧机虽然结构不同，但是它们的工作原理是一样的。机架上部的压下螺栓是调整上下辊之间距离用的。

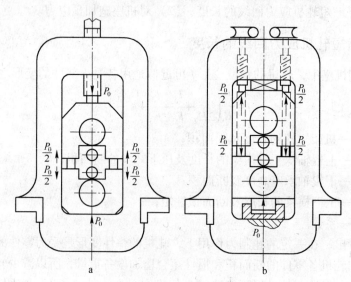

图 8-9　四辊预应力轧机
a—预应力液压缸形式；b—预应力压杆形式

　　图 8-9b 所示预应力轧机在液压缸加载时机架受拉力，而其他部件如调整螺旋、下支撑辊轴承座、压杆等均受压力。显然作用在机架上的力与作用在其他部件上的力时相等，这力就是预紧力 P_0。

　　在预紧力 P_0 的作用下，机架产生拉伸变形 l_1，其他部件产生压缩变形 l_2（见图 8-10）。在一般情况下，变形量 l_1 和 l_2 与预紧力 P_0 呈线性关系，它们的比值就是各自的刚性系数 K_1 和 K_2。机架的刚性系数

$$K_1 = \frac{P_0}{l_1} = \tan\alpha \qquad (8-23)$$

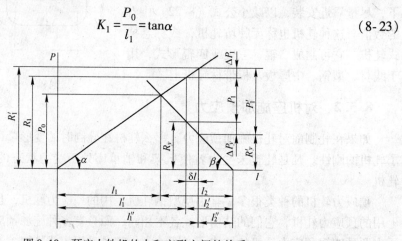

图 8-10　预应力轧机的力和变形之间的关系

其他受压部件的系统刚性系数

$$K_2 = \frac{P_0}{l_2} = \tan\beta \tag{8-24}$$

轧制时在一侧机架上作用有轧制力 P_1，这时机架受力增加到 R_1，相应的变形量为 l'_1，与此同时，其他受压件出现弹性松弛，作用力减小到 R_y，相应的变形量为 l'_2。显然

$$P_1 = R_1 - R_y \tag{8-25}$$

当轧制压力发生波动而使作用在一侧机架上的轧制力变化到 P'_1 时，机架和其他受压件的变形量相应为 l''_1、l''_2。这时每侧机架上轧制力波动量为

$$\Delta P_1 = P'_1 - P_1 = \Delta P_1 + \Delta P_y \tag{8-26}$$

式中　ΔP_1——作用在机架上的轧制压力改变量；

ΔP_y——作用在其他受压件上的轧制压力改变量。

由此引起轧件纵向厚度偏差 δl 为：

$$\delta l = \frac{\Delta P_1}{K_1 + K_2} \tag{8-27}$$

所以预应力轧机的系统刚性系数 K 为

$$K = K_1 + K_2 \tag{8-28}$$

对于同样轧机，即轧机刚性系数仍为 K_1，其他受压件的刚性系数仍为 K_2，如果不施加预应力，则当轧制力 P_1 也增加 ΔP_1 时，这时轧钢机座的总变形应为

$$\Delta l = \Delta l_1 + \Delta l_2 = \frac{\Delta P_1}{K_1} + \frac{\Delta P_2}{K_2}$$

即

$$\Delta l = \frac{\Delta P}{\dfrac{K_1 K_2}{K_1 + K_2}} \tag{8-29}$$

所以普通轧机的系统刚性系数 K' 为

$$K' = \frac{K_1 K_2}{K_1 + K_2} \tag{8-30}$$

由此可知，预应力轧机比普通轧机刚性增大的倍数 η 为

$$\eta = \frac{K}{K'} = \frac{\dfrac{K_1 + K_2}{K_1 K_2}}{\dfrac{K_1 K_2}{K_1 + K_2}} = \frac{(K_1 + K_2)^2}{K_1 K_2} = 2 + \frac{K_1}{K_2} + \frac{K_2}{K_1} \tag{8-31}$$

当 $K_1 = K_2$ 时，$\eta = 4$，这时轧机刚性增大的倍数为最小，而当 K_1 与 K_2 相差悬殊时，刚性增大的倍数更为显著。以上计算是在未考虑轧辊变形的情况下进行的，因此是个近似值，实际增大倍数要比计算值略小。

预应力轧机发展很快，目前主要用在小型、线材和薄板等要求精度高的轧机上，在中板轧机上也有采用。

复 习 题

(1) 什么是轧机的弹跳?

（2）轧机的刚性系数是如何定义的？

（3）轧机的系统刚性与轧机的刚性有什么不同？

（4）画 *P-H* 图定性说明，轧制时当轧件温度发生变化时，轧机的刚性系数对于纵向板厚差的影响。

（5）轧制过程中为纠正厚度偏差，可以调整哪些参数？在调整这些参数时，刚性系数是大有利还是小有利？

（6）提高轧机刚性的措施有哪些？

（7）什么是预应力轧机？

（8）画图说明为什么预应力轧机能够提高轧机的刚性？

（9）在一台刚性系数 $K=6MN/mm$ 的四辊轧机上生产 0.5mm 厚的带钢，来料厚度波动在 0.75~0.8mm 范围内。由于轧机采用了恒辊缝控制系统，可以保证轧出厚度均为 0.5mm。轧制过程中仪表指标最大轧制力 2.4MN，最小轧制力 2.0MN。若轧机厚控系统出故障停止运行，所轧带钢厚度波动范围多大？

9 轧管设备

本章概述

  管材是一种经济断面型材,广泛应用于各工业部门,在国民经济和人们生活中占有重要的地位。钢管可分为无缝钢管和焊接钢管,其生产方法主要有热轧法(包括挤压)、焊接和冷加工三大类。无缝钢管以轧制方法为主,有色金属无缝管以挤压方法为主。热轧机组的具体名称以该机组品种规格和轧管机类型来表示。如 250 限动芯棒连轧管机组,其中250 是指该机组所能生产钢管的最大规格外径为 250mm,而轧管机型式是限动芯棒连轧管机。焊管机组的具体名称以其产品规格、成型方法和焊接方式来表示。如产品外径范围为$\phi20\sim102mm$,采用直缝连续成型和高频电阻焊的机组表示为 20~102 连续高频电阻焊管机组。管材冷加工是钢管的二次加工,是生产高精度、高性能钢管的重要方法。冷加工主要方法有冷轧、冷拔和冷旋压。冷轧机和冷旋压机的规格用其产品规格和轧机型式表示,冷拔机规格用其允许的额定拔制力来表示。如 LG-150 表示成品最大外径为 $\phi150mm$ 的二辊周期式冷轧管机;LD-30 表示成品最大外径为 $\phi30mm$ 的多辊式冷轧管机;LB-100 表示拔制力额定值为 1000kN 的冷拔管机。其中应用最广泛的冷加工方法是冷轧和冷拔。

9.1 热轧管机

  热轧法是生产无缝钢管的主要方法,其生产方法和机组型式多种多样。主要的热轧无缝钢管机组型式有自动轧管机组、连续轧管机组、三辊斜轧轧管机组、二辊斜轧轧管机组、周期轧管机组和顶管机组等。各机组之间虽有差别,但生产工艺过程大体相同,主要有坯料准备、坯料加热、穿孔、轧管、定(减)径和精整等。每个工序均需配备相应的机械设备,图 9-1 为 $\phi168mmPQF$ 连轧管机组生产工艺流程示意图。

9.1.1 穿孔机

  穿孔机是无缝钢管生产的主要设备之一,对无缝钢管的坯料成本、品种规格及成品质量有很大影响。根据穿孔机的结构和穿孔过程变形特点的不同,穿孔机可分为两大类,一类是压力穿孔机,另一类为斜轧穿孔机。斜轧穿孔机根据轧辊形状及导卫装置的不同而演变了多种类型,如曼内斯曼穿孔机、狄塞尔穿孔机、锥形辊穿孔机(菌式穿孔机)以及三辊穿孔机等,几种穿孔方法示意图如图 9-2 所示。目前应用最广的是斜轧穿孔机。

  二辊斜轧曼内斯曼穿孔机是最早应用的穿孔设备,其他穿孔机都是在它基础上或其后发明和应用的。该穿孔机是由两个相对轧制线倾斜布置的主动轧辊和两个固定不动的导板,以及一个位于中间的顶头构成一个封闭孔型。一般的二辊斜轧穿孔机,轧辊左右布

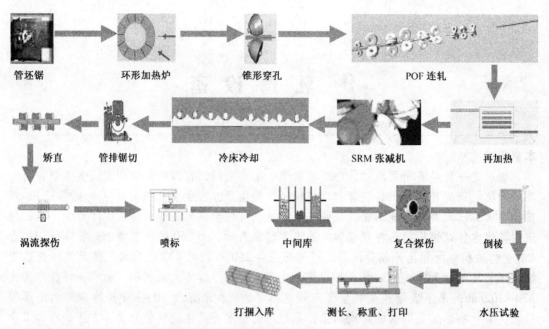

管坯锯   环形加热炉   锥形穿孔   POF 连轧

矫直   管排锯切   冷床冷却   SRM 张减机   再加热

涡流探伤   喷标   中间库   复合探伤   倒棱

打捆入库   测长、称重、打印   水压试验

图 9-1   φ168mm PQF 连轧管机组生产工艺流程示意图

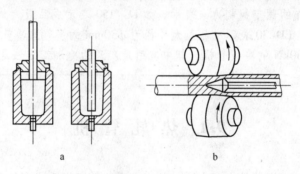

a   b

图 9-2   穿孔方法示意图

a—压力穿孔；b—斜轧穿孔

置，导板上下布置，称二辊卧式斜轧穿孔机。若轧辊上下布置，导板左右布置，则称立式斜轧穿孔机。

三辊斜轧穿孔机以 3 个主动轧辊和一个顶头构成封闭的环形孔型，因而取消了导板。轧辊的形状为桶形，3 个轧辊都与轧制线相交一个角度，轧辊转动方向均相同。该穿孔机可穿制低塑性的金属；所穿毛管内外表面质量好，变换规格方便，穿孔效率高，但不能穿制薄壁毛管。

压力穿孔是将方形或多边形钢锭放在挤压缸内，挤成中空体。可用于穿制钢锭、连铸方坯和低塑性的材料，但由于生产率低、偏心大，已很少使用。

穿孔机的发展主要围绕提高穿孔的壁厚精度，改善内外表面质量、扩大并适应难变形金属，以及提高穿孔效率等方面。

9.1.1.1 狄塞尔穿孔机

狄塞尔穿孔机于 1972 年出现于德国，它是在曼内斯曼穿孔机的基础上演变而来的。

用主动导盘代替导板,轧辊上下布置,导盘左右布置,可穿连铸坯,穿孔效率高,作为高效、优质的穿孔机正被广泛使用。

A 狄塞尔穿孔机的特点及主要技术性能

狄塞尔穿孔机的主要特点是轧辊上下布置,每个轧辊都由直流电机单独传动。这种布置方式使主传动中心线能适应轧辊的倾角,且与轧制线成倾斜布置,可使轧辊的倾角在5°~15°范围内无级调整,可调范围增大,由此可轧钢种的范围也扩大。轧制中心线两侧的水平方向上分别布置两只导盘,导盘由液压马达传动,其线速度大于毛管出口速度,有助于穿孔速度的提高,同时改善了金属变形条件。由于导盘转动,延长了导盘的使用寿命,也使变形区的几何形状相对稳定,有利于提高穿孔后毛管的精度和表面质量。在穿孔机的出口侧,设有顶杆自动循环冷却系统,使穿孔后的辅助时间大大缩短。狄塞尔穿孔机减少了顶头前的孔腔形成,实现了连铸圆坯穿孔,作为高效、优质的斜轧穿孔机之一,已广泛用于各类机组中,尤其在高生产率的连轧管机组中充分发挥了作用。狄塞尔穿孔机的主要技术参数如表9-1所示。

表9-1 某厂穿孔机技术参数

传动部分						
传动方式	功率 /kW	转速 /r·min⁻¹	轧辊倾角调整/(°)	型式	减速比 i	中心距 A /mm
直流电机一级减速单独传动	2×2600	50~230(电机调节) 230~440(磁场调节)	5~15 无级调节	一级斜齿圆柱齿轮	1.8947	815

导盘				导盘水平间距调整		
直径 /mm	转速 /r·min⁻¹	传动方式	电机转速 /r·min⁻¹	调整电机 /kW	垂直调节 /mm	锁紧
1847~1697	0~26	液压马达	0~46	2.2	±12	液压锁紧

工作轧辊					轧辊倾角调整	
直径 /mm	辊身长度 /mm	转速 /r·min⁻¹	轧制力最大 /kN	平衡方式	锁紧方式	
1000~1150	670	30~150	3000	液压平衡	液压	

轧辊压下(压上)装置					轧辊倾角调整	
速度/mm·s⁻¹		传动电机			调整速度 /s	电机功率 /kW
慢速	快速	型式	功率 /kW	转速 /r·min⁻¹		
0.102	1.02	交流电机传动	22	1000	2.97	5.5

B 穿孔机的结构

穿孔机本体由轧辊主传动装置、轧辊座(由轧辊、轴承座及转鼓组成)、轧辊压下及平衡装置、轧辊倾角调整及锁紧装置、导盘传动、导盘调整及锁紧装置以及机架等组成。穿孔机前台主要由推钢机等组成,穿孔机后台由三辊定心装置等组成,并辅以顶杆自动循环冷却装置,穿孔机的平面布置图如图9-3所示。

穿孔机的轧辊装配如图9-4所示。轧辊的轴承采用滚动轴承,径向力由轧辊两侧的四

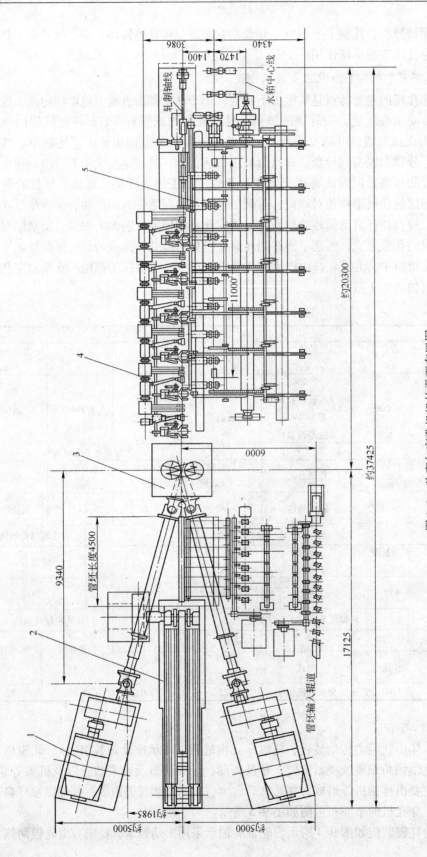

图 9-3　狄塞尔穿孔机组的平面布置图

1—主传动装置；2—推钢机；3—狄塞尔穿孔机；4—三辊定心装置；5—顶杆自动循环冷却装置

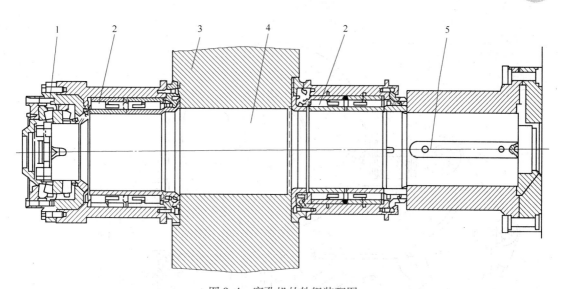

图 9-4　穿孔机的轧辊装配图

1—双列推力向心球面滚子轴承；2—四列圆柱滚子轴承；3—轧辊；4—主轴；5—键

列圆柱滚子轴承承受，轴向力由轧辊出口侧的双列推力向心球面滚子轴承承受，两侧的轴承组件均采用单独可换式结构，整体装卸。轧辊轴承座由压板直接固定在转鼓内。

　　送进角调整及锁紧装置如图9-5所示。轧辊的倾角调整范围为 5°~15°，采用电动无级调节。送进角调整装置是由交流电机、蜗轮减速机、螺杆等组成，螺杆位置确定了送进角的大小。送进角的锁紧是由液压缸的推紧及调整螺杆的自锁作用来实现。

　　狄塞尔导盘由盘体与环套组成，盘体与环套热装配合。导盘结构如图9-6所示。导盘由液压马达通过一级圆锥齿轮及一级圆柱齿轮传动，可进行无级调速以适应轧制速度变化的需要。整个导盘机构与机架铰接，利用液压缸可使导盘绕支点旋转并移出机架，以便于导盘的更换。为了满足孔型调整的需要，导盘至轧制线的水平距离和导盘在高度方向的位置都可进行调整。导盘至轧制线的水平距离由电动机通过圆锥齿轮箱及螺杆提升机构进行调整。导盘的位置确定以后，就利用液压缸进行锁紧。导盘在高度方向的位置可以通过手柄来进行手动调整。

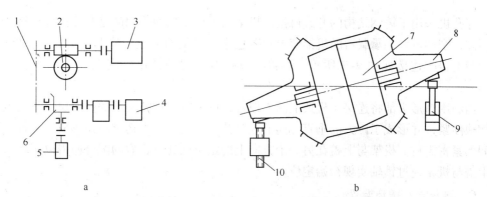

a　　　　　　　　　　　　　　　　　　b

图 9-5　送进角调整及锁紧装置

1—键传动；2—蜗轮减速装置；3—交流电机；4—主令控制器（仿形装置）；5—脉冲发生器；
6—圆锥齿轮减速箱；7—轧辊；8—转鼓；9—液压缸；10—调整螺杆

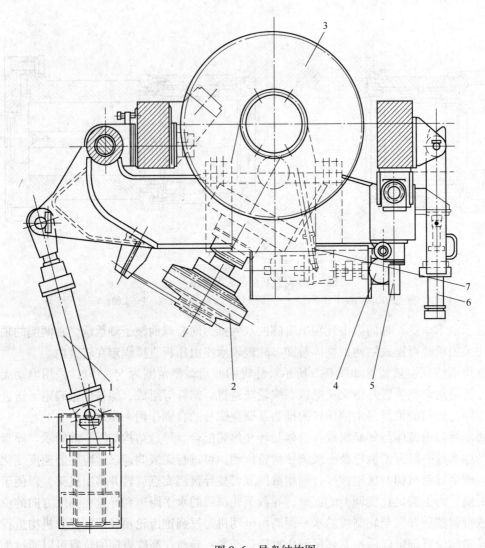

图 9-6　导盘结构图

1, 6—液压缸；2—液压马达；3—导盘；4—圆锥齿轮箱；5—螺杆提升机构；7—手柄

　　穿孔机采用了铸钢结构的开式机架。机架与下横梁之间采用的是套筒拉杆连接、预应力装配，刚性较好，承载后的机架变形程度也小。机架的 4 根立柱上分别装有 4 根拉杆，机架与上盖的连接如图 9-7 所示。上盖上铰接有 4 只液压缸，液压缸活塞杆的头部为∩形。

　　当利用∩形头部将连接于机架上的 4 根拉杆拉入时，拉杆头部的弧形块恰与上盖上的斜楔块锁紧，并形成了巨大的垂直方向的锁紧拉力。这个拉力通过斜楔形成了上盖与机架之间的紧密定位。机架与上盖在另一个方向上的定位则通过台肩的配合而得以实现。吊装时上盖与机架通过锁轴实现初始定位。

　　C　顶杆自动循环装置

　　为了提高穿孔机生产能力，缩短轧制时间，穿孔机后台采用顶杆自动循环冷却装置，如图 9-8 所示。当穿孔过程完成后，止推座退后，顶杆被拉出穿孔机并从止推座脱出。然

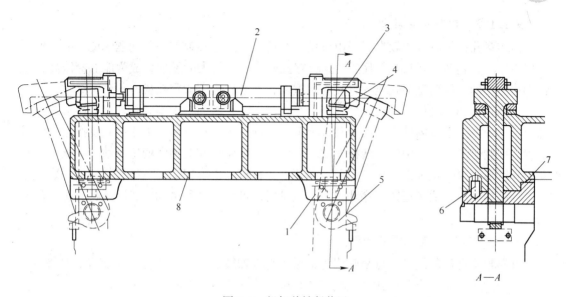

图 9-7 机架盖锁紧装置

1—台肩；2—液压缸；3—弧形块；4—斜楔块；5—拉杆；6—锁轴；7—斜楔；8—机架上盖

后，一组摇杆将毛管连同顶杆一起拨出轧制线，滚入脱杆辊道；与此同时，另一组摇杆又把一根新的顶杆送入后台的工作辊道，开始下一根毛管的轧制。借助脱杆辊道，顶杆及空心坯向出料方向移送后，被定位摆动挡板挡住。在这个位置上，顶杆头部的凹槽被一个液压夹紧装置夹住，接着，脱杆辊道继续运转，并在一对夹送辊的配合推动下，将毛管从顶杆上脱下来，送往下一道工作前辊道。然后液压操纵的抛出机构将带顶头的顶杆从辊道上拨出，经过斜台架滚入冷却轮的凹槽中。冷却轮位于一个大水槽中，顶杆被冷却轮带着通过水槽受到冷却。冷却轮最多可容纳 10 根顶杆，通过交流电机传动作间断性运转，每次转动 1/10 圈，前进送料一次。顶杆通过水槽充分冷却后，经过斜台架滚入给顶杆器，由该机构将顶杆送入顶杆位置。

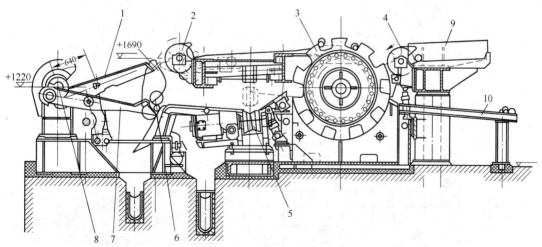

图 9-8 顶杆自动循环冷却装置

1，7—顶杆拨入摇杆；2，4—给顶杆器；3—冷却轮；5—脱杆辊道；6—三辊定心辊；8—电动曲柄；

9—新顶杆送入台架；10—旧顶杆存放台架

9.1.1.2 锥形辊穿孔机

菌式穿孔机虽然发明较早，但由于设备结构及其工艺参数的一些问题未能解决，所以应用不广。直到 20 世纪 70 年代后，这种穿孔机才有了较大的发展，成为能够穿制高合金钢和连铸坯的一种新型穿孔机，日益受到重视，逐渐成为主流穿孔机。

锥形辊穿孔机又称新型菌式穿孔机，与狄塞尔穿孔机的最大不同是轧辊为锥形，优于桶形辊，为改善毛管内外表面质量和合金钢穿孔创造了有利条件。采用了双支撑结构的锥形辊，抑制了变形过程中的旋转横锻效应，所穿毛管质量和对钢种的适应性高。狄塞尔穿孔机和锥形辊穿孔机都是当代广为采用的新型穿孔机。锥形辊穿孔机的优越之处是穿孔效率及产品精度高，适于连铸坯穿孔，产品质量高，可穿轧品种范围广，因此具有更大的发展前途。

A 锥形辊穿孔机设备组成及特点

锥形辊穿孔机的结构特点是轧辊为锥形，轧辊轴线与轧制线既倾斜又交叉，如图 9-9 所示。它的主要结构有：链式推坯机、穿孔机主传动装置、穿孔机本体、定心辊、升降输送辊道、顶头更换装置、顶杆小车。锥形辊穿孔机的特点如下：

(1) 穿孔机工作辊上下布置，导板或导盘水平布置，变形条件好，无孔腔效应，减少毛管内外表面和中心缺陷的产生，适合穿合金钢、高合金钢和连铸坯。

(2) 主传动在右侧，为后台设备的检修带来方便，并可为今后提高轧制节奏创造条件。

(3) 轧辊单独传动，传动轴张角小，提高了传动的可靠性及传动轴使用寿命。为了换辊方便，上机盖为可移动的横梁结构。工作时，上横梁用液压缸夹紧在机架上。

(4) 穿孔机后的第一个三辊抱辊安装在主机架内，导向、定位条件好，在不设热定心情况下也能保证毛管质量。

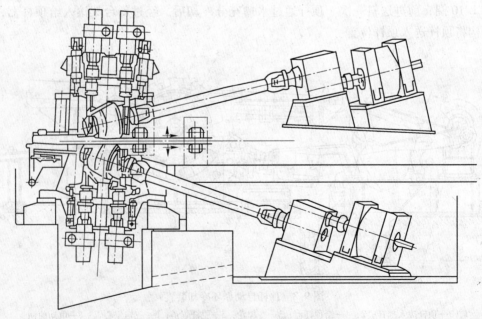

图 9-9 轧辊垂直布置的菌式穿孔机侧视图

（5）既可配置导板，以生产较薄的荒管，又可配置导盘，以减少工具消耗。导板或导盘可横向摆出轧机，更换方便。

（6）机架后配置水冷箱和顶头自动更换装置，其形式可以是顶杆小车移动带固定顶头，也可以是顶杆小车移动带顶头自动更换装置，或者全部为自动更换顶杆和顶头，即顶杆循环三种形式。

B　锥形辊穿孔机主要技术参数

锥形辊穿孔机主要技术参数如表 9-2 所示。

由于现代菌式穿孔机具有上述特点，近年获得了广泛应用。能与许多机组配合，从而降低管坯成本，提高机组灵活性。特别是与四机架或五机架连轧管机（MINI-MPM）配合，组成流程短、工序少的热轧无缝管机组，具有很强的市场竞争力。

表 9-2　锥形辊穿孔机主要技术参数

工厂名称	霍福尔斯	拉特厂	海南厂
机组	三辊轧管机	250 自动轧管机组	140MPM 机组
管坯直径/mm	120~190	160~245	187
管坯长度/mm	1800~3000	5000	4000max
荒管直径/mm	—	160~350	190max
荒管长度/mm	—	1000max	11200max
轧辊直径/mm	850	1350	1450
辊身长度/mm	550	约 1000	700
轧辊转速/r·min^{-1}	—	71~121	180~300
碾轧角/(°)	25	27.6	10
送进角/(°)	6~12	6~12	6~18
导盘直径/mm	采用导板	2500	2700
主传动功率/kW	1000×2	3600×2	3000×2
轧辊布置形式	水平		水平
建成时间/年	1962	1980	1983

9.1.2　轧管机

轧管工序的主要任务是将空心毛管减壁、延伸，使其壁厚接近或等于成品尺寸，并消除纵向壁厚不均，提高荒管内外表面质量，控制荒管外径和真圆度。轧管的方法很多，轧管机的种类也繁多。

自动轧管机是二辊不可逆式纵轧机，其特点是工作辊后装设了一对高速反向旋转的回送辊及上工作辊和下回送辊快速升降机构，如图 9-10 所示。自动轧管机组虽然在热轧无缝钢管生产中占有重要地位，但由于采用短芯头轧制，产品质量差，所轧钢管短，因此，自 20 世纪 80 年代以来没有再新建此类机组。

周期轧管机也称为皮尔格轧机，如图 9-11 所示。是二辊不可逆轧机，轧辊旋转方向与轧件送进方向相反，轧辊孔型沿圆周为变断面，轧制时轧件反送进方向运行，送料由作往复运动的芯棒送进机构完成，可用钢锭直接生产。目前主要用于生产大直径厚壁管、异型管、合金钢管。但它存在产品壁厚偏差大、表面质量差，不再具有用钢锭或连铸坯直接生产钢管的优势。近年来，除一些管径特大的机组外，不少周期轧管机已处于停产或半停产状态，一些机组也正被改型。

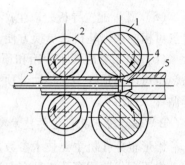

图 9-10　自动轧管机操作示意图
1—轧辊；2—回送辊；3—芯头；
4—顶杆；5—轧制毛管

　　顶管机是将方形管坯用压力挤出带杯底的空心管坯套在长芯棒上，顶入一系列孔型直径逐渐变小的环模进行延伸轧制，如图 9-12 所示。传统的顶管工艺所穿毛管壁厚偏心大，钢管短。后来出现了 CPE 顶管机将传统压力穿孔改为斜轧穿孔，同时增加一道缩口工艺，可以生产较长的钢管，减少金属消耗、提高生产率、改善产品质量和壁厚精度。

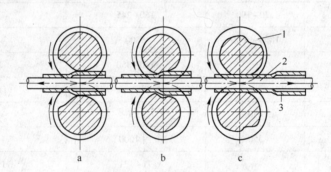

图 9-11　皮尔格轧管机的操作过程
a—送进坯料阶段，箭头为送进方向；b—咬入阶段；c—轧制阶段（箭头为轧件运行方向）
1—轧辊；2—芯棒；3—毛管

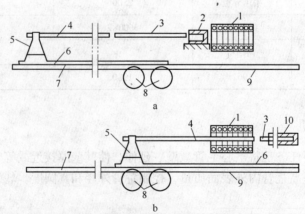

图 9-12　顶管机操作过程示意图
a—原始位置；b—加工终了位置
1—环模；2—杯形坯；3—芯棒；4—推杆；5—推杆支持器；6—齿条；
7—后导轨；8—齿条传动齿轮；9—前导轨；10—毛管

连轧管机是将毛管套在长芯棒上，经过多机架顺次布置且相邻机架辊缝互错 90°的连轧机轧成钢管，如图 9-13 所示。连轧管机按其芯棒操作方式不同，可把它分为全浮动芯棒连轧管机（Mandrel Mill，简称 MM）、限动芯棒连轧管机（Multi-Stand Pipe Mill，简称 MPM）和半浮动芯棒连轧管机（Neuval）等三种类型。按机架数量可分为常规式（即 MPM，7~9 架）和少机架式（即 MINI-MPM，3~5 架）两种；按照轧辊数目可分为二辊和三辊轧管机两种形式。全浮动芯棒工作方式是在轧制过程中，芯棒呈自由浮动，状态随钢管一起从连轧机中通过，然后用脱棒机抽出。从钢管中抽出的芯棒沿着一定的工艺路线经输送、冷却、检查后送往连轧管机前台，重新涂敷润滑剂，准备穿入新的毛管进行轧制。往复循环使用，每组 12~15 根芯棒。限动芯棒工作方式是，在工作过程中芯棒在限定速度下随同管子前进。当轧件尾部由脱管机拉出最后一架轧机后，芯棒被快速抽回原位。重新更换芯棒后，进行下一根管子的轧制。这样，芯棒长度可大大缩短。轧制过程中芯棒不需进行冷却，而是以 4~5 根芯棒为一组实行机外冷却循环使用。半浮动芯棒工作方式是前一段轧制按限动芯棒方式操作，至轧制结束时按全浮动芯棒方式操作，轧后由钢管将芯棒带出轧机，钢管经脱棒机脱棒后再送往下一道工序。使用后的芯棒像全浮动芯棒一样冷却，润滑可循环使用。

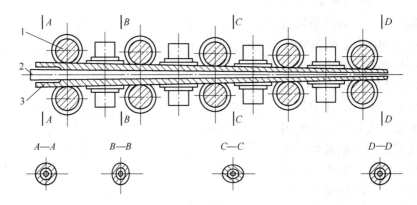

图 9-13　连续轧管机轧制过程示意图
1—轧辊；2—浮动芯棒；3—毛管

少机架限动芯棒连轧管机是 20 世纪 90 年代新建连轧管机组的一个重要特征，是当今连轧工艺的新发展，它将 8~6 机架减少为 5~4 机架。在连轧管机保持限动芯棒轧制特点的前提下，通过减少机架数量和采用相应的技术措施，以达到减少建设投资为目的；同时又增加了生产的灵活性，扩大了使用领域，更好的适应了市场要求。可用较低的投资来生产质量高、范围广的经济钢管。

PQF 轧管机是最新开发的三辊限动芯棒连轧管机，它克服了二辊式限动芯棒连轧管机在生产大口径薄壁管时的困难，使钢管表面更光洁，并可轧制合金含量更高的钢种。PQF 轧管机可由 4~7 架三辊可调式机架组成，3 个轧辊均是传动的，采用限动芯棒方式轧制。PQF 轧管机的开发使无缝钢管连轧工艺迈上了一个新台阶。

三辊斜轧轧管机示意图如图 9-14 所示，是生产高表面质量、高尺寸精度的轧管机，但在生产薄壁管时易出现尾三角缺陷。1967 年法国人用快速旋转牌坊和快速改变送进角

（即旋转法），从而克服了在轧制 $\frac{D}{t} > 12$ 尾三角现象。20 世纪 80 年代德国采用轧辊快抬法消除尾三角缺陷。预轧法（NEL）在三辊斜轧轧管机的入口端安装了无尾损失装置，较好地解决了三辊斜轧轧管机轧制薄壁管的问题，是目前三辊斜轧轧管机中最先进的机型，使得三辊斜轧轧管机已能稳定生产规格多，精度高的多种钢管。

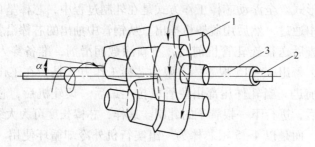

图 9-14　阿塞尔轧管机工作示意图
1—轧辊；2—浮动芯棒；3—毛管

狄塞尔轧管机是带导盘的二辊斜轧机。老式机组装备水平低，生产能力小，长期以来发展不大。20 世纪 80 年代美国 Aetna 标准公司对狄塞尔轧管机进行了改进，并将其称为 Accu-Roll 轧管机，如图 9-15 所示。主要特征是轧辊呈锥形、大导盘、轧辊轴线与轧制线相交构成碾轧角、限动芯棒操作。该机组生产灵活性大，产品范围广，产品尺寸精度高。Accu-Roll 轧管工艺的穿孔和延伸原则上只采用一种类型的轧机，即斜轧机，有互换性，且投资和工具费用低，具有极大的市场竞争潜力。

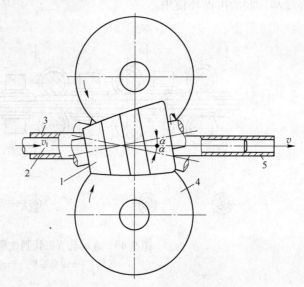

图 9-15　Accu-Roll 轧管机示意图
1—轧辊；2—圆柱芯棒；3—毛管；4—主动导盘；5—荒管

9.1.2.1　全浮动芯棒连轧管机

A　连轧管机的特点及主要技术参数

连轧管机是由主体、前后台辅机、芯棒输送、循环、润滑、冷却装置等组成。连轧管机主要特点如下：

（1）轧制速度高，最大出口速度达 8.3m/s。

（2）采用预应力机架装配，可使所轧管子的壁厚控制较准确，而且还可轧壁厚较薄的管子。

（3）每个机架单独用一台直流电动机通过斜齿分配器直接驱动轧辊，传动布置在轧机两侧。最新连轧管机无减速箱，由电机直接驱动轧辊。

（4）在机架设计上采用接手液压拉回装置、液压锁紧装置以及液压离合的齿轮联轴器，同时冷却水管、液压、润滑管全部采用快速接头。因此更换机架快速、方便，更换每一架的时间约 10min 左右，由此提高了生产作业率。

（5）压下螺丝下部设有测力传感器，可测量轧制各种规格品种的轧制力，便于记录和收集数据。

（6）采用液压机构、结构简单、操作方便。

连轧管机的主要技术参数如表 9-3 所示。

表 9-3　一些连轧管机（MM）的主要技术性能

机型	轧后管材尺寸 $(D_s \times S_x \times L_x)$ /mm	延伸系数 μ_x	机架数目	轧辊尺寸 $D \times L$/mm	机架间距 /mm	出口速度 /m·s^{-1}	主电机		芯棒长度 /m
							功率/kW	转速/r·min^{-1}	
30~102	$\phi 108 \times 3 \sim 8 \times 27000$	约 6	9	$\phi 550 \times 230$	1150	3.9~6.0	1400×9	375~500	19.5
27~138	$\phi 114, 146 \times 4 \sim 30 \times 30000$	约 4.5	8	$\phi 535 \times 450$	950	约 5.0	1-1300×2 2-1100×2 3~6-1300×2 7~8-13000×1	200~360	26
25~127	$\phi 95, 133 \times 4 \sim 9 \times 23000$	约 4.4	8	$\phi 535 \times 444$	1003	约 4.57	1, 7, 8-720×1 2~6-720×2	550~1000	19.8
22~168	$\phi 90, 146, 175 \times 3.25 \sim 15 \times 26000$	约 4.35	8	$\phi 560$ 约 470×305	1120	约 5.0	2, 7-700×2 1, 8-700×1 3~6-700×3	450~1100	22
21~140	$\phi 119, 152.5 \times 3.25 \sim 25 \times 33000$	约 4.5	8	$\phi 600 \sim 490$	1100	约 7.0	1-1300×2 2-1100×2 3~6-1300×2 7~8-1300×1	—	29

B　连轧管机的结构

a　连轧管机主体

其主体的结构是由 7~9 个交叉排列的二辊式机架组成，安装在一个共同的机座上，两相邻机架互成 90°，每一机座与水平面成 45° 布置，各轧机机架采用单独传动。如图 9-16 所示。电机通过联轴器直接传动斜齿轮分配箱的齿轮轴。斜齿轮分配箱的两个输出轴直接通过带有液压拉回装置的弧形齿联轴器与轧辊相接。轧辊压下减速装置安装在钢结构的轧机底座上，它通过液压离合的联轴器与机架上的压下传动机构相连。

每台二辊轧机都由工作机座、主传动装置和主电机组成。工作机座包括机架装配、轧辊和轧辊轴承、轧辊径向和轴向调整装置以及轧辊平衡装置等。

轧机底座各部分焊接件连成一个整体，采用有筋板的组合底座，便于机架安装。在轧机底座上安装有机架、机架顶部、底部锁紧装置、压下减速装置及液压托架等。连轧管机的轧辊传动装置由直流电机与斜齿轮分配箱组成。斜齿轮分配箱与主传动电机用蔡伯克斯

（Zapex）联轴器来连接。斜齿轮分配箱与轧辊间是由弧形齿联轴器相连接。采用快速更换机架装置，为此，在连轧机的传动装置上配有能使弧形齿联轴器的外齿轴套与轧辊的内齿圈快速脱开的液压拉回装置。在更换机架时，弧形齿联轴器由液压托架拖住。更换一次机架时间约为 10min 左右。

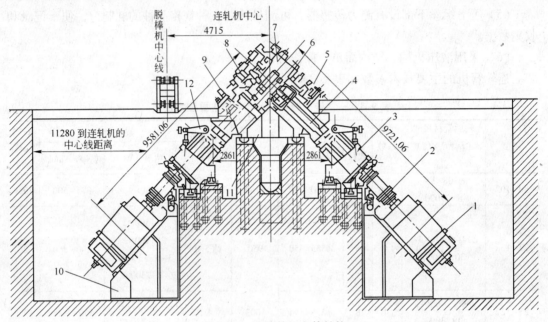

图 9-16 连轧管机主体结构

1—直流电机；2—蔡伯克斯（Zapex）联轴器；3—斜齿轮分配箱；4—弧齿联轴器；
5—液压托架；6—机架顶部锁紧装置；7—机架；8—机架底部锁紧装置；
9—液压减速装置；10—电机底座；11—轧机底座；12—液压拉回装置

　　连轧机的每个机架采用统一的单独斜齿轮分配箱。沿轧制中心线各相邻机架的斜齿轮分配箱分两侧与水平呈 45°倾斜布置。在斜齿轮分配箱的箱体中装有两根斜齿轮轴，其中一根是主动的。

　　蔡伯克斯联轴器与斜齿轮分配箱齿轮轴的输入端的连接方式是采用新颖的液压锥套连接，便于装拆、传递扭矩大并可承受较大的径向载荷及弯曲力矩。

　　为了快速更换机架，弧形齿联轴器的外齿必须能与轧辊轴上的内齿快速啮合或脱开，为此装有液压拉回装置。当液压缸进油时，带动拨叉，使弧形齿联轴器接上。当液压缸反向进油时，弧形齿联轴器脱开。

　　为了保证弧形齿联轴器安全可靠地工作，在拨叉连杆的尾部焊接了一个重锤。当液压发生故障时，液压拉回装置拨叉在重锤的重力作用下，使弧形齿联轴器的外齿与轧辊轴上的内齿始终处于啮合状态，不至于在联轴器传动时因液压失压而突然脱开，造成事故。

　　轧辊压下、压上传动系统（如图 9-17）是由上、下辊压下传动系统、压下减速装置、上辊传动装置、上辊压下装置、手动离合联轴器传动轴、下辊传动装置、下辊压上装置、轧辊、轧辊液压平衡缸、脉冲发生器、离合器及液压缸等组成。除压下减速装置固定在机架底座的框架上之外，其余装置都安装在机架上。

　　轧机装配如图 9-18 所示。机架采用铸钢闭式机架，机架立柱为矩形断面。机架窗口内装有复合钢板制成的耐磨衬板。机架与底座相配合的面装有耐磨滑板。整套轧辊装配安放在机架窗口中。机架的底部和顶部装有蜗轮蜗杆，借此带动压下螺丝。上辊和下辊的压下装置通过在机架上的下部伞齿轮及一个手动离合器相互联接。在上、下辊轴承座之间装有四个液压平衡缸，用于支撑轧辊轴承座，使轧辊轴承座与压下螺丝端部之间呈无间隙状态。为了记录与显示轧制力，连轧机机架中装有轧制力测量装置。测力传感器位于轧辊轴承座与上辊压下螺丝之间。

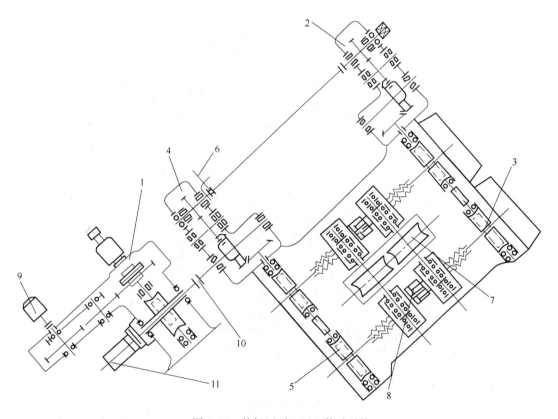

图 9-17　轧辊压下、压上传动系统
1—压上减速装置；2—上辊传动装置；3—上辊压下装置；4—下辊传动装置；5—下辊压上装置；
6—手动离合联轴器传动轴；7—轧辊；8—轧辊液压平衡缸；9—脉冲发生器；10—离合器；11—液压缸

　　液压锁紧装置是由液压缸驱动的平面连杆机构。液压缸活塞杆外伸时，曲柄的外伸球铰形锁紧头通过牌坊上的一个长方形切槽把轧机机架牢牢地锁紧在机架底座上。在更换机架时，液压打开机架锁紧装置，升起液压托架支撑弧形齿联轴器。操纵液压拉回装置，使弧形齿联轴器脱开，打开离合器。卸开冷却水、液压、润滑管道的快速接头，即可用专用吊具吊走机架。每个机架有 4 个液压平衡缸。采用液压锁紧装置是为了快速更换机架的要求，且结构简单、工作可靠。

　　b　连轧管机前后台辅机

　　连轧管机的前台辅机（如图 9-19）包括受料辊道、上料台架、斯惠顿翻料器、毛管进料辊道以及眼镜架等。此外还有芯棒插入装置（包括传动装置和插入链）和油剂芯棒润滑装置等。

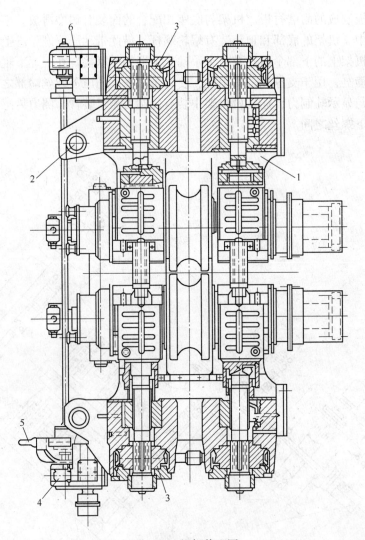

图 9-18　机架装配图

1—机架；2—吊孔；3—蜗轮蜗杆；4—下部伞齿轮；5—手动离合器；6—上部伞齿轮箱

后台辅机包括出料辊道、斯惠顿翻料器、定位辊道、切头锯、双连杆移送装置等。此外，还有脱棒机、芯棒回送辊道，芯棒冷却水槽、芯棒提升装置以及新芯棒台架等。后台辅机的主要任务是由脱棒机脱出毛管内的芯棒。

9.1.2.2　限动芯棒连轧管机

A　限动芯棒连轧管机

限动芯棒连轧管机由连轧机主机、芯棒支架、快速换辊装置、底座、液压系统、润滑系统和冲铁皮用水系统等组成。

主机由工作机架和主传动两部分组成。每个工作机架由牌坊、轧辊、轧辊轴承和轴承座、换辊支架、轧辊轴承座液压锁紧装置、轧辊压下压上机构、轧辊液压平衡机构、安全臼和轧辊冷却水系统所组成。压下压上机构有机械式的，也有液压式的。机械式的压下压上机构包括有直流电机、减速机、蜗杆蜗轮传动装置、伞轮传动装置、压下（上）螺丝、

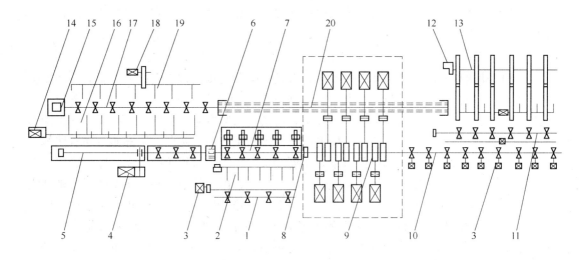

图 9-19　连轧管机及其辅助机的平面布置图

1—受料辊道；2—上料台架；3—斯惠顿翻斗器；4—芯棒插入链传动装置；5—芯棒插入链；
6—油剂芯棒润滑装置；7—毛管输入辊道；8—眼镜架；9—连轧管机；10—出料辊道；
11—定位辊道；12—切头锯；13—双连杆移送装置；14—芯棒提升装置；15—摆动挡板；
16—冷却水槽；17—芯棒回送辊道；18—芯棒传递装置；19—新芯棒架；20—脱棒机

压下（上）螺母、压力传感器、离合器、位置传感器和位置控制装置等。压下机构和压上机构可以联动，也可以分动。牌坊是铸钢的闭式机架，牌坊窗口内装有复合钢板制成的耐磨衬板。安全臼安装在上轧辊轴承座与压下螺丝之间，用于在过载情况下保护轧机。为了实现快速换辊，工作机架中的冷却水管、液压管和润滑管等全部采用快速接头与系统连接。工作机架装在底座上，机架平-立布置或与水平面呈现 45°，相邻机架互成 90°。主传动由直流电机、主联轴器、减速齿轮箱、连接轴、接轴定位装置和接轴托架等组成。接轴定位装置用于接轴准确定位，以满足快速换辊的需要。

芯棒支架用于芯棒支托和导向，也安装在底座上。在轧制的毛管通过之前和轧制结束后，芯棒支架中的芯棒支承辊处于"抱"住芯棒的位置，为芯棒导向和对中；在毛管-荒管快到达该支架时把支架中的芯棒支承辊打开，为毛管让路，直到轧制结束。

底座是钢板焊接而成，用地脚螺丝固定在设备基础上。轧机和芯棒支架固定在底座上。

轧辊更换有两种方式：一种是连同机架整体更换，另一种是只更换轧辊（连同轧辊轴承和轴承座）。采用后一种方式时，机架牌坊内装有换辊支架，每一机架还配有一个主液压缸和一个辅助液压缸用于从机架中推出或往机架中放入装有轧辊（含轧辊轴承和轴承座）的换辊支架。换辊采用快速换辊小车，换辊小车是一个运输小车，它由车轮子、台面、台面升降装置、台面横移装置和轴承锁定装置等组成。小车上有两个接收支架，一个放置一套新辊，另一个准备接收换下的旧轧辊部件。换辊操作可自动进行，最快的更换一套轧辊只需 15min。

冲铁皮用水系统用于清除堆积于轧机机架下面的氧化铁皮，它是一个压力略高的供水系统。

液压系统和润滑系统用于为连轧机提供动力介质和润滑介质。它可以单独设站，也可与车间系统连接。

B　芯棒限动系统

芯棒限动机构有链式和齿条式两种。就齿条式限动机构而言，它是由直流电机经联轴器、接轴、减速齿轮箱和带限力矩装置的联轴器等带动多组（每组一对）人字齿轮，并通过这数组人字齿轮传动限动装置的大齿条。齿条头部装有芯棒夹持器，尾部装有缓冲器挡板，沿齿条全长上装有导向轮。芯棒夹持器用来夹紧或释放芯棒；尾部的缓冲器挡板是用来挡住在事故状态下抽出芯棒的齿条，使夹持头停在人字齿轮箱的前面；导向轮用来支承齿条并为齿条导向。在人字齿轮箱尾部装有缓冲器，齿轮箱前面装有凸轮挡板。尾部缓冲器用于缓冲在芯棒最大工作行程时齿条尾部对齿轮箱的碰撞；凸轮挡板是用来在芯棒最大事故返回行程时打开芯棒夹持头上的夹紧装置。工作时大齿条在导轨上向前或向后运行，齿条导轨延伸到轧机前台整个长度上。轧机前台是接收已预插好芯棒的毛管的场所，在其中装有芯棒支承辊、毛管支承辊、毛管挡叉、毛管事故挡叉和毛管夹送辊等。芯棒支承辊用于支托芯棒；毛管支承辊用于支托毛管；毛管挡叉用于在将芯棒快速预送入轧机内时挡住毛管；毛管事故挡叉用于当发生事故要从毛管-荒管中抽出芯棒时挡住毛管。芯棒支承辊有两个高向位置：支承芯棒位置和最下位置；毛管支承辊有 3 个高向位置：支承芯棒位置、支承毛管位置和最下位置。为适应轧制规格的变化，支承辊的高度应是可调整的，以保证芯棒和毛管的中心线与轧制线一致。

轧制开始后，芯棒和毛管同时向轧机方向运动，一旦毛管尾端离开支承辊，该支承辊立即升至支承芯棒位置，依此类推直至毛管全部进入轧机。为防止芯棒夹持头与支承辊发生机械干涉，每当限动齿条运行到支承辊处之前时，将该支承辊下降至最下位置，让齿条顺利通过。每当轧制结束后，齿条反向运行，一旦齿条前端离开支承辊，则该支承辊立即升至支承芯棒位置。

9.1.2.3　PQF 轧管机

A　机架

连轧机组为 1 架 VRS（Void Reduce Stand 空减机架）和 5 架 PQF（Premium Quality Finishing）连续布置。各机架之间由钩子连接。牌坊为隧道式，如图 9-20 所示。连同 VRS，各机架均为三辊轧制，每个轧辊由一台电机单独驱动。3 个轧辊互成 120°，前后机架轧辊互成 60°布置。

PQF 轧机的牌坊设计为全新的整体圆筒形框架结构，牌坊沿长度方向分成三段，之间为大型螺杆连接，所有液压系统、电气传动装置等均布置在框架上。这种整体结构设计使牌坊的刚性更高、稳定性更好，同时便于运输及安装。

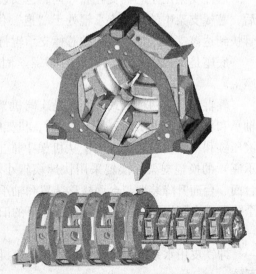

图 9-20　PQF 连轧机架示意图

轧管机架也采用圆形设计，这种结构设计同牌坊的设计一样，刚性更高、稳定性更好受力均匀。当机架被推入牌坊时，各机架沿径向及轴向由液压缸锁紧并被固定在牌坊内。每个机架的三个轧辊分别由压下液压缸进行位置设定，同时在轧制过程中进行 HGC 液压壁厚控制。轧辊装在摆臂上，可以很容易地由液压缸进行位置控制，这种设计使得主液压缸及轧辊平衡设计简单，维护方便。在换辊时每个轧辊都可以逐个地沿轴旋转。轧辊的传动装置各按 120°角度装配在轧制机架周围。其特点是：轧辊刚性高，机架间距小，换辊快速、机架占用场地少。

PQF 机组前台设备布置紧密，由于大量使用了比例阀控制的行程控制液压缸，设备动作行程缩小，设备动作精度提高，而且在设备布置上节省了宝贵的空间，配合毛管横移车的使用，缩短了毛管从穿孔机穿出至连轧开轧的时间，最大限度地减少了毛管的温度损失。由于采用芯棒在主轧线内预穿至毛管内的方法，使预穿后的毛管在最短的时间内开始轧制，缩短了毛管内表面与芯棒表面的接触降温时间，使毛管保持在一个较高的温度下轧制，有效降低了轧制载荷以及工具消耗。

PQF 采用液压压下装置，利用 HCCS 系统（Hydraulic Capsule Control System）和 PSS 系统实现生产工艺过程的控制。其中，使用 HCCS 系统控制连轧管机的液压压下装置的动作，实现辊缝控制。另外通过 PSS 系统和 HCCS 系统控制可实现温度补偿、咬入冲击控制、锥形芯棒伺服和头尾削尖等功能。头尾削尖（Tail and End Sharpen）技术是通过对连轧管机轧辊辊缝（即压下装置的液压缸位置）和主电机转速的精确快速控制，实现轧制出头尾减薄的管子，以抵消在钢管生产过程中，钢管头尾由于轧管机咬入和抛钢过程的不稳定性而产生壁厚增厚，以及在张力减径机中产生的头尾壁厚增厚，降低切头切尾损失，提高成材率。

B 压下装置

压下装置采用液压伺服压下。液压缸头直接作用在"C"形臂上，每个轧辊只用一个压下头。这种伺服液压压下控制，变电气控制为液压、电气联合控制，可以实现辊缝调整模型化。这样提高了壁厚精度，减少荒管头、尾与中部的壁厚差异。

各液压缸与轧辊对应布置在牌坊上。工作原理：需要调整辊缝时，若需要压辊缝，通过油口向缸体内加油增压，推动缸头下压；若需要抬辊缝，油口向外排油减压，在平衡力作用下轧辊抬起。液压缸头的最大行程为 105mm。

在缸体内装有位置传感器。由它随时检测缸头的位置，同时检测缸体内压力变化。通过它返回的信号值，系统进行轧制参数计算和校核。当检测到压力过载时，信号立即反馈给系统，油口排油减压，达到保护设备的作用。

C 平衡装置

由于 PQF 三辊轧机轧辊的特殊装配方式，平衡装置为液压缸带动一拨叉，拨叉压在"C"形臂的"肩"上，压下装置的力是向轧制中心线的力，平衡力是反力。由于 PQF 的布置方式，三个平衡叉中，上面两个为单向拨叉，下面的一个为双向拨叉。

D 锁紧装置

当支撑缸将机架升起后，机架一侧的底座上有"∧"形突起，它可以嵌入牌坊上的另一个"∧"形槽，以此实现横向锁紧。

当1VRS+5PQF机架及芯棒支撑机架推入牌坊之后，沿轧制线轴向上须锁紧。在入口侧，由第一架芯棒支撑架固定，出口侧装有3个斜楔。当机架到位后，斜楔扣住。扣板上侧为斜楔形，牌坊头装有液压缸推动的另一半斜楔，它向下压下以锁紧机架，使各机架紧紧挤在一起。

9.1.2.4 三辊斜轧轧管机

三辊斜轧轧辊机（亦称阿塞尔轧管机）自问世以来，就以轧制钢管壁厚精度高，表面质量好，更换规格方便、适合轧制中、厚壁钢管等特点而著称。但其产品范围窄，生产率较低。当轧制薄壁管时，钢管尾端会出现三角形喇叭口（俗称尾三角）而造成轧卡，故老式阿塞尔轧管机不能生产 $\dfrac{D}{t} > 12$ 的薄壁管。这种轧管机目前主要用来生产轴承管和枪炮等高精度厚壁管。

A 三辊斜轧轧管机的结构

三辊斜轧轧管机由3个主动轧辊和一根芯棒组成环形封闭孔型，3个轧辊对称布置在以轧制线为中心的等边三角形的顶点上，轧辊轴线和轧制线倾斜成两个角度。其中一个为送进角，另一个为碾轧角。

三辊轧管机如图9-21所示，工作机架是由两个圆环状牌坊组成，其中一个是固定不动的，而另一个可以回转一个角度，这样就可以使每个轧辊中心线偏斜而构成送进角。活动转盘由电动丝杠螺母机构组成的转角装置调整，其回转角在0°～25°范围内，对应的送进角在3°～10°变化，转盘的回转角调整好后由油缸驱动锁紧装置将其固定。机架牌坊上开有3个中心对称互成120°的窗口。在这3个窗口内安装着带有自位球面垫的轧辊轴承

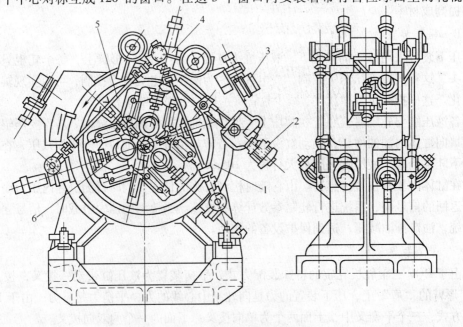

图 9-21 三辊轧管机

1—圆形机架；2—转角调整装置；3—轧辊径向调整传动装置；
4—轧辊径向调整装置；5—连接轴；6—轧辊及轴承

座。每个轧辊轴承座上均装有压下装置。为了保证 3 个轧辊在径向调整时对称于轧制线，每扇牌坊上的压下装置均用两套倾斜布置的同步接轴连锁在一起由电动压下传动装置驱动。倾斜连接轴通过伞齿轮与压下装置及其传动装置相连接，当某个轧辊需要做单独调整时，可将连接轴上的离合器脱开。通常三辊轧管机采用直流电机通过齿轮机座传动。

为了防止"尾三角"的出现，可增加管端的壁厚和降低轧制速度。前者是为了增大轧件的刚度，后者是为了改善金属的变形条件。为此，在特朗斯瓦尔轧管机上，转盘的回转装置和锁紧装置均采用液压控制方式。这种轧机的转盘相对固定牌坊的转角在轧制过程中可根据监测机构发出的信号而变动，轧辊送进角也相应地变动。在轧件尾部通过变形区时，快速将轧辊送进角调小，则 3 个轧辊的间距就可增大，轧件尾部的壁厚即可相应地增大。此外，为了在一旦产生轧卡事故时能够快速处理，每根轧辊的压下螺丝与轧辊轴承座之间设置了液压垫，当轧辊压力超过给定值时，各液压垫回路立即卸荷，使 3 个轧辊迅速松开。由于采取了这些措施，可使三辊轧管机能够生产壁厚更薄的产品。

为了简化设备结构，缩短换辊时间，提高生产率，对三辊轧管机的结构进行改进。

B　全开式三辊轧管机

如图 9-22a 所示，这种轧机与其他类型的三辊轧管机不同的是，两个轧辊布置在工作

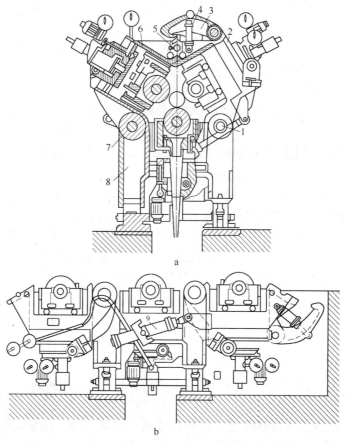

a

b

图 9-22　全开式三辊轧管机

a—工作时；b—换辊时

1，7—心轴；2—右机架上盖；3—杠杆；4，9—液压缸；5—圆柱销；6—左机架上盖；8—下机架

机座的上方。整个机架由心轴、左、右机架上盖、下机架组成，在每片机架上装有一个轧辊。下轧辊固定不动地装于底座上，两片上机架上盖可分别绕心轴转动，而使机架上盖翻转打开。上机架左右机架上盖间用圆柱销定位，用杠杆锁紧。换辊前，用液压缸将杠杆抬起，用液压缸将右机架上盖翻开，而左机架上盖，则用位于机架里面的另一个液压缸翻开。因此，3 个轧辊就可以很方便的用吊车更换。

三辊轧管机的主要技术参数见表 9-4。

表 9-4   三辊轧管机的主要性能参数

机组	毛管尺寸 /mm	钢管尺寸 /mm	轧辊尺寸 /mm	送进角度 /(°)	辗轧角度 /(°)	主电机	芯棒直径 /mm	芯棒操作方式	轧辊转速 /r·min⁻¹
200	$\phi(80\sim225)\times$ $(4.4\sim31.5)\times$ $(3600\sim7000)$	$\phi(60\sim200)\times$ $(4.0\sim30)\times$ $(4000\sim10000)$	$\phi460,\phi320$	$0\sim10$	3	直流 2000kW 400~750r/min	$\phi31\sim169$	全	$127\sim380$
108	—	—		$0\sim12$	3	直流 1250kW	—	全、半、回	$80\sim240$

9.1.3 定、减径机

为满足成品钢管尺寸公差要求，钢管必须进行定、减径。设备目前主要有定径机、一般减径机和张力减径机。

9.1.3.1 定径机

定径的目的是在较小的总减径率和小的单机减径率条件下，将钢管轧成一定要求的尺寸精度和真圆度，并进一步提高钢管外表面质量。定径机工作机架数目较少，一般为 3~12 架。定径机又分为纵轧定径机和斜轧定径机。斜轧定径机一般多配在三辊斜轧管机组中。定径机主要由工作机座和传动装置两部分组成。

工作机座安装在整体底座上，机架依次排列，向不同的一侧倾倒，使轧辊轴与水平面呈 45°交角，相邻两机架轧辊轴线互为垂直。工作机座由机架、轧辊及轴承、轧辊径向调整装置、轧辊轴向调整装置及底座组成，如图 9-23 所示。机架为闭口式，机架内安装轧辊、轴承及调整装置。轧辊两端采用双列球面滚子轴承或双列圆锥滚子轴承固定在轴承座及机架窗口内。轧辊轴向调整装置是通过转动双头螺栓、螺母及调整螺栓来实现。

径向调整是通过压下螺丝实现的。压下螺丝通过垫块支持在轴承座上，转动螺杆带动斜齿轮，经离合器使压下螺丝旋转而上下移动。当需单独调整一根压下螺丝时，可打开压下螺丝上盖，用特制扳手把离合器的圆销顶开，使压下螺丝与斜齿轮脱开，然后根据需要使另一压下螺丝转动。

每个轧辊都有一套平衡装置，横梁和拉杆用销轴联结，平衡弹簧套在拉杆上。

另外，有的定径机采用双杠杆式轴向调整装置，虽然结构复杂，但调整可靠、使用灵活。杠杆与轧辊轴承座铰链联接。杠杆夹住机架端部凸缘，固定轧辊轴向位置。当需要向右移动轧辊时，可移动长螺母，通过拉杆使杠杆端部离开机架凸缘，同时拧动长螺母，通过拉杆使杠杆端部紧压机架凸缘，并以此为支点，将轧辊轴承座与轧辊一起向右移动。

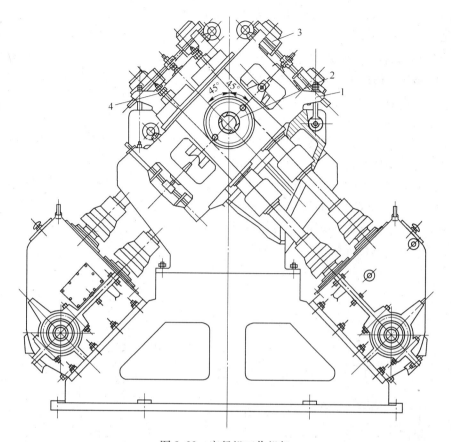

图 9-23 定径机工作机架

1—机架；2—轧辊及轴承；3—轧辊径向调整装置；4—轧辊轴向调整装置

传动装置包括主电机、减速箱、圆锥齿轮箱、传动齿轮箱及齿形连接轴等。

9.1.3.2 张力减径机

减径的目的除了起定径作用外，还要求有较大的减径率，以实现用大管料生产小口径钢管的目的，因而工作机架数较多，一般为 15~24 架。减径机有二辊式和三辊式两种。

张力减径机是一种高效轧机，它除有减径的任务外，还要达到利用各机架间建立的张力来实现减壁的目的，可以扩大生产产品的规格范围。张力减径机工作机架数目更多，一般为 12~24 架，多至 28 架。它已经几乎在各类轧管机组和中小型焊管机组上得到广泛的应用。它不仅可以大大减少减径前的钢管规格，提高机组生产率，而且可以提高产品产量和质量。张力减径的缺点是所轧制钢管沿长度上壁厚分布不均、前后端产生增厚，这增厚部分超过公差，需切掉。

管理计算机和过程控制机的投入使用，使张力减径机管端增厚控制 CEC 得以实现，使单机架的传动日臻成熟。这样能在更大程度上满足工艺的要求，为张减生产的高产、优质、低消耗开拓了更加广阔的前景。随着连轧技术的日益成熟，张力减径机成为连轧管机不可缺少的重要设备。在连轧管机后面配置一台张力减径机作为成型机组，既可满足连轧管机的产量要求，又可解决产品规格的要求，用一种或两种连轧毛管即可生产几百种不同规格的热轧管。这标志着钢管生产的最新发展方向，使无缝钢管生产实现大型化、高速化和连续化。

A　张力减径机的传动形式

张力减径机的传动形式一般可分为四种：集体传动、单独传动、集中传动单独差动调速和集中传动集中差动调速。

a　集中传动集中差动调速（图9-24）

采用集中传动集中差动调速的张力减径机，由一个总的叠加传动电机通过传动机构向各机架进行速度叠加。它克服了集体传动单独差动调速传动形式的轧机机构复杂的缺点，保持了灵活性与刚性大的优点。图中 M 为基本转速的电机，m_1 和 m_2 分别为附加转速的电机。通过 M 可以驱动 G，进而逐步驱动同一侧上的所有齿轮。任意两个相邻齿轮之间的传动比是根据工艺要求而设定的。图中各机架直齿轮的转速并不代表相应机架的轧辊转速，转速叠加后，从行星齿轮的"十字架"上得到的轧辊的实际转速是主传动的基本转速和附加转速。

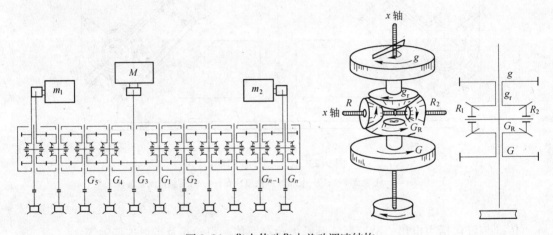

图9-24　集中传动集中差动调速结构

b　单独传动

每一机架均由单独一台直流电机传动，每架都有互不相连的调速和传动系统。采用电枢可控硅闭环反馈技术，单独传动的动态速降问题能得到比较满意的解决，从而使单独传动的优点能得到较好的发挥。

目前，张力减径机趋向于增大管径和提高轧制速度，这样单独传动的优点就显得突出了。同时由于电机及电子技术的突飞猛进，其传动系统特性差的缺点也逐渐得到补偿。单独传动逐渐成为当今应用最广的一种型式。

张力减径机组是由直流电机、齿轮联轴器、复式减速机、齿轮联轴器、双位机座、轧制机架、输送机架、导向机架、换辊小车所组成。

张力减径机采用直流电机单独传动，电机又采用电枢调速和磁场调速，其调速范围大。因此机械传动链，只配有能满足基本转速所需的减速比。为了减少管端增厚的长度、提高成材率，在轧制过程中前10个机架要实现管端控制（CEC），即加大前10个机架间的转速差，使相应的机架之间产生附加张力，从而减少头尾增厚段的长度，有效地减少管端切头损失。

　　B　张力减径机机架

　　张力减径机配有 3 种机架：轧制机架，即参与轧制过程的机架；输送机架，当生产工具接受坯料时，它使坯料能顺利通过张力减径机到达坯料收集区进行收集，机架不参与轧制过程；导向机架，生产减壁量较小的大口径成品管时使用，可以用导向机架代替部分轧制机架，使钢管顺利通过。

　　三辊式轧制机架结构简单，见图 9-25。由分成两半呈方形的铸钢件组成，左、右两片完全对称，它用内六角螺栓拧紧而成整体。机架内装有 3 个互成 120°角度配置的轧辊，轧辊两侧装有双列锥形滚柱轴承，轴承外圈借助于轴套固定在机架内。每个轧辊的辊颈上都装有齿轮联轴器的内齿外套。3 个轧辊轴都是主动轴。

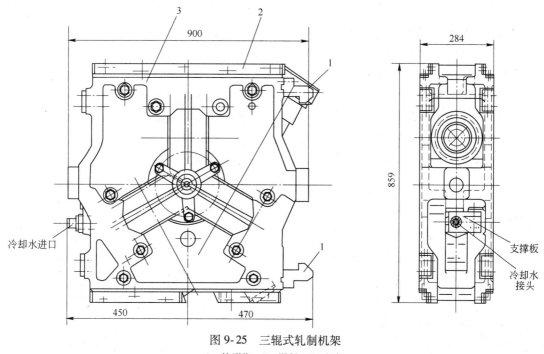

图 9-25　三辊式轧制机架
1—钩形楔；2—滑板；3—机架

　　机架右侧上下各有一个钩形楔，更换机架时靠此楔将机架拉出或推入。机架上下左右都装有耐磨的滑板与双位机座上的滑板互成相对滑动面，磨损后只需更换滑板。

　　输送辊配置在第 3、7、11、15、19、23 及 27 各机架上。为了保证毛管顺利通过张力减径机，输送机架与轧制机架一样，需装入双位机座内，一般配置在第 3、7、11、15、19、23 及 27 等七个机架位置上。输送机架内装有一个传动辊，它由分配传动装置的下部水平传动轴驱动。

　　输送机架本体为整体式钢板焊接结构，其外形尺寸、上下导轨侧向定位挡块、拉出及推入钩、两侧中间吊环的位置都与轧制机构相同。

　　生产减径量和减壁量较小的大口径成品管不需要配置所有轧制机架，此时就在不需要安装轧制机架的位置上放置导向机架。导向机架内需安装导向管。导向管有跨越两个机架位置的导向管，也有跨越 3 个机架位置的导向管。

机架的传动方式一般分为外传动和内传动两种形式。

外传动机架：机架中的轧辊传动从机架外部单独传动，机架内只装 3 只轧辊和支撑轧辊的轴承。传动伞齿轮装在 C 型双位机座内。

内传动机架：机架中的轧辊传动是在机架内部通过两对伞齿轮集体传动的。机架内装上的 3 只轧辊的传动是从一根轴上输入的。

C　张力减径机双位机座

双位机座为 C 型的铸钢结构形式（见图 9-26）。因为一架双位机座要安装两个轧制机架，所以双位机座分割为三部分，中间部分为机座体，两侧有两套机座盖。双位机座主要组成部件如下：

（1）双位机座本体。它包括机座体、左右分配传动盖、左右上角传动盖、左右下角传动盖等。

（2）分配传动装置。它包括左右两组装有圆柱齿轮和螺旋伞齿轮的传动轴。

（3）斜轴传动装置。它分为左右两组，并装有螺旋伞齿轮、液压缸和齿轮联轴器。

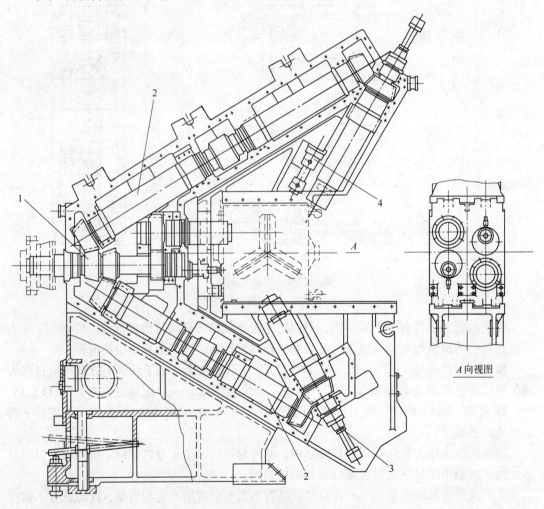

图 9-26　双位机架

1—分配传动装置；2—斜轴传动装置；3—液压缸；4—压紧油缸

（4）压紧油缸、干稀油润滑管路、压力油管路和冷却水管路等。

双位机座固定在底座上，其右边是带燕尾槽的导轨，左边则用两只 T 型头螺栓与底座联结，在纵向每一个双位机座底部左右各用一平键与底座定位。在左侧还有两个压紧螺栓顶住。双位机座本体宽 610mm，中部呈 C 型处的底部及顶部各有左向与右向机架的滑轨。机架沿滑轨推入 C 型机座后，机座上的锁紧油缸伸出，压住机架右上方的凸台，限制机架由于轧制时的振动力和机座机架之间的配合间隙而引起的上下跳动和窜动。

D　机架更换装置

快速换辊是现代化张力减径机的一个重要特征，根据张力减径机生产工艺的要求，换辊次数频繁。为提高机组的生产率就必须要缩短主要辅助时间——换辊时间。张力减径机采用两台液压换辊小车，达到了快速更换机架的目的，每次更换机架只需 7min。

该换辊装置用于从双位机座中拉出或装入机架。根据生产需要可以是全部机架一起调换，也可以更换尾部或头部若干架机架。

拉出小车由车架、横向传动装置、纵向传动装置、定位装置、拉出装置、液压装置、润滑装置、电缆拖链转接装置及顶篷等部分组成。

当机架被拉钩拉到小车上后，纵向轮升降油缸接通活塞杆，向外伸出杠杆臂。杠杆臂用键固定在中间轮轴上，在油缸活塞推动杠杆臂时，连同轴一起在滑动轴承内转动，这样纵向轮按逆时针转动而落下。当轮子接触到轨道后，活塞杆继续外伸，最终杠杆臂将小车抬起，这时横向轮就架空在轨道上。当杠杆臂运动到与轨道垂直状态后，这一过程就结束。

某些张力减径机的主要技术参数如表 9-5 所示。

表 9-5　连续轧管机组所配置的张力减径机技术参数

技术性能		原联邦德国曼氏 RK1 1966	英国钢管投资公司 1967	日本住友 1979	日本钢管公司 1979	日本川崎 1979	前苏联南方钢管厂 1979
轧机形式		三辊	—	—	—	—	—
机架数		24	—	—	24（25）	24	24
管子尺寸 /mm	最大外径	130.7	133	146	133	175	102
	最小外径	26.9	19	25	34	21.7	75
	最大壁厚	20	12.7	15	25	25	—
轧辊速度 /m·s⁻¹	最大进口速度	1.98	2.4	3.6	1.38	1.26~1.24	2.5
	最大出口速度	9	9.1	11	5.13	7.5	9
	调速范围	2.35±1	3±1	—	—	—	—
轧辊尺寸 /mm	直径	330	356	406	330	350~300	330
	辊身长	135	140	152	135	—	180
机架间距/mm		290~310	355.6	299~381	289~309	290~310	310
电机功率/kW		175×24	1-8, 93.2 9-24, 150	12-18, 300 其余 200	7-24, 309 其余 125	11-24, 210 1-11, 300	2×1400
转速/r·min⁻¹		800/1200	650/195	650/1950	—	—	200/450
过载系数/%		300	300	300			

技术性能		原联邦德国曼氏 RK2 1972	英国某厂 1976	阿根廷 1979	法国某厂 1977	波兰某厂（设计）	中国宝钢 1978
轧机形式		三辊	—	—	—	—	—
机架数		28	—	21	24	28	28
管子尺寸 /mm	最大外径	189.7	140	149.7	177	139.7	139.7
	最小外径	21.3	81	21.3	21.3	21.3	21.3
	最大壁厚	25	20	17.1	11	25	25
轧辊速度 /m·s^{-1}	最大进口速度	3	1.8	1.8	2.3	3.0	2.75
	最大出口速度	16	7	10	13	16	16
	调速范围	2.5±1	—	—	2.5±1	2.5±1	4±1
轧辊尺寸 /mm	直径	330	300	350	330	330	330
	辊身长	135	120	—	—	150	1
机架间距/mm		310	270~280	317.5	310	310	310
电机功率/kW		1-23，350	175×24	130×24	150×24	350×24	350×28
转速/r·min^{-1}		800/2000	—	—	800/2000	800/2000	800/2000
过载系数/%		—	300	—	—	300	300

9.2　冷 轧 管 机

冷轧钢管的生产方法开始于1932年。它是以热轧或热挤压法生产的钢管为坯料在室温下进行轧制的加工方法。广泛地用来生产高合金钢、合金钢和碳钢钢管。它生产的管材尺寸精度高，强度高，表面光洁度高，尺寸范围广。冷轧管机的种类很多，有周期式冷轧管机、多辊式冷轧管机、连续式冷轧管机、行星式冷轧管机、多线式冷轧管机和旋压机等。但目前在结构上比较完善，技术上比较成熟，被广泛采用的是周期式冷轧管机。

9.2.1　二辊周期式冷轧管机组成

二辊周期冷轧管机是具有周期性工作制度的二辊式轧机。轧制过程中工作机架连同轧辊，由曲柄连杆机构带动做往复运动。在轧制过程中，钢管在变断面的圆轧槽和不动的锥形顶头所组成的环形孔型中往复轧制。

二辊周期式冷轧管机是具有周期性工作制度的二辊式轧机，它由各种设备和机构组成，一般包括以下几部分：

轧制设备：由工作机架及底座、传动机构、前卡盘和中间卡盘组成，这一部分设备用来直接轧制钢管。

受料装置：由装料台、中心架、送进和回转机构、主传动、管坯卡盘和地脚板组成，它是放置待轧的管坯和在轧制时送进和回转管坯。

后台部分：它是用来在装料时移动芯棒杆和在轧制时固定芯棒杆，包括芯棒杆卡盘的固定机构、芯棒杆返回机构、返回机构的传动装置和中间连接部分。

出料装置：用来收集轧制后的钢管，包括算条和料筐在内的受料槽、飞锯和拨料机的传动装置。

液压操纵装置：用来储油和向各液压缸供油，包括油泵、分流阀、重力蓄力器和油管等。

润滑和冷却系统：用来向冷轧管机各个机构、管坯和所轧管子提供润滑油和冷却液，可分为三个部分，即地下油库、油管和润滑管坯的装置。地下油库又由三部分组成，即稀油站、干油站和冷却液站。

周期式冷轧管机的主要技术参数如表9-6所示。

表9-6 二辊周期式冷轧管机的技术性能

参 数		轧 机 种 类						
		LG-30	LG-30Ⅲ	LG-55	LG-80	LG-120	LG-150	LG-200
管料尺寸	直径/mm	22~46	22~46	38~73	57~102	89~146	108~171	140~230
	壁厚/mm	1.35~6	1.35~6	1.75~12	2.5~20	约26	约28	约32
	长度/m	1.5~5	1.5~5	1.5~5	1.5~5	2.5~6	2.0~6.5	2.5~6.5
轧成管尺寸	直径/mm	16~32	16~32	25~55	40~80	80~120	100~150	125~200
	壁厚/mm	0.4~5	0.5~5	0.75~10	0.75~18	14~16	3~18	3.5~22
	长度/m	约25	3~25	约25	约25	4~10	4~10	4~10
工艺参数	最大断面减缩率/% （含C<0.35%的碳钢管）	88	—	88	88	80	80	80
	合金钢和不锈钢管	79	75	79	79	70	70	70
	最大直径减缩量/mm	24	21	33	33	50	50	50
	最大壁厚减缩率/% （含C<0.35%的碳钢管）	—	—	—	70	70	70	
	合金钢和不锈钢管	70	65	70	70	45~60	45~60	45~60
	管料送进量/mm	2~30	2~20	2~30	2~30	2~20	2~20	2~15
结构参数	辊径/mm	300	300	364	434	550	640	760
	主动齿轮节圆直径/mm	280	280	336	主406 从378	462	主528 从640	616
	机架行程长度/mm	450	450	624	705	802	905.56	1076
	轧辊回转角/(°)	185.51	184.08	212.856	213.912	198.986	196.531	200.131
	机架行程次数/次·min^{-1}	80~120	70~210	69~90	60~70	60~100	45~80	45~70
	主电动机功率/kW	72	115	100	130	320	320	500
	生产率/m·h^{-1}	115	343	108	95	90	75	70

9.2.2 二辊周期式冷轧管机的主要装置

9.2.2.1 工作机架和机座系统

图9-27为二辊式冷轧管机工作机架的结构。它由牌坊、轴承、主动齿轮、齿条、滚

轮、滑板、轧辊及其调整和平衡装置等部件组成。

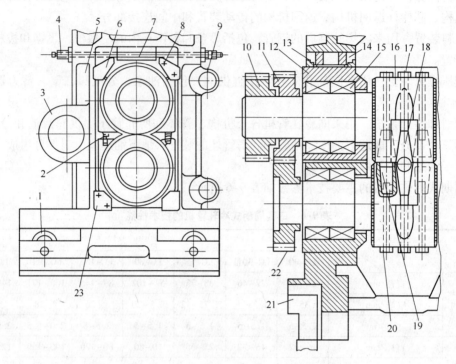

图 9-27　二辊式冷轧管机的工作机架

1—滚轮；2—平衡弹簧；3，9—凸耳；4，20—螺栓；5—牌坊；6—压板；7，19—斜楔；
8—螺钉；10—主动齿轮；11，22—从动齿轮；12—轴承座；13—剪切环；14—冲头；15—滚动轴承；
16—工作轧辊；17—中心螺丝；18—轧槽块；21—凸台；23—盖板

　　机架（牌坊）为铸件或焊接件。机架上的凸耳用来与传动机构的连杆相联。机架下部的凸台用来防止工作机架由于倾翻和移动而离开轧制中心线。机架下部还有两对镗孔，孔中装着滚轮的轴，但在有的轧机上滚轮已改为滑板。

　　工作轧辊安装在轴承座中的滚动轴承上。上下轧辊辊颈上装有从动齿轮。此外在上轧辊轴端还装着主动齿轮，而主动齿轮又与固定在机座上的齿条相啮合。这样以使工作轧辊得到滚轧运动。上下轧辊的平衡是靠上下轧辊的轴承座上安放平衡弹簧，来实现平衡轧辊以及装在轧辊上的全部零件。

　　上下轧辊的轴承座用盖板固定在窗口中。轧辊间隙的调整是靠装在上轧辊轴承座和机架之间的斜楔来实现的。斜楔位置的调整借助于螺栓。轧辊的轴向调整是通过牌坊两侧压板来实现的。

　　在斜楔中置有安全装置的剪切环和冲头。剪切环在轧制负荷超过允许值时发生破坏，从而对轧辊及工作机架的其他部件起保护作用。

　　轧槽块用中心螺丝固定在工作轧辊的切槽中，通过装在轧槽块和辊身上径向刻槽中的两个斜楔把扭矩从轧辊传到轧槽块。斜楔用螺栓拧紧。

　　工作机架底座的功用是：为工作机架（当它运行时）导向、安装前卡盘和中间卡盘的传动轴、安装并固定使工作轧辊滚动的齿条、安装冷轧管机中间卡盘和前卡盘以及前卡盘的操作机构等。机座是一个空心框架和带有加固筋的支架装配而成。工作机架下面的滚轮，可在机座的导轨上滚动。

9.2.2.2 主传动及传动机构

主传动包括主电动机和减速机。

冷轧管机可用交流电动机或直流电动机驱动。直流电动机用来驱动小型冷轧管机，以适应多品种的需要。对于专用的以及大中型冷轧管机采用交流电动机驱动，以减少投资。

主传动的减速机有圆锥齿轮减速机和圆锥圆柱齿轮减速机。用圆锥齿轮减速机的优点是，主传动可布置成与轧制线平行，以减小机列的宽度。

传动机构的作用是把冷轧管机的主传动的转动变成工作机架的往复移动。二辊式冷轧管机的传动机构由一对曲轴连杆机构和两对齿轮组成。其中一对齿轮是从动的曲柄齿轮；另一对是主动齿轮，它通过联轴器与传动相连。

工作机架的传动系统见图 9-28。由于加速度和减速度的存在，导致处在运动状态的工作机架和曲柄连杆机构要不断承受很大的惯性力。

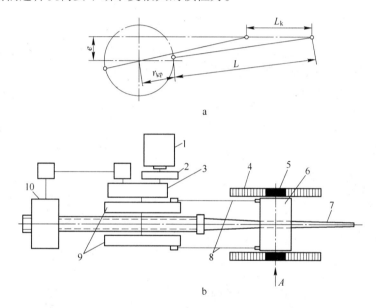

图 9-28 二辊式冷轧管机工作机架的传动系统
1—主电机；2—联轴节；3—主减速机；4—齿条；5—齿轮；
6—工作机架；7—管子；8—连杆；9—曲柄轮；10—送进回转机构

为了减小惯性力，主要措施之一是设置惯性质量的平衡装置。

西德曼内斯曼-米尔公司制造的冷轧管机采用重锤平衡，在前苏联采用气动和液压平衡装置。除了上述几种平衡装置外，尚有气液动平衡装置在曲柄轮上带配重的平衡装置。

降低工作机移动时惯性的另一个主要途径是减小其移动部分的质量。为此，设计制造了轧制时工作轧辊往复移动而机架不移动的固定机架冷轧管机。

9.2.2.3 送进回转机构

冷轧管机的送进回转机构是很关键的部分。它的作用是当工作机架处在后极限位置时送进管料，从而进行轧制，当工作机架处在前极限位置时回转管料。

送进回转机构有多种型式，如马尔泰盘式、杠杆式和减速箱式。下面介绍使用较多的减速箱式送进回转机构。

减速箱式送进回转机构（图9-29）被认为是一种较好的送进回转机构。它是具有一个水平分箱面的组合箱，比较紧凑。凸轮是主动轴，它的转速同工作机架的往复行程次数完全一样。固定在摆杆上的两个滚轮在凸轮上滚动。一对滚轮之间用滑架联接着，同时，滚轮的小轴以转配合装在滑架的颚板中。第二个滚轮的小轴固定在滑块中，该滑块能够在滑架的槽中移动。凸轮的轮廓设计使得机架正、返行程期间滑架和滑轮都是不移动的。送进时，凸轮为半径那一段轮廓使滚轮向左偏转，从而使摆杆在逆时针方向偏转20°30′。同摆杆装在同一根轴上的摇拐销也偏转20°30′。连杆装在摇拐销上，其另一端同摇杆铰接。根据摇拐销的位置，定出两个轴之间的传动比，使轴的转角可在0°~35°之间变化。这样就能实现送进量大小的调整。在轴的端部（花键）装有平向辊式接手的星形轮。当送进时，接手楔住，同时把轴转动，通过单向辊式接手的轮缘，传给同这个轮缘牢牢固接在一起的齿轮。

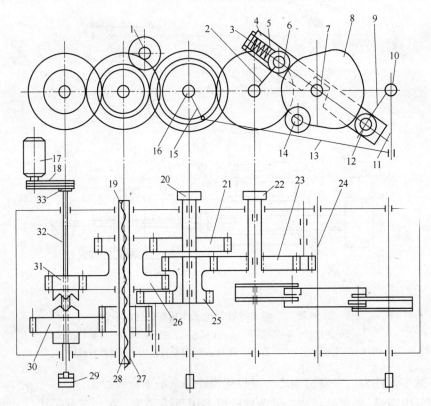

图9-29 减速箱式送进回转机构的传动系统

1—回转轴；2，9—摆杆；3—弹簧；4—滑架；5—滑块；6，12—滚轮；7—凸轮轴；8—凸轮；
10—定出轴；11—摇拐销；13—连杆；14—回转轴；15—摇杆；16—轴；17—电动机；18—三角皮带；
19—螺母；20—星形轮；22—轮缘；21，23~26—齿轮；27—送进轴；28—丝杠；
29—液压缸；30，31—牙嵌式离合器；32—轴；33—摩擦离合器

通过连裙齿轮，进一步传动牙嵌式离合器和送进轴上的齿轮。在送进轴上固定着青铜螺母。轴向固定的螺母转动，使送进丝杠向工作机架方向移动进行送进。

回转管料时，凸轮变半径那段轮廓使滚轮向左偏转，这时，摆杆朝逆时针方向偏转。

同摆杆固定在同一轴上的单向辊式接手的星形轮也同时回转。在回转过程中，接手楔死，从而把转动传给接手的轮缘和与它牢牢固定在一起的齿轮。齿轮一方面与连裙齿轮啮合来传动心棒杆的上回转轴，另一方面同齿轮相啮合，来传动与前卡盘和中间卡盘的传动轴相连接的下回转轴。

送进管料时，摆杆顺时针方向偏转。这个转动不能由回转管料的单向辊式接手传递出去。回转管料时，送进管料用的辊式接手打滑，送进摆杆的偏转运动不能由接手的轮缘传出去。

为使管料卡盘快速移动，牙嵌式离合器可借助于液压缸脱开。同时压紧摩擦离合器的摩擦片。快速行程的电动机通过三角皮带、摩擦离合器、轴和送进轴上的齿轮使送进丝杠的螺母旋转。

9.2.2.4 卡盘

卡盘是把送进回转机构间断性的送进和回转运动传给管料、管子和芯棒杆的装置。送进管料的卡盘叫管坯卡盘，而转动管料、管子和芯棒杆的卡盘分别叫中间卡盘、前卡盘和芯棒杆卡盘。但在一些轧机上，管料的送进和回转用同一管料卡盘来完成，这样，在管坯卡盘上除了有送进管料的装置外，还设置了卡紧和回转管料的装置，机构较复杂。

A 管坯卡盘

图 9-30 为一种侧装料的二辊式冷轧管机用管料卡盘。这种卡盘只用来送进管料。壳体上有镗孔，孔的轴线同冷轧管机的轧制中心线相重合。孔的滚动轴承上装有空心轴。可更换的挡碗以螺纹同空心轴的前端相连，挡碗用于管料的定心和顶着管料向前移动。轧制过程中产生的轴向力由止推轴承来承受。这种管料卡盘结构简单，所以应用广泛。

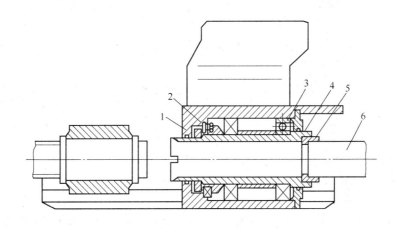

图 9-30 二辊式冷轧管机的管料卡盘
1—壳体；2—止推轴承；3—滚动轴承；4—空心轴；5—挡碗；6—管料

在端部装料的冷轧管机上，也装有管坯卡盘。管坯卡盘完成管料的送进和转动两个操作过程。它由壳体、可在其内孔自由通过管料的空心轴、以相隔 120° 分布在空心轴纵向切槽中的 3 个卡爪、张开弹簧、具有锥形内表面并和卡爪表面相接触的卡碗，以及可沿管轴移动卡碗的机构组成。在空心轴上还安装着齿轮。齿轮与送进回转机构转动轴上的齿轮相啮合。

B 中间卡盘

用来回转管子的中间卡盘安装在工作机架之前，它应当同时能防止轧制时管料的轴向移动，但必须在送进时能使管料通过。图 9-31 为一种单线冷轧管机的中间卡盘。它由机壳和送进回转机构转动轴相连的齿轮系、中空轴、用来导入管料的导管、3 个卡爪、套，以及横梁组成。横梁和管料卡紧装置由液压缸相连。当液压缸的活塞杆移动时，横梁压靠卡爪的锥形表面，使卡爪靠拢卡住管料。液压缸活塞杆的移动与工作机架曲柄连杆机构轴的转动同步。当工作机架到达前极限位置时，借助于转动轴及齿轮系，卡盘和被卡爪所卡住的管料一起转动；当工作机架到达后极限位置时，液压缸的活塞杆左移，卡爪和管料脱开不干扰管料的送进。

多线冷轧管机所有中间卡盘装于同一个机壳内。

C 前卡盘

前卡盘安装在工作机架底座的前挡板上。图 9-32 为二辊式冷轧管机前卡盘的结构。卡盘的空心轴安装在壳体的滚动轴承中。滚动轴承的内环用伞齿轮的凸缘压着，冷轧管机的传动装置通过该伞齿轮使卡盘的空心轴间歇地回转。

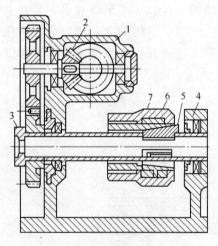

图 9-31 中间卡盘

1—壳体；2—齿轮系；3—中空轴；
4—导管；5—卡爪；6—套；7—横梁

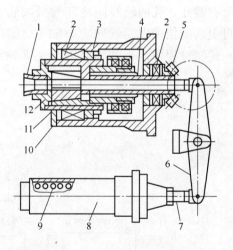

图 9-32 二辊式冷轧管机的前卡盘

1—导套；2—滚动轴承；3—壳体；4—空心轴；
5—伞齿轮；6—拉杆；7, 8—液压缸；9—弹簧；
10—套筒；11—卡爪；12—法兰

空心轴右端面上开有 3 个孔，套筒的 3 个凸爪，分别通过这 3 个孔插在空心轴的内腔中。套筒的 3 个凸爪上都开有 T 形槽，卡爪的相应凸台插在这个 T 形槽中。为避免卡爪从 T 形槽中脱出，用法兰加以固定。在该法兰上固定有导套。套筒通过键与空心轴相连，同时套筒可沿着键移动。套筒的移动借助于拉杆。拉杆的一端与拉杆相连，另一端与单向液压缸的活塞杆相连。

液压缸的左腔室中装有弹簧，其张力可用螺塞调整。卡爪在该弹簧的作用下抱紧管子，液压装置动作时，卡爪松脱。

D　芯棒杆卡盘

轧制钢管时芯棒杆卡盘用固定机构固定。芯棒杆卡盘用来固定芯棒杆、调整芯棒在变形区中的位置，同时在回转管料时回转芯棒杆。图 9-33 为一种侧装料单线二辊冷轧管机的芯棒杆卡盘。它由底板、小车、套筒、拉杆、缓冲弹簧、调整垫圈和调整螺丝组成。芯棒通过芯棒杆及拉杆和小车相连，并通过送进回转机构的转动轴及装在套筒右端的齿轮回转。套筒的左端装在小车内并支在止推轴承上，通过缓冲弹簧承受轧制时作用在芯棒杆上的轴向力。芯棒位置的调整借助螺丝来实现。

在端部装料的二辊式冷轧管机上，芯棒杆靠两块可以张开的闸瓦固定在卡盘上。在闸瓦上切有环状凹槽，当闸瓦相合时，其凹槽抱住拉杆尾端的环状凸起，固定芯棒杆。当装下一根管料时，闸瓦打开，管料在闸瓦与拉杆尾端之间的间隙中通过。闸瓦安装在小车上，小车的位置借助于螺丝来调整，以此来改变芯棒在变形区中的位置。

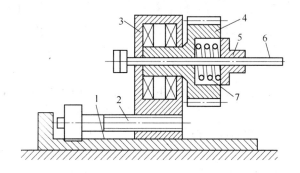

图 9-33　侧装料单线二辊式冷轧管机的芯棒杆卡盘
1—底板；2—螺丝；3—小车；4—套筒；5—调整垫圈；6—拉杆；7—缓冲弹簧

9.3　焊　管　机

焊管生产是将钢板（钢带）用各种成型方法弯卷成所要求的钢管形状，然后用不同的焊接方法将焊缝焊合的过程。焊管的生产方法种类繁多。按焊缝形态有螺旋焊管和直缝焊管。焊管按生产方法特点可分为炉焊管、电焊管、埋弧焊管和其他焊管等。炉焊管又可分为断续炉焊管和连续炉焊管。断续炉焊管已经淘汰，现在大多采用连续炉焊。电焊管，又有交流焊管和直流焊管。交流焊管根据电流波形的不同又有正弦波焊和方波焊，根据频率的不同有低频焊、中频焊、超中频焊和高频焊。低频焊已经淘汰，高频焊按电输入方法又有接触焊和感应焊。埋弧焊大多用于生产中直径管及大直径管。特殊焊接方法有钨电极惰性气体保护焊（TIG）、金属电极惰性气体保护焊（MIG）、高频焊接惰性气体保护焊、等离子体焊、电子束焊、钎焊等，用来生产有色金属管、高合金管、不锈钢管、锅炉管、石油管以及双层卷焊管等。各种焊管生产方法见表 9-7。

表 9-7　焊管的主要生产方法

类别	生产方法	基 本 工 序	
		成 型	焊 接
直缝焊管	连续炉焊机组	在连续加热炉中加热管坯，出炉后用辊式连续成型机成型、焊接	
	连续成型电焊机组	辊式连续成型机	高频电阻与感应焊、惰性气体保护电弧焊[①]
		连续排辊成型机	高频电阻与感应焊、埋弧焊、惰性气体保护电弧焊
		履带式连续成型机	高频电阻与感应焊、埋弧焊、惰性气体保护电弧焊
	UOE 电焊机组	UOE 压力成型机	埋弧焊、惰性气体保护电弧焊
	辊式弯板电焊机组	辊式弯板成型机	埋弧焊、惰性气体保护电弧焊
螺旋焊管	螺旋成型电焊机组	连续螺旋成型器	埋弧焊、高频电阻焊、惰性气体保护电弧焊

①惰性气体保护电弧焊包括钨极电弧焊（TIG）和金属极电弧焊（MIG）。

9.3.1　连续炉焊管机组

连续炉焊管机组是生产小直径焊管的有效方法之一。它是将带钢加热到 1350~1440℃ 的焊接温度，然后通过成型焊接机受压成型并焊接成钢管。炉焊管成本低，但焊缝强度较电焊缝管低，一般仅限于焊接低碳钢管。但由于炉焊管的能耗大，使它的进一步发展受限制。

如图 9-34 所示为连续炉焊管机组设备组成。钢带一般经过 6~14 机架所组成的成型焊接机进行成型和焊接。成型焊接机为二辊式，相邻机架轧辊轴线互为 90°角交替布置。在第一对立式机架中，带钢弯曲成近似于马蹄形管坯，在第二架进行锻接，以后各机架均起减径作用。

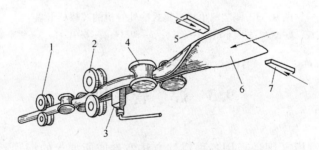

图 9-34　连续炉焊管过程示意图
1—减径辊；2—焊接辊；3—喷嘴；4—成型辊；5，7—风管；6—钢带

9.3.2　连续成型电焊管机组

连续成型电焊管机组是生产焊管的主要形式，图 9-35 为小型高频焊管机组，主要由开卷机、成型机、导向辊装置、挤压辊装置、焊接机、内外毛刺清理装置、冷却装置、定径机和精整机等设备组成。带材在连续辊式成型机上连续成型为管筒，经高频加热、挤压辊挤压实现焊缝的对接，然后经过定径、精整等工序完成制管全过程。为了扩大产品规格范围，有时机后配置张力减径机。

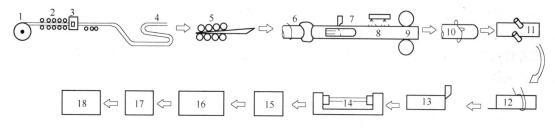

图 9-35 小型高频焊管机组

1—带钢卷；2—矫平；3—切头对焊；4—活套；5—成型机；6—焊接；7—去除内外毛刺；
8—冷却；9—定径；10—切断；11—矫直；12—涡流探伤；13—平端头；14—水压试验；
15—检查；16—打印；17—涂油；18—包装入库

9.3.2.1 辊式成型机

连续成型电焊管机组根据成型机构造不同可分为：辊式成型机组、排辊成型机组、履带式成型机组。我国目前焊管成型机大部分是采用辊式成型机组。

成型机包括成型主机、驱动系统和冷却润滑系统。成型主机由底座、水平辊机架、立辊机架及调整系统和轧辊等组成。驱动系统包括主电机、减速机、联轴节和万向接轴。冷却润滑系统包括减速机的稀油循环系统和轧辊冷却用的乳化液循环冷却系统。

管坯在成型机上成型为管筒分为两个阶段：粗成型和精成型。粗成型也称预成型，是将管坯初步成型为管筒形状；精成型是封闭孔阶段，使管筒具有正确的几何尺寸，并具有减径作用。

成型主机一般由若干个传动的水平辊机架和若干个不传动的立辊机架组成。一般来说，水平辊机架承担主要的带钢变形，所以水平辊机架也叫成型机架，水平辊是主动的；立辊机架用于导向，同时保持带钢在水平辊中已经形成的形状，防止变形带钢的回弹，立辊是被动的。按机架的结构，水平机架可分为悬臂式和龙门式两种。悬臂式机架是将轧辊安装在一个悬臂轴上，因而换辊容易，操作方便，但刚度差，适合于生产直径 60mm 以下的薄壁管。龙门式机架是将成型辊安装在两片牌坊之间，具有良好的刚性，机架稳定，因而保证了成型质量，广泛应用于各种大、小机组。这种机架根据牌坊的构造又可分为开口式机架和闭口式机架两种。

图 9-36 是 $\phi15\sim152mm$ 成型机的开口式水平辊机架。机架有两个开式的牌坊，上盖与两根立柱用螺栓连接。在牌坊两根立柱之间装有上下箱形轴承座。下轴承座的位置一般固定不变，但也有带下辊压上装置的机架，这是根据成型的需要增设的。压下丝杆用销子与上轴承座的凸耳相连，带动轴承座上、下移动，达到调整轧辊的目的。轧辊利用隔离套筒及背紧螺帽固定。轧辊轴用万向接轴传动。

立辊的作用是保证带钢正确地进入成型机，并进一步加工带钢边缘。立辊机架由机座、调整螺丝、立轴、轧辊等组成。立辊一般是不传动的。图 9-37 是 $\phi15\sim152mm$ 成型机的带矩形槽的立辊机架。

成型机的传动设备有主电动机、主变速箱、传动轴、变速分配箱和万向接轴等主要部件，其传动方式可以分为三种：集体传动、分组传动和单独传动。集体传动为成型机和定径机共用一台电机，经一个主减速器两端出轴，分别传动各成型机架和定径机架的分配

箱。这种传动方式机械地保证了各机架的速度同步，设备简单，调整容易，广泛地用于
ϕ114 及其以下的小型直缝焊管机组。分组传动是将成型机和定径机分别用两台电机传动，
或者将成型机再分成若干组，每个一台电机驱动。这种传动方式，其各组之间的速度调节
比较灵活，因此工艺适应性强。单独传动是每个成型和定径机分别采用一个电机传动，这
样，每个机架之间的速度调节将更加灵活，ϕ219 以上的中型机组大多采用这种形式。

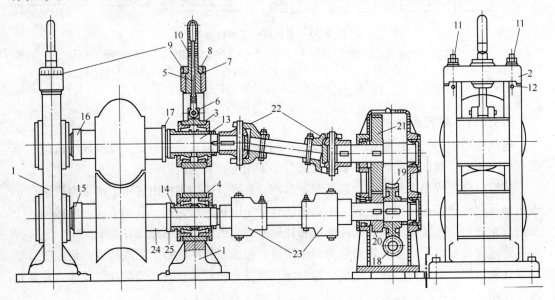

图 9-36　ϕ15~152mm 成型机的开口式水平辊机架

1—牌坊；2—盖；3—上轴承座；4—下轴承座；5—压下丝杆；6，12—销；7，15~17，25—螺母；8—套筒；
9—刻度盘；10—锁紧螺母；11—螺栓；13—上辊轴；14—下辊轴；18，19—蜗轮副；
20，21—齿轮副；22，23—万向接轴；24—套

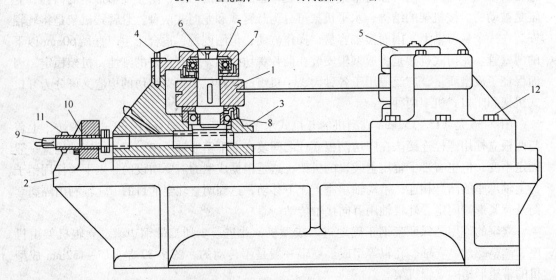

图 9-37　ϕ15~152mm 成型机的带矩形槽的立辊机架

1—立辊；2—底座；3—支架；4—联接螺钉；5—盖子；6—轴；
7，8—轴承；9—螺丝；10，11—螺母；12—螺栓

9.3.2.2 焊接机组

成型后的管坯送入高频焊接机组焊接成管材。目前直径小于 426mm 的中小直径焊管主要采用高频电焊。高频焊接机组包括以下设备：导向辊装置、挤压辊装置、内外毛刺清理装置、高频发生器（或电子管振荡器）及其输出装置，磨光辊，检测装置及焊接功率（或温度）自动控制系统等，其布置如图 9-38 所示。

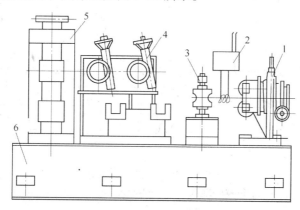

图 9-38　高频焊接机组

1—水平导向辊；2—高频输出变压器；3—挤压辊；4—外毛刺清除装置；5—磨光辊；6—底座

A　导向辊和挤压辊装置

导向辊是控制管坯边缘焊接角的主要工具，导向辊中间装有导向片，也称刀片，利用导向片的厚度来控制焊接角，以达到最佳焊接效果。导向辊常见的有三种结构型式：

（1）一架水平辊和一架立辊组成。用以控制钢管在水平和垂直方向的中心位置。结构复杂，操作不便。

（2）由一架水平辊组成。上辊有压下调整，上、下辊可以做轴向调整。利用上辊导向环的轴向调整来控制管缝方向。整个机架可在底座上作纵向调整，以控制开口角的大小。这种装置调整幅度不大，而且影响钢管表面形状。

（3）由一架回转水平导向辊组成。上、下辊缝的间隙可以调整。上、下两辊装在一个辊架上，辊架可以作回转调整，以控制辊缝方向。整个辊架既可作升降调整，又可在底座上可左、右调整以控制管坯的中心。水平回转导向辊由于调整方便，得到广泛的应用。

挤压辊是用来将已经加热到焊接温度的管坯边缘，通过挤压辊给予一定的压力达到焊接目的。挤压力的大小直接影响到焊缝质量，因此挤压辊是焊管机组中的重要设备。挤压辊的结构形式很多有二辊式、三辊式、四辊式和五辊式等，如图 9-39 所示。一般小直径辊采用二辊式挤压辊（图 9-39a）。图 9-39b 所示为前后布置的双三辊式。图 9-39c 所示为四辊式，多用于感应焊。图 3-39d 所示的四辊式多用于采用接触焊的成型机组。高强度厚壁管和中直径管由于回弹大，大多考虑四辊式或五辊式挤压辊。四辊式挤压辊是两个大的挤压辊在下边，而在上边装有两个较小的斜压辊，目的是使边缘对齐。两立辊除了可作水平与垂直方向调整外，两小辊可作上下、左右及前后调整。这种形式的挤压辊调整方便，但结构庞大、复杂，而且使电耗增加。图 3-39e 为三辊式。图 3-39f 为生产直径较大的成型机组所采用的带支撑辊的五辊式挤压辊。

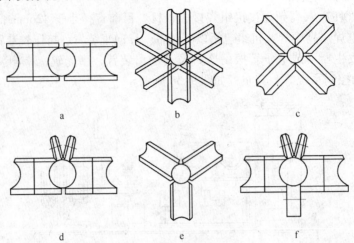

图 9-39 挤压辊的结构形式

a—二辊式；b—双三辊式；c, d—四辊式；e—三辊式；f—五辊式

常用的二辊式挤压辊底座结构形式大体上有两种。一种是挤压辊呈直立悬臂式固定，其中心距可调，但孔型高度不能调，高度调整靠加垫找正。这种结构调整不便，而且挤压辊固定不稳固，易影响焊接质量。另一种是与立辊机架结构类似，如图 9-40 所示。挤压辊安装在两根立轴上，立轴根部用螺纹固定在滑块上。立轴顶部由一拉板连接稳固，滑块以不同方向丝扣安装在水平丝杠上，丝杠固定在机座上。调节丝杠端部螺母可使两挤压辊作同侧方向的移动；拧动丝杠端部的方头可使两挤压辊作相对方向的移动；拧动立轴顶部的方头可使挤压辊作升降调整。这种结构固定稳固，调整方便，焊接质量良好。

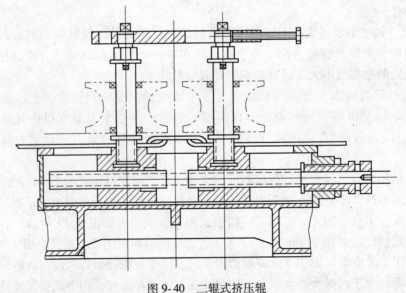

图 9-40 二辊式挤压辊

B 毛刺清除装置

外毛刺一般是用刨削的方法清除。刨刀的位置应能在水平和垂直方向进行调整，并具

有与钢管外圆相适应的弧形刀刃，如图9-41所示为常见的外毛刺清除装置。刨刀2固定在刀架3中，刀架3可通过螺丝5沿导板4相对于焊接中心线左右移动。刨刀在高度方向的位置通过导板4和刀架一起沿支座中的导槽移动来调整。这种移动可分为粗调和微调。

当换规格时，用螺丝6改变刨刀的位置，旋转螺丝6时需预先松开螺母7。微调时旋转手柄8带动斜楔系统9和10，可使刨刀的位置得到平稳的调整。

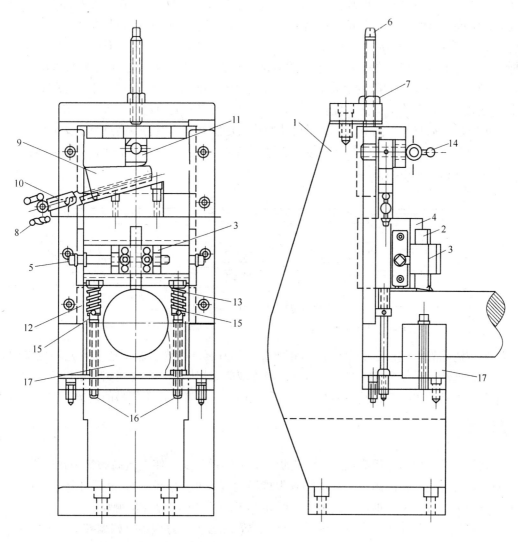

图9-41　外毛刺清除装置

1—支架；2—刨刀；3—刀架；4—导板；5，6，16—螺丝；7，15—螺母；
8，14—手柄；9，10—斜楔系统；11—凸轮；12，13—弹簧；17—靠垫

为了在机组停车时，很快地抬起刨刀，装有凸轮11和两个支撑弹簧12和13。用手柄14旋转凸轮11时，导板4同刀架3以及斜楔系统9、10一起，在支撑弹簧的作用下很快抬起。对于不同直径的钢管，支撑弹簧的位置应当改变，因此，托住弹簧的螺母15要沿螺丝16移动。清除毛刺过程中，钢管下部靠在铜的靠垫17上。对于不同直径钢管应当选用相应的靠垫。

刨下的毛刺可用电动的毛刺卷取机收集，也有采用断屑装置在红热状态下将毛刺等距离地压出一个凹口，从而使刨屑成为小段而后加以收集。

内毛刺清除装置的结构和型式很多，如辊压式内毛刺清除装置、刀除内毛刺装置、浮动塞式内毛刺清除装置、高速锻压式内毛刺清除装置。实际生产中广泛应用刀除内毛刺装置。

刀除内毛刺装置的设计有很多种，有的利用液压来控制刀头，在钢管外面控制内毛刺的切削深度。有的在刀架上固定一把旋转刀头，由于旋转刀头的中心与焊缝中心成一定角度，依靠钢管的前进运动，使旋转刀头一面旋转，一面切削内毛刺。有的在刀架上固定一把刀头，为了防止刮下来的内毛刺在管内堵塞，在刀架的前方设置了一个断屑轮。图9-42是带有固定刀头的刀除内毛刺装置。刀架与连杆相连接，连杆固定在成型机架的横梁上，刀架上安装有两个下支承辊和两个上支承辊，刀架末端固定了刀头，刀头位置和切削深度可通过末端螺丝来调节。该装置设计的特点是使上支承辊的最高点至下支承辊的最低点之间的距离大于钢管的内径，使钢管通过刀架时，垂直直径略有增加，保持了钢管内的稳定性，延长了使用寿命。

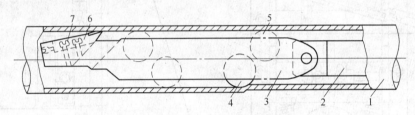

图 9-42　刀除内毛刺装置

1—钢管；2—连杆；3—刀架；4—下支承辊；5—上支承辊；6—刀头；7—固定螺钉

经过清除外毛刺以后的钢管，焊缝处遗留下刀痕，在热状态下通过磨光辊轻微的碾压，将刀痕清除，使外表面光滑，否则，经冷却器冷却后，在定径机组更难以消除。磨光辊是一对空转的水平辊，其机架结构与定径机相同。或者采用更简易的机架，安装一对水平辊。

C　焊接装置

高频焊接主要是利用高频电流的趋肤效应和邻近效应，使电流高频集中在待焊边上，从而能在百分之一秒时间内将其加热到焊接温度（1250～1430℃），然后在挤压辊的作用下进行压力焊接。根据馈电方式不同，可分为感应焊和电阻焊（接触焊）。

感应焊通常是在距会合点30～300mm处绕管坯套上一感应器。根据被焊件形状不同，感应器用平面的或曲面的空心水冷导体材料制成。当感应器通过高频电流时，管坯上感应出电流。由于邻近效应，极大部分电流沿待焊边流过，并在会合点形成回路。为了减少这部分无效电流，采用内外磁导体，其长度应等于感应器的长度。

电阻焊接是借助于两个触头（电极）把高频电流传到管坯上。焊接电流沿管坯坡口两侧流过，并通过挤压辊附近的坡口两侧会合点形成回路。在管两侧坡口上的电流方向是相反的，因此，邻近效应使电流集中于坡口的表面，电流频率越高，电流就越集中于其表面。管内的阻抗器提高了坡口加热的集中程度，因为它增大了电流环绕管坯流过的感抗。两种方法的原理见图9-43。

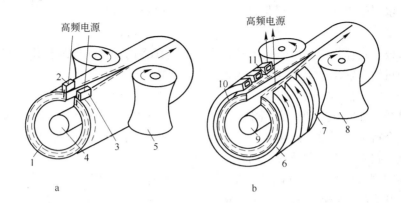

图 9-43 感应焊和电阻焊

a—电阻焊；b—感应焊

1—管坯；2，3—电极；4，9—阻抗器；5，8—挤压辊；6—管坯；7—感应器；

10—循环电流；11—感应电流

在选择焊接装置功率时，首先应根据焊管机组的形式，焊管的规格、材质，生产班次，有效作业率和年产量来确定所要求的焊接速度，然后再根据这个焊接速度及所焊管规格材质以及所采用的焊接方法来选择所需要的功率。一般焊接管直径越大，所需功率也越大。目前国内因受焊接装置功率的限制，一般 1″~6″ 钢管较多采用电阻焊，其焊接装置功率为 400kW。1″ 以下一般都采用感应焊，其功率一般为 100~200kW。

也可按下式估算装置功率：

$$p = k_1 k_2 tbv (\text{kW}) \tag{9-1}$$

式中　k_1——管材质的影响系数。对于软钢，可取 0.8~1，对于 18—8 号不锈钢，可取 1.0~1.2；对于铝，可取 0.5~0.7；对于铜，可取 1.4~1.6；

　　　k_2——管尺寸的影响系数。接触焊时，$k_2 = 1$；感应焊时，k_2 值如表 9-8 所示；

　　　t——管壁厚，mm；

　　　b——加热宽度，一般假定为 1cm；

　　　v——焊接速度，m/min。

表 9-8　k_2 值的选定

钢管外径尺寸/mm	33.5	60.0	88.5	114.0	140.0	165.0
k_2	1.00	1.11	1.25	1.43	1.67	2.0

焊接频率的选择主要取决于焊接管材的材质及壁厚。管壁薄的频率高些，管壁厚的频率低些；有色金属比碳钢管频率高些。在高频焊管时，一般采用 350~450kHz 的频率为宜。在感应焊时频率可选择低些，但最低不能低于 150kHz。在焊有色金属时，应选择较高的频率，起码在 450kHz 以上。

9.3.2.3　定径机

通常焊接后钢管的直径大于规定的尺寸，断面有椭圆，外毛刺清除后有刀痕，冷却后钢管有显著的弯曲，需要经过定径机组。

定径机一般由若干个传动的水平辊机架和若干个不传动的立辊机架，以及 1~2 架矫直头组成。水平辊机架和立辊机架及其传动和成型机相应部分相似，只是定径辊的孔型不同。

　　矫直头设在定径机组最后一架水平辊后面，用在将钢管径向规圆和长度方向进行粗矫直。在小型机组中常用八辊矫直头。八辊矫直头是由两组四辊组成的圆孔型，利用三支点弯曲矫直法。定径出口处为一支点，由四辊组成的两层辊子构成两个支点，互相调节可达到矫直的目的。如图 9-44 所示为常用的八辊矫直头。焊接机座中装有两个辊盒，每个辊盒中装有 4 个矫直辊调整板同装在它上面的辊盒一起，可以用螺丝在垂直方向进行调整，螺丝同转盘连接在一起。调整板中的孔槽用于导向，螺钉穿过槽孔将其固定。矫直头的每个压辊在径向都可用螺丝进行调整。每个辊盒的所有 4 个压辊可以绕钢管一定角度。为此，辊盒中开有槽孔，螺钉穿过该槽孔将其固定。整个矫直头可用螺丝使其绕螺钉旋转一定角度。

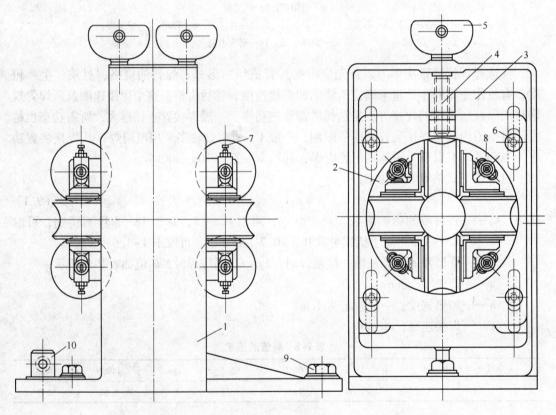

图 9-44　八辊矫直头装置

1—焊接的机架；2—双层辊底（每个辊底装有四个辊子）；3—调整板；4—丝杠；
5—转盘；6—紧定螺丝；7—螺丝；8—旋转锁紧螺钉；9—支点螺钉；10—回转螺栓

　　对八辊矫直头进行改造后成为土耳其矫直头，用于较大直径的焊管机组。它由固定在底座上的两架矫直头和出口侧导向立辊所组成。每架矫直头的辊架上，固定有两个或 4 个辊子，辊子可作径向调整，辊架可作回转 360° 的调整，整个辊架又可作相对于轧制线的上下左右调整。

　　导向立辊固定在矫直头钢管出口方向一侧，其结构与成型定径立辊机架相同。

9.3.3 UOE 焊管机组

UOE 法是指将厚板经过 U 成型和 O 成型后并焊接后经扩管机进行扩管而生产大口径直缝焊管的主要方法。UOE 焊管以厚钢板为原料经刨边加工成钢管直径所要求的板宽和将板边加工成有一定形状的坡口,保证获得良好均匀的焊缝。首先在压力机或辊压机上预弯边,在 U 形压力机上压成 U 形后,用立辊装置将 U 形钢板竖着送往 O 形压力机上压成圆筒,然后对钢板边缘施加足够压力,使边缘对边缘紧贴后焊接,焊后扩径(成 E)。UOE 机组一般用于生产直径为 $\phi(406 \sim 1625)\,mm \times (6.0 \sim 32)\,mm$ 长达 18m 的大口径、厚壁、高强度直缝焊管。图 9-45 为 UOE 大口径直缝焊管机组。

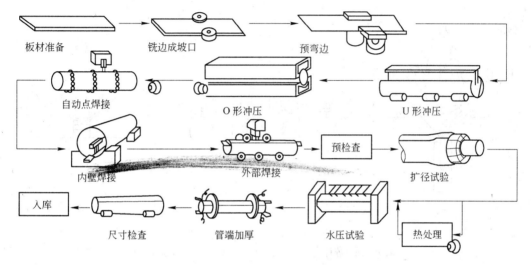

图 9-45　UOE 大口径直缝焊管机组

9.3.3.1 压力成型机组

A　预弯边机

预弯边机又称 C 形压力机,为得到正圆形的管筒和降低 O 形压力机的成型压力,对钢板沿横向两侧进行 C 形预弯边。预弯边机有辊式弯边机和压力弯边机两种,前者适用于薄板的弯边,后者适用于厚板的弯边。20 世纪 70 年代新建 UOE 焊管机组绝大多数采用压力弯边。

B　U 形压力机

U 形压力机是主要成型设备之一,在此设备上要完成钢管下半部的成型。预弯边的钢板送到 U 形压力机,随着上冲头和下模具的下降完成 U 形成型过程。U 形压力机有三种:凯泽连杆式、曼内斯曼侧向压辊式和维尔森摇摆辊式。由于成型方式的不同其压力吨位差别较大,凯泽连杆式压力机较小为 1000t,其他两种为 1500~3000t,目前最大有 4500t。U 形压力机成型方式如图 9-46 所示。

C　O 形压力机

O 形压力机是 UOE 焊管机组中最大设备,该设备是将成型后的 U 形钢板,送进有上下两个弧形金属模内形成 O 形,通过该 O 形压力机将 U 形管筒压缩成圆形,并对其管筒

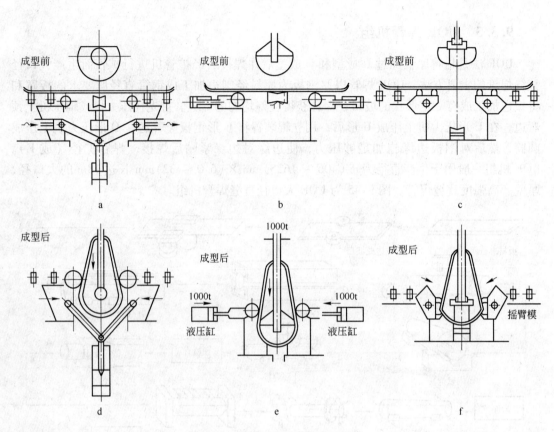

图 9-46   U 形压力机三种成型方法

a，d—凯泽连杆式；b，e—曼内斯曼式；c，f—维尔森式

进行某些压缩和减径等变形，并控制成型后的弹性回复。O 形压力机压力一般为 45000～55000t，最大已达 60000t。

9.3.3.2 焊接机组

A 预焊机

预焊是将 UOE 成型管筒对接部位沿全长连续进行点焊，有间断预焊法和连续预焊法两种。间断预焊法是用型套或型框将钢管固定，以一定的间隔连续焊接 100mm 左右。以前采用手动电弧焊，近年来采用了 CO_2-Ar 气自动焊接。连续预焊法是用侧辊和预辊使对焊面靠紧。采用 CO_2 自动弧焊机进行连续焊接。

B 焊接机

经过预焊后的钢管，正式焊接采用埋弧焊。钢管埋弧焊接在带有自动焊头的专用电焊机上进行，如图 9-47 所示。正式焊接前于钢管两端焊上引弧板。待焊焊缝对接处预先加工成坡口，在焊接过程中有送丝机构将焊丝盘上的焊丝连续不断地送入此坡口之内。在焊丝和被焊管筒坡口之间形成电弧，借助于电弧将焊丝和被焊管壁熔化。而粒状焊药由贮料槽内经过金属导管送入焊丝之前，覆盖着焊接口。当焊头或被焊钢管移动速度与焊接速度一致时，焊接过程继续进行。焊缝上覆盖的焊药 70%～80% 未熔化，由吸收嘴吸收并回送到焊药贮料槽内，以便再次使用。熔化金属冷却成致密的焊缝，紧贴在熔化金属表面上熔

化的焊药冷却后形成极易清除的硬壳。焊接作业
是先内面、后外面一层层地交替进行。考虑先后
工序的平衡，在内面和外面分别用几台焊机。为
提高其焊接速度已采用三、四极点焊法。

内面焊接机按焊接方式分两种，一种是将钢
管固定，移动焊接机。另一种是将焊接机固定，
移动钢管。外面焊接大多数采用机头固定，一边
移动钢管一边进行焊接，钢管运送采用皮带辊和
台车运送。

埋弧焊接法在生产大直径中应用极为广泛。

9.3.3.3 扩管机

扩管机有水压扩管机和机械扩管机两种。由
于水压扩管机充水时间长而效率低，同时还要以
外径为准对中，给管道施工带来不便，所以采用
很少。从 20 世纪 60 年代以后，新建 UOE 焊管机
组几乎都采用机械扩管机，可按内径尺寸交货，
施工容易，扩管机费用也较少。

9.3.4 螺旋焊管机组

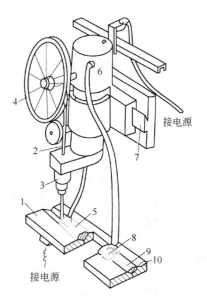

图 9-47　埋弧电焊机

1—钢管边缘；2—焊丝；3—送进机构；
4—焊丝盘；5—焊药贮槽；6—焊药筒；
7—导轨；8—焊药吸嘴；
9—焊药硬壳；10—焊缝

螺旋焊管机组用于生产直径 $\phi (89 \sim 2450)\,mm \times (0.5 \sim 25.4)\,mm$ ，长度 6~35m 的大
直径钢管。其生产方式为连续式和间断式两种，机组采用螺旋式成型，焊接采用预焊和终
焊两步进行。先在一台螺旋成型器上进行成型和预焊（点焊），然后在最终焊接设备上进
行内外埋弧焊接。螺旋焊管的设备布置如图 9-48 所示。

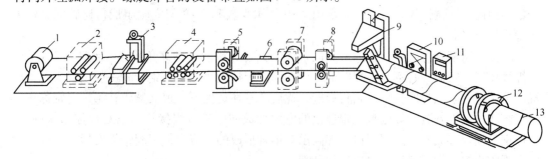

图 9-48　螺旋焊管机组设备布置图

1—板卷；2—三辊直头机；3—焊接机；4—矫直机；5—剪边机；6—刨边机；
7—主动递送辊；8—弯曲机；9—成型机；10—内、外自动焊接机；
11—超声波探伤机；12—剪切机；13—焊管

螺旋焊管采用螺旋成型器成型，它可分为上卷成型和下卷成型两种。目前螺旋焊管的
成型器结构形式归纳起来有三种基本形式：

（1）套筒式螺旋成型器。只适用于小口径焊管的成型。它造价低，操作容易。

（2）辊式螺旋成型器。辊式成型器是根据三辊弯板机工作原理制成，这种成型器与
带钢的接触面呈滚动摩擦，阻力小、工具寿命长，对产品表面几乎无擦伤。

（3）芯棒螺旋成型器。这种成型器适合于小直径、薄壁优质螺旋焊管的成型。但钢管内表面可能因摩擦而被擦伤。

9.3.5 不锈钢焊管机组

不锈钢焊管制作简便，壁厚规格易调整，成本低，且具有良好的机械及抗腐蚀性能，因此世界各国竞相发展，已广泛地应用在锅炉、石油化工、医药、食品、原子能、建筑、机械制造等各工业部门。不锈钢焊管的生产工艺流程为：带钢纵剪分条→开卷机带钢开卷→带头、带尾剪切对焊→带钢表面清洗→管坯成型→焊接→焊缝磨光→水冷却→成品管定径→探伤→定尺切断→正、次品分选→管端平头倒棱→水压试验→管表面抛光→包装→入库。不锈钢生产线的主要设备包括纵剪机组、成型焊接设备、热处理设备、定尺切断设备等。不锈钢焊管机组组成示意图如图 9-49 所示。

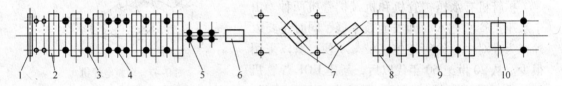

图 9-49 不锈钢焊管机组示意图

1—喂入辊；2—平辊；3—立辊；4—立辊组；5—挤压辊；6—水槽；
7—抛磨；8—定径平辊；9—定径立辊；10—矫直辊

9.3.5.1 不锈钢焊管的成型

不锈钢焊管成型方法和焊管直径有关。一般 $\phi219$ 以上采用压力成型（UOE），辊弯成型或螺旋成型。$\phi219$ 以下不锈钢焊管一般采用连续辊式成型，基本上与高频直缝焊管相似。$\phi4.76mm$ 以下毛细管采用焊后拉拔法生产。由于不锈钢带弹性模量大，变形回弹严重，因此，不锈钢焊管成型机多数由 7~9 架水平辊和 7~9 架立辊组成，比碳钢焊管的成型机架要多。

焊接不锈钢管与低碳钢管的最大区别在于钢管焊接前成型夹角要小（约 1°~2°），而且焊缝要正，氩弧焊时不允许焊缝前、后摆动。焊接大直径不锈钢管时一般设置 3 对挤压辊。第一对夹紧辊为准备辊，它将焊缝合拢后的管坯送到下一道夹紧辊；第二对辊称作电极辊。通过该辊安装的焊枪与该辊连接的电源形成回路进行焊接；第三对辊称作保持辊，不锈钢管坯焊接成管时，因焊口局部高温对钢管形成的热应力易引起钢管变形，故设置该辊在于防止焊后钢管因热应力变形而开裂。

焊接后的钢管需进行外焊缝磨光，一般设置两道砂带轮打磨焊缝。钢管内焊缝质量要求较高时，还需在管内设置锤击内焊缝装置。磨光后的钢管必须充分冷却才可定径，这与低碳钢焊管冷却定径原理相同。

9.3.5.2 不锈钢焊管焊接设备

不锈钢焊管焊接方法可分为两类：惰性气体（或真空）保护熔化焊接和高频感应焊接。不同的焊接方法适用于不同的不锈钢焊管，而且有着不同的焊缝成型特征和焊接速度限制。不锈钢管的焊接方法目前仍以钨极氩弧焊和高频焊为主。

（1）惰性气体（或真空）保护熔化焊包括钨极保护焊（TIG，又称钨极氩弧焊）、等离子弧焊（PAW）、电子束焊、激光焊接等，主要用于 300 系列奥氏体的 Ni- Cr 及 Ni- Cr- Mo 不锈钢焊管，亦可用于无 Ni 的 400 系列 Cr 不锈钢焊管。

钨极氩弧焊是在焊接过程中钨极不熔化，只利用钨极与焊件之间的电弧所产生的高温，使带钢边部熔化形成熔池，在一定压力作用下将带钢边部焊合。为防止氧化，电弧和熔池均处于惰性气体保护之下而不发生氧化，这样就可以保证焊接过程中稳定性而获得高质量的焊缝。电极在焊接处上方 1.5~3mm 高度，距离太大造成热量散失，金属加热不良。电弧柱的温度约为 5000~8000℃，电弧产生的热量和电弧的电流强度及电压成比例。TIG 电弧焊优点是焊接质量高、焊缝性能优，能用于各种高级配管领域，其缺点是焊接速度较低，一般为 1~8m/min，难达到 10m/min 以上。尽管如此，它仍然是当前世界各国通用的奥氏体不锈钢主要方法。

钨极氩弧焊设备主要由三部分组成，如图 9-50 所示。钨极氩弧焊枪由喷嘴、钨极夹持装置、导线、气水输送胶管、起动开关等零部件组成。气体保护装置有氩气瓶、减压器和流量计。

（2）高频感应焊接。高频感应焊用于焊接不锈钢焊管是一项新技术。高频感应焊接的最大优点是生产率高。电脑控温的焊管生产线，焊速可达 70~90m/min，最高可达 100m/min 以上，生产成本因而降低。其主要缺点是焊缝质量不如惰性气体保护熔化焊，在强酸碱等介质中的抗腐蚀性不高。因此一般只生产无压力要求的结构用及装饰用不锈钢管。近年来由于解决了 Cr 不锈钢高频焊管焊缝区塑性低下的问题，因此该项技术得到了快速发展，使不锈钢高频焊管的产量开始逐渐增加。目前，高频感应焊可以焊接任何类型的奥氏体不锈钢，同时也成功地焊接了铁素体不锈钢（AISI409 等）。

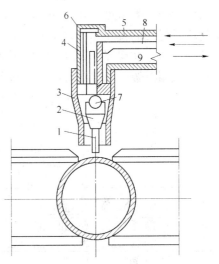

图 9-50　钨机氩弧焊枪

1—钨板；2—夹持器；3—陶制喷嘴；4—焊件；

5—保护气体导管；6—小室；

7—孔；8—进水带；9—出水管

9.3.5.3　不锈钢焊管的焊后热处理设备

不锈钢焊管钢种不同，用途不同，其生产工艺设备的组成也不相同，而且差别较大。对于建筑、装饰要求不高的不锈钢管，可采用高频焊，焊管一般不进行热处理，但是要有很高的外观质量，因此一般要求抛光交货。对于要求高的工业流体用不锈钢管，要采用氩气保护焊（TIG）生产，为了均匀焊缝组织和进一步提高焊缝耐蚀性，还必须对焊缝进行固溶处理，即加热整个管材，使焊缝与整体的金相组织达到一致。另一种方法是经焊接、定径、减径后的钢管通过高频或中频加热达到退火要求，退火的钢管经特殊的快速冷却装置降温到 200℃ 左右再进入下道工序。

不锈钢焊管外表面的抛光采用抛光机。国内设计的五工位抛光机是为生产高精度管配备的。该设备主要由抛光轮磨损人工补偿装置、管径大小联合调节装置和钢管自动进给装置，可加工 φ10~120mm 的这种管材。5 个抛光轮中前 4 个是粒度不等的砂带轮。第五个是布轮，由于采用了多工位抛光工艺，各工位抛光轮可以使用不同粒度的砂带轮，在前后工位研磨间不但可以充分冷却，而且可以先粗后细经一次抛光便可达到预定的光洁度。

不锈钢焊管焊后进行热处理，主要是为了使铬的碳化物或脆性相固溶到奥氏体中去，以保证钢管的机械性能、耐蚀性、消除制造过程中引起的加工硬化和变形。奥氏体不锈钢焊管在线光亮热处理设备如图 9-51 所示，焊管从减径机出来后进入热处理炉部分，在碱液及清水冲洗槽内，先喷淋 70℃碱液，并依靠从左、右夹持住焊管由压缩空气泵带动旋转的两个毛刷轮来洗净管面，然后由清水冲去管面残留碱液。在烘干箱内，天然气从均布于焊管周围的 8 个喷嘴中由压缩空气带动向外喷燃，以烘干管面，避免将潮气代入炉内。在炉体前后，即焊管进出炉体口处，均安装了定位导向轮及密封装置。感应加热线圈后装有 6 组急冷却环，每组有一个进水环和一个出水环，水从进水环流向装有与焊管面相靠紧的高纯石墨碳块的矩形铜管中，然后再流向回水环，焊管上的热量通过碳块，传导向矩形管内的循环水被带走，如图 9-52 所示。从而达到在管子不接触水的状态上，急剧冷却。碳块既是优良的传导介质，又不会擦伤焊管管面。通过急冷的焊管在温度降至管面不被氧化的温度后，在尾部补充冷却箱内用清水喷淋冷却至室温。另外，在热处理炉侧面还有用于供应线圈电源的变频器及用于冷却系统的热交换器。

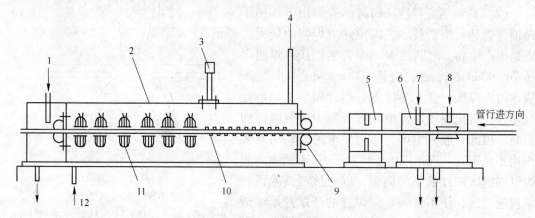

图 9-51   在线光亮热处理设备

1—清水喷淋；2—密封炉体；3—红外线温感仪；4—气体排放口；
5—烘干器；6—清洗槽；7—清水；8—碱液；9—管子导向及密封装置；
10—感应加热线圈；11—急冷环；12—充气口

热处理设备具有完备的连锁系统，当冷却循环水水压高于或低于设定范围，水温高于设定极限以及生产线处于停机状态时，热处理炉无法启动，或在工作时自动断电。

奥氏体不锈钢焊管的热处理温度应达到 1050～1150℃。热处理的一个目的是消除在将不锈钢钢带卷制成管状的冷加工过程中及在焊接过程中产生的残余应力；另一个目的是进行固溶化处理，即将其加热至 1050～1150℃，以使焊接时所产生的碳化物全部固溶到奥氏体中，然后快速冷却下来，不让奥氏体在冷却过程中有所析出或发生相变。经这样处理后，在室温状态下

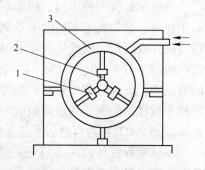

图 9-52   石墨块矩形铜管急冷环

1—矩形管；2—石墨块；
3—前、后并置的进、出水环

可获得单相奥氏体组织。固溶处理对于奥氏体不锈钢来讲是最有效的软化处理，处理后的焊管可以得到最好的耐腐蚀性，且塑性较好。为了使焊管内外表面白亮光滑，不能有氧化色，在加热和冷却时管子处于良好的保护气氛中，并且快速冷却手段不能采用传统使用的水淬法，以避免水在接触到高温管子时，分解出氧气而对管面发生氧化作用。

复 习 题

（1）穿孔机有几种类型？狄塞尔穿孔机的结构有什么特点？

（2）轧管机有几种类型？简述连轧管机的结构特点。

（3）简述三辊轧管机的结构特点。

（4）减径机有几种类型？

（5）简述张力减径机的传动方式和机座特点。

（6）简述二辊周期式冷轧管机的组成及结构特点。

（7）焊管生产机组的类型，其成型机和焊接机各有何特点？

（8）不锈钢焊管机组的主要特点是什么？

10 挤压设备

本章概述

采用挤压方法可以生产金属管材、棒材、型材和线坯半成品。由于挤压制品的精度高，表面质量好，可充分利用金属的塑性，而且容易更换生产品种、规格，挤压机在金属塑性加工尤其在有色金属塑性加工中是不可缺少的设备。

10.1　挤压机类型及组成

挤压加工按其工艺特点可分为传统挤压方法、静液挤压方法和连续挤压方法。

传统的挤压方法是指挤压轴直接把挤压力传递给锭坯的挤压方法。这种挤压方法主要有正向挤压法和反向挤压法。正向挤压法的主要特征是金属流出的方向与挤压轴前进的方向一致。在反向挤压时，金属流出的方向与挤压轴前进的方向相反，锭坯与挤压筒之间无相对运动。

静液挤压是利用封闭在挤压筒内锭坯周围的高压液体使锭坯产生塑性变形，并从模孔流出的挤压方法。连续挤压是使金属坯料在压力和摩擦力的作用下连续不断地进入连续挤压的挤压模，理论上可获得无限长制品的挤压方法。

挤压机按工作轴线的位置、结构类型、传动方式、加压方法及生产的产品，可分成多种，具体如下。

根据挤压机上运动部件运动方向的不同，可将挤压机分为卧式挤压机和立式挤压机。图 10-1 为 132MN 卧式挤压机结构图，图 10-2 为 6MN 立式挤压机结构图。在卧式挤压机上，运动部件的运动方向与地面平行；而立式挤压机上运动部件的运动方向与地面垂直。卧式挤压机的占地面积比立式挤压机的大，且卧式挤压机的动梁只是单面（底面）与导轨接触并沿其滑动，所以长期工作后会产生磨损，动梁发生向下偏移，并导致挤压轴与穿孔针向下偏移，从而造成管材挤压时出现壁厚不均匀，即偏心。立式挤压机的工具能很好地对正中心，生产管材时具有独特的优越性。但由于其出料方向与地面垂直，为顺利出料必须构筑很深的地槽，或将挤压机的基础提高，与此同时必须加高厂房。因此，立式挤压机的吨位受到限制，一般为 6~10MN，最大的吨位为 16MN。

根据挤压机是否带有独立穿孔系统，可将挤压机分为单动式和复动式挤压机。不带独立穿孔系统的挤压机为单动式挤压机，带有独立穿孔系统的挤压机为复动式挤压机。用单动式和复动式挤压机均可生产金属管材、棒材、型材和线材。用单动式挤压机生产管材时必须用空心管坯或特殊的模具。用空心管坯挤压管材时，穿孔针的作用仅限于确定管材的内径，而且在挤压过程中穿孔针是随动的，即被挤压轴带动一起运动。在用实心锭坯挤压

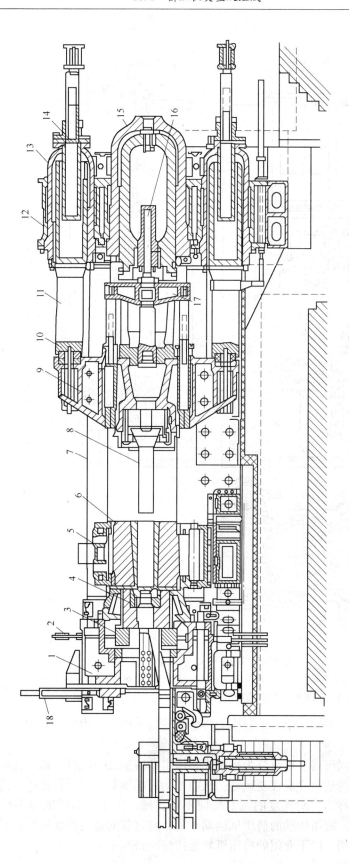

图 10-1　132MN 卧式挤压机结构图

1—前梁；2—锁键拉杆；3—锁键；4—模座；5—挤压筒座；6—挤压筒；7—张力柱；8—挤压轴；9—动梁；10—穿孔回程缸；11—副主缸；12—后梁；13—副主缸回程缸；14—主柱塞回程缸；15—主缸；16—主缸缸主塞；17—穿孔动梁；18—剪刀缸

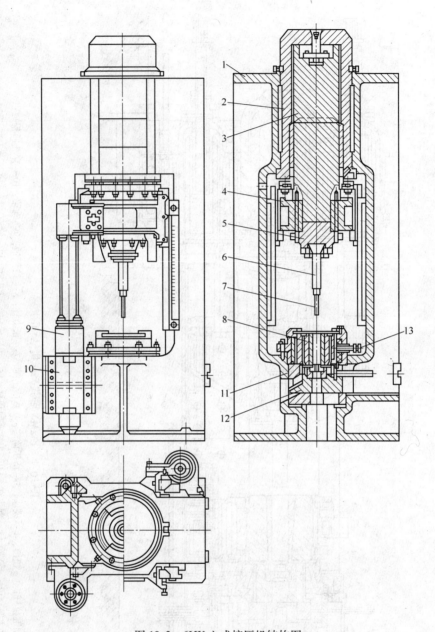

图 10-2　6MN 立式挤压机结构图

1—机架；2—主缸；3—主柱塞；4—滑座；5—挤压轴座；6—挤压轴；7—穿孔针；
8—挤压筒；9—回程缸；10—回程柱塞；11—模具；12—滑架；13—挤压筒调整装置

管材时，需用组合模。若生产中、小规格的轻金属管材和型管，用组合模在单动式挤压机上生产比较经济。

按传动方式的不同可将挤压机分为机械式挤压机和液压式挤压机。机械式挤压机是通过曲轴或偏心轴将回转运动变成往复运动，从而推动挤压轴对金属进行挤压。这种挤压机在承受负荷时易产生冲击，对速度的调节反应不够灵敏，阻止过载的能力小且难以大型化，目前已很少使用。液压传动的挤压机运动平稳，对过载的适应性比较好，速度也较易调整，因此被广为采用。以下介绍的挤压机均是指液压挤压机。

挤压机的传动介质一般有两种：油和乳化液。使用油作为传动介质的挤压机称为油压机。油压机易实现自动化，占地面积小，但挤压速度不能太快，设备维修较困难，一般为单机使用，吨位较小。使用乳化液作为传动介质的挤压机称为水压机，适合于大吨位、高速度、高压的挤压机，设备维修容易，采用多台挤压机联用较经济。其缺点是一次性投资大，需要水泵站系统，设备占地面积大。

由于挤压方法有正向挤压和反向挤压之分，相应地也有正向挤压机和反向挤压机。用挤压筒可动的正向卧式挤压机也可以进行反向挤压。反向挤压机结构复杂，专门的反向挤压机较少。

一台液压挤压机通常由以下几部分组成：（1）动力部分：高压泵（在泵-蓄势器传动时还包括蓄势器）；（2）主体部分：它是挤压机中使金属产生塑性变形的工作部件，包括机架、工作缸、挤压筒及模子装置等；（3）控制元件：如节流阀、分配器、充填阀、安全阀及闸阀等，用于控制液体的流量、流向及工作压力；（4）工作液体：它是传递动力的工作介质，有水（含浓度为1%~3%的乳液）和油两种；（5）辅助部件：如管道、储液槽、冷却器或加热器等。

液压挤压机的构成如图10-3所示。

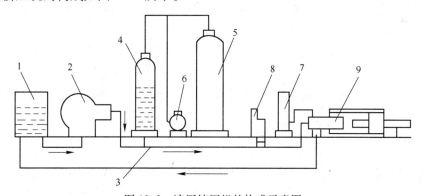

图 10-3　液压挤压机的构成示意图

1—水箱；2—高压泵；3—管道；4—液压罐；5—空气罐；6—空气压缩机；
7—低压罐；8—分配器；9—液压挤压机本体

钢的挤压机的技术性能参数见表10-1；挤压轻金属管、棒、型材用液压挤压机的技术性能列于表10-2；挤压重金属管、棒、型材用液压挤压机的技术性能见表10-3。

表 10-1　挤压钢材用挤压机的主要规格及性能参数

挤压机吨位/kN		22700	31000	2000	12500	22500	31500	18000
使用的水压力/MPa		25.3	31.5	30.0	30.0	25.2	31.5	31.5
挤压筒尺寸/mm		147 184 210	184 215 260 300 336	175 190 215 250	145	158 179 212 244 268	172 222 263	153 164 185 205
主柱塞	力/kN	22700	25000	20000	12500	18000	25500	16000
	行程/mm	2540	2675	1950	1950	2130	1900	2000
	挤压速度/mm·s⁻¹	~300	~300	300	500	228	400	~400
芯棒	力/kN	1680	6000	2000	1200	4500	6000	2000
柱塞	行程/mm	838.2	3000	800	650	2946.4	3250	2900

表 10-2　轻有色金属管、棒、型材挤压机技术性能

主要技术参数		挤压机吨位/kN																
		5300	6000	7500	8000	10000	12000	12500	16000	16300	20000	25000	31500	35000	50000	80000	125000	200000
结构形式		卧式	立式	卧式	卧式	立式	卧式	卧式	卧式	卧式	卧式	卧式	卧式	卧式	卧式	卧式	卧式	卧式
挤压部分	挤压力/kN	5300	6000	7500	8000	10000	12000	12500	16000	16300	20000	25000	31500	35000	50000	50000 30000 80000	70000 55000 125000	130000 70000 200000
	回程力/kN	650	815	—	—	830×2	—	—	1500	850	1120	3000	2500	4000	2150	8000	8000	14000
	挤压速度/mm·s⁻¹	—	120	0~100	0~38	5~133	0~100	5~30	0~100	0~33	0~100	200	0~300	0~300	0~60	0~30	—	0~30
	空程速度/mm·s⁻¹	—	230	—	0~57	500	—	—	500	0~43	—	250	—	200	80	150	100	—
	回程速度/mm·s⁻¹	—	300	—	—	500	—	—	300	—	400	250	—	200	80	150	120	120
	挤压行程/mm	900	900	750	1320	1100	750	1770	1700	1730	900	1700	2250	2250	1520	2550	2500	2550
穿孔系统	穿孔力/kN	—	—	—	1030	—	—	1120	2000	2750	—	4000	6300	5000	—	15000	31500	70000
	回程力/kN	—	—	—	—	—	—	—	640	1190	—	—	2500	750	—	4500	8000	8800
	穿孔速度/mm·s⁻¹	—	—	—	—	—	—	—	200	226	—	150	0~100	150	—	80	100	0~30
	穿孔行程/mm	—	—	—	570	400	—	—	2350	—	—	815	1060	1100	—	1650	1650	2200
挤压筒	压紧力/kN	350	—	680	685	—	680	1120	—	1250	1130	—	2000	2600	3700	4000	4000	12800
	松开力/kN	960	—	320	950	—	320	2000	—	1600	600	—	4280	2170	8000	10000	10000	7600
	挤压筒行程/mm	400	50	250	—	60	250	890	200	350	300	250	1200	1520	1800	2500	2500	2550
	筒长度/mm	—	400	560	560	400	715	1700	815	740	815	815	1000	1200	1600	2000	2100	2100
	挤压筒内径/mm	80	85,100, 120,135	85,95	90~150	100~140	85~150	115~150	155~205	140~200	150~205	200~225	200~300	200~355	200~370	300~500	500~650 500~800	650~1100
工作介质	传动形式	J	J	J	D	J	J	J	J	D	J	J	J	J	J	J	J	J
	介质材料	水乳液	水乳液	水乳液	油	水乳液	水乳液	水乳液	水乳液	油	水乳液	水乳液	水乳液	水乳液	水乳液	水乳液	水乳液	水乳液
	工作压力/kN	32.0	32.0	32.0	21.0	32.0	32.0	32.0	32.0	21.0	32.0	32.0	31.5	32.0	32.0	32.0	32.0	32.0
剪刀机	剪切力/kN	390	500	1000	260	—	1000	1000	1000	600	1000	1850	1900	1900	1850	3200	5000	6500
	剪切行程/mm	440	250	330	—	—	330	330	—	630	330	700	600	600	700	1450	1100	1500
外形尺寸	挤压长度/m	16	14.3	22.4	12	14.0	22.4	15.7	35	44.2	24.2	35	15	44.2	35	61.2	75.5	81.4
	机外宽度/m	7.3	7.8	7.5	4.7	5.0	7.5	7.8	10	12.3	8	12.4	3	12.3	12.4	20.9	30	32.9
	地面上高度/m	3.3	6.3	3.7	4.9	6.3	3.7	3.9	3	5.2	3.4	5.7	3.5	5.2	5.7	8.5	7.0	6.1
	地面区高度/m	—	9.5	—	—	8.0	—	—	—	—	—	—	—	—	—	—	—	—
模具形式		侧向移 出式	纵向移 出式	纵向移 出式	侧向移 出式	—	纵向移 出式	侧向移 出式	纵向移 出式	侧向移 出式	纵向移 出式	纵向移 出式	—	纵向移 出式	纵向移 出式	纵向移 出式	纵向移 出式	纵向移 出式

注: J—高压水泵-蓄势池集中传动; D—高压泵单独直接传动。

表10-3　重有色金属挤压设备技术性能

挤压机吨位 /kN	主缸						穿孔缸				挤压筒				泵站		重量 /t
	挤压力 /kN	回程力 /kN	挤压速度 /mm·s⁻¹	空程速度 /mm·s⁻¹	回程速度 /mm·s⁻¹	挤压行程 /mm	穿孔力 /kN	回程力 /kN	穿孔速度 /mm·s⁻¹	穿孔行程 /mm	挤压筒压紧力 /kN	挤压筒行程 /mm	挤压筒长度 /mm	挤压筒内径 /mm	传动形式	工作压力 /MPa	
35000	35000	4000	120	200	200	2100	5000	750	150	1100	2300	1175	1000	200, 250, 300, 370, 420	水泵站	32	613
25000	25000	3000	250	250	250	1700	4000	与主缸共用	150	相对 800	—	—	815	200, 250, 300	水泵站	32	
15000	15000	1170	0～140	300	400	1700	3200	430	—	1720	1120	300	815	300	水泵站	32	
15000	15000	2000	125	400	400	1650	2000	520	180	相对 50	1150	800	—	—	水泵站	25	
12000	12000	—	0～200	—	—	1600	1200	—	—	610	—	—	735	125, 150, 185	水泵站	21	95
8000	8000	—	0～80	375	375	1000	1000	600	600	870	1000	—	—	—	油泵站	21	
6000	6000	—	133	400	600	1000	—	—	—	—	—	50	300	75, 85	水泵站	32	
5000	5000	—	10～200	200	—	300	1000	—	—	1250	500	500	400	100, 120	水泵站	32	45
4400	4400	—	0～150	300	300	800	600	110	150	350	—	—	400	50, 60, 80, 95	水泵站	—	
4000	4000	1250	33	—	—	820	1000	300	—	400	600	420	340	70, 90, 165, 85, 100	水泵站	25	
3500	3500	—	33	—	—	750	—	—	—	—	—	—	340	64, 70, 100	水泵站	25	
2500	2500	—	—	—	—	560	—	—	—	—	—	—	—	52, 57, 64	水泵站	25	

10.2　挤压机的主要技术参数

10.2.1　挤压力

挤压力是指挤压轴通过垫片作用在金属锭坯上，并使金属从模孔流出所必需的压力。挤压力是挤压机最基本的参数。挤压机按挤压力的大小，一般分为 R05 和 R10 两个系列，两个系列的公称挤压力见表 10-4。

表 10-4　标准系列挤压机公称挤压力

系列	公称挤压力/MN																	
R05	3.15		5		8		12.5		20		31.5		50		80		125		200
R10	3.15	4	5	6.3	8	10	12.5	16	20	25	31.5	40	50	63	80	100	125	160	200	250

10.2.2　液体的工作压力

目前，用于金属液压挤压机的液体工作压力，一般介于 20~32MPa 之间。

10.2.3　主缸系统参数

10.2.3.1　主柱塞直径

主柱塞直径根据挤压力和液体工作压力由下式确定

$$D = \sqrt{\frac{4F}{\pi P}} \qquad (10\text{-}1)$$

式中　D——主柱塞直径，mm；

　　　F——挤压力，MN；

　　　P——液体压力，MPa。

推荐的主柱塞直径系列见表 10-5。

表 10-5　推荐主柱塞直径　　　　　　　　　（mm）

40	45	50	55	60	65	70	75	80	90	95	100	110	120
125	130	140	150	160	180	200	220	250	260	280	300	320	360
380	400	420	450	500	520	560	580	630	650	710	730	820	900
920	1000	1140	1200	1280	1420	1500	1600	1800	2000				

10.2.3.2　主柱塞行程

根据挤压机装入锭坯方式的不同，主柱塞的行程分为长行程和短行程两种。当锭坯在挤压筒和挤压轴之间装入时，主柱塞的行程至少要大于挤压筒的长度、锭坯长度和垫片厚度之和，此种情况下主柱塞的行程为长行程，见图 10-4a，其值按下式确定

$$S_{zh} = (2.2 \sim 2.3)L_t \qquad (10\text{-}2)$$

式中　S_{zh}——主柱塞行程，mm；

　　　L_t——挤压筒长度，mm。

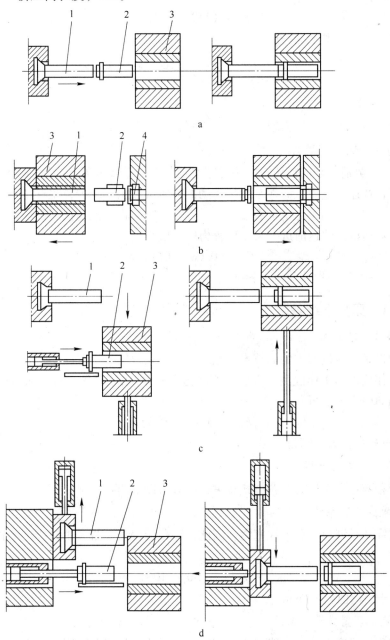

图 10-4　挤压机主柱塞行程及锭坯装入方式

a—长行程，锭坯在挤压轴和挤压筒之间装入；b—短行程，锭坯在挤压筒和模座之间装入；

c—短行程，挤压筒移出；d—短行程，挤压轴移出

1—挤压轴；2—锭坯；3—挤压筒；4—模座

短行程挤压机分两种形式，一种是挤压机的挤压筒可以沿挤压中心线移动，锭坯在挤

压筒和模座之间装入，见图 10-4b。另一种形式是挤压筒（或挤压轴）可横移出挤压中心线，当锭坯装入挤压筒后，挤压筒（或挤压轴）再回位，见图 10-4c，d。短行程挤压机主柱塞的行程为

$$S_{zh} = (1.2 \sim 1.3)L_t \qquad (10-3)$$

10.2.3.3 主柱塞回程力

主柱塞回程力用于返回伸出的主柱塞，一般按下式确定

$$F_h = (0.05 \sim 0.08)F \qquad (10-4)$$

式中　F_h——主柱塞回程力，MN。

对于小型挤压机，回程力取上限值，否则，取下限值。

10.2.3.4 快速前进力

对于泵-蓄势器传动的挤压机，主柱塞空程前进是靠低压罐中的液体（0.8~1.2MPa）推动，不存在快速前进力。而在泵直接传动的挤压机液压系统中，主柱塞空程前进时，填充阀处于打开状态，油箱与主缸直接连通，主柱塞靠回程缸推动快速前进。因主柱塞回程缸为活塞缸，所以，快速前进力大于回程力，一般为

$$F_k = (0.08 \sim 0.12)F \qquad (10-5)$$

式中　F_k——主柱塞快速前进力，MN。

10.2.4 穿孔系统参数

10.2.4.1 穿孔力

穿孔力也是挤压机的主要的技术参数之一。穿孔力的大小取决于工艺要求，同时也与穿孔针的工作应力和工作温度有关，一般可选为挤压力的 15%，对于大型挤压机，可达到挤压力的 30%左右，即

$$F_c = (0.15 \sim 0.3)F \qquad (10-6)$$

式中　F_c——穿孔力，MN。

10.2.4.2 穿孔行程

穿孔行程与穿孔系统的配置方式有关，可分为以下两种情况。

A　内置式穿孔系统

内置式穿孔系统设置在主柱塞内，因此，穿孔行程只要略大于挤压筒的长度，即可满足穿孔要求，一般取为

$$S_c = L_t + (30 \sim 100)\text{mm} \qquad (10-7)$$

式中　S_c——穿孔行程，mm。

B　后置、侧置式穿孔系统

后置和侧置式穿孔系统不能与主柱塞随动，因此，其穿孔行程必须大于或等于主柱塞行程和穿孔针相对于主柱塞行程之和，即

$$S_c \geqslant S_{zh} + S_{cz} \qquad (10-8)$$

式中　S_{cz}——穿孔针相对于主柱塞的行程，mm。

10.2.4.3 穿孔回程力

当穿孔缸为柱塞缸时，必须利用穿孔回程缸使穿孔针返回，穿孔回程缸施加的穿孔回

程力可按下式确定

$$F_{ch} = 0.06F \tag{10-9}$$

式中　　F_{ch}——穿孔回程力，MN。

10.2.5　挤压筒参数

10.2.5.1　挤压筒内径

挤压筒的内径主要取决于挤压工艺要求及其强度条件。在一般情况下，挤压筒的工作应力应在下述范围内：

铝及铝合金：500~900MPa；重金属及其合金：1000~1200MPa

挤压机制造厂，一般只提供一种内径的挤压筒，用户可根据挤压工艺要求设计自己的挤压筒。在保证工作应力不超过许用值的条件下，挤压筒的内径（多层挤压筒时为内衬内径）可大可小。但考虑到制造和更换的方便，对于一台挤压机，挤压筒的内径一般不超过2~3种。

10.2.5.2　挤压筒长度

挤压筒的长度应略大于最长锭坯长度及垫片厚度之和，即

$$L_t = L_d + L_p + l \tag{10-10}$$

式中　　L_d——锭坯长度，mm；

　　　　L_p——垫片厚度，mm；

　　　　l——考虑穿孔引起金属倒流的长度，mm。

10.2.5.3　挤压筒移动行程

在老式的压型嘴模座结构的挤压机中，如果采用楔形锁键，挤压筒是与前梁固定在一起的，不能移动。但锁键的两个受力面是平面时，为了提升、落下锁键方便，则要求挤压筒有一个较短的行程。对于20~25MN的挤压机，行程一般不超过200~250mm；对于50MN的挤压机，行程一般不超过300~350mm。

在采用横向滑移模座或回转模座的长行程挤压机上，挤压筒移动的目的是为了方便模座的移动或回转、挤压制品与压余分离，以及清理挤压筒等。在这种情况下，挤压筒行程一般取为

$$S_{tx} = 0.5L_t \tag{10-11}$$

式中　　S_{tx}——挤压筒行程，mm。

对于短行程挤压机来说，挤压筒移动的目的是为了使其移至与挤压轴相重合的位置，以便在挤压筒和模座之间装入锭坯，此时，挤压筒的行程相当于它自身的长度，即

$$S_{tx} = L_t \tag{10-12}$$

10.2.5.4　挤压筒压紧力

挤压筒的压紧力必须保证挤压筒与模具之间的密封要求，因此，挤压筒与模具接触面上的单位压力必须大于挤压筒内的最大工作压力。压紧力一般按经验选定，即

$$F_{ty} = (0.06 \sim 0.1)F \tag{10-13}$$

式中　　F_{ty}——挤压筒的压紧力，MN。

10.2.5.5　挤压筒松开力

挤压筒的驱动液压缸一般为活塞缸，当挤压筒移动缸固定在前梁（前机架）上时，

松开力略大于压紧力

$$F_{ts} = (1.2 \sim 1.5)F_{ty} \tag{10-14}$$

当挤压筒移动缸固定在后梁（后机架）上时，松开力略小于压紧力

$$F_{ts} = (0.6 \sim 0.8)F_{ty} \tag{10-15}$$

式中 F_{ts} ——挤压筒的松开力，MN。

10.2.5.6 挤压筒预热功率

挤压筒预热多用电阻或感应加热器，其功率大小取决于锭坯材料、质量以及预热温度要求，一般可按下面的经验进行估算

$$P_t = (1.2 \sim 2.0)F \tag{10-16}$$

式中 P_t ——挤压筒的加热功率，kW；

       F ——以 MN 为单位的挤压力的数值（不考虑量纲）。

10.2.6 主剪力、辅助剪力

10.2.6.1 主剪力

主剪力是指使压余与挤压制品分离的剪切力，其大小取决于被挤压金属的强度、截面尺寸，以及剪切时的温度。一般按下式确定主剪力

$$F_{zj} = 0.03F \tag{10-17}$$

式中 F_{zj} ——主剪力，MN。

10.2.6.2 辅助剪力

辅助剪力是指使压余与垫片分离的力，一般取为

$$F_{fj} = 0.015F \tag{10-18}$$

式中 F_{fj} ——辅助剪力，MN。

10.2.7 滑移模座推入及拉出力

滑移模座的驱动一般采用活塞式液压缸，推入力大于拉出力，通常取为

$$F_{ht} \approx F_{hl} = 0.01F \tag{10-19}$$

式中 F_{ht} ——模座推入力，MN；

       F_{hl} ——模座拉出力，MN。

10.2.8 挤压机的速度

10.2.8.1 挤压速度

挤压机的挤压速度是指挤压过程中主柱塞（或挤压轴）运动的速度。挤压速度是保证挤压过程顺利进行，保证挤压制品质量的关键因素。一般根据挤压制品的材料、挤压温度确定挤压速度。常用金属挤压机的速度范围如图 10-5 所示。

10.2.8.2 穿孔速度

穿孔速度与挤压温度和金属的变形抗力有关，一般穿孔速度取为：

铝及其合金：75~100mm/s；铜及其合金：100~250mm/s。

10.2.8.3 空程及回程速度

挤压机主柱塞空程及回程速度直接影响挤压周期的长短。速度慢，则辅助时间长；速

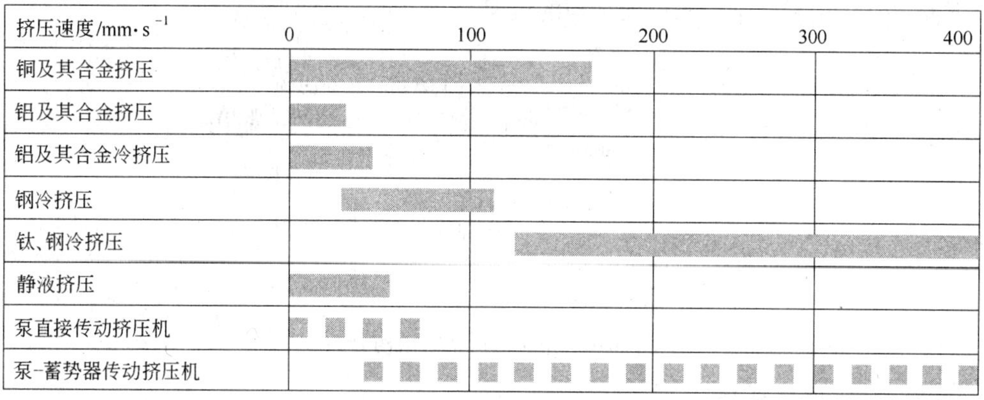

挤压速度/mm·s^{-1}	0	100	200	300	400
铜及其合金挤压					
铝及其合金挤压					
铝及其合金冷挤压					
钢冷挤压					
钛、钢冷挤压					
静液挤压					
泵直接传动挤压机					
泵-蓄势器传动挤压机					

图 10-5　各种金属液压挤压机的挤压速度

度过快，又会引起冲击。一般取：

空程速度：250~350mm/s；回程速度：100~400mm/s。

10.2.9　挤压机的小时生产能力

挤压机挤压管材和棒材的小时生产能力按下式计算

$$C_s = \frac{3600A\rho}{\dfrac{1}{V_j} + \dfrac{t_f}{L_d - l}}$$　　　　（10-20）

式中　C_s——挤压机小时生产能力，t/h；

　　　A——锭坯截面积，m^2；

　　　ρ——锭坯材料密度，t/m^3；

　　　t_f——辅助机构空程和工作时间，s；

　　　L_d——锭坯长度，m；

　　　l——压余长度，m；

　　　V_j——平均挤压速度，m/s。

10.3　液压挤压机的本体结构

液压挤压机本体由机架（包括前梁、后梁、张力柱）、活动横梁、液压缸、挤压筒以及机座等几部分组成。前梁上装有模架、液压剪和挤压筒移动缸；后梁上装有工作缸、动梁回程缸及穿孔回程装置；活动横梁上装有挤压轴（内置式挤压机还装有穿孔缸、穿孔回程缸及穿孔针等）；张力柱把前梁和后梁连接起来，形成一封闭框架，承受全部挤压力；机座支撑着挤压机的各个部分，并提供活动横梁和挤压容室滑动的滑道（见图 10-1）。

10.3.1　机架

挤压机的机架是承受挤压力最基本的构件，现有挤压机机架的结构分类如图 10-6 所示。下面主要介绍梁柱结构和框架结构的机架。

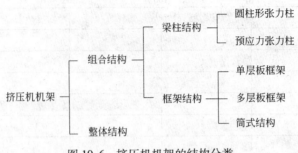

图 10-6   挤压机机架的结构分类

10.3.1.1 梁柱结构

梁柱结构机架由机座、横梁和张力柱组成。

（1）机座。机座由前机座、中间机座和后机座三部分组成。后机座支撑后横梁，中间机座通过导板支撑活动横梁（挤压横梁、穿孔横梁），前机座支撑前横梁。后横梁与机座的轴向位置是由固定键来固定的，即后横梁是固定不动的。前横梁由上滑板支撑，它不仅可以在上滑板上沿轴向滑动，而且可以由调节上滑板而相对机座做升降移动，还可以调节侧向的螺钉使它沿机座横向左右移动。

（2）横梁。包括前横梁和后横梁。

大型挤压机的后横梁是单独铸件，是挤压机的主要受力部件之一。但在中、小型挤压机上，有时把后横梁和主缸制成一体，以利于加工和装配。后横梁用来安装主缸、回程缸和穿孔缸。

（3）张力柱。张力柱把前、后横梁连为一体，组成一个刚性框架。圆柱形张力柱结构的挤压机，最常用的机架结构有三柱式和四柱式。其中三柱式张力柱的布置形式有正三角形、倒三角形及侧三角形。倒三角形布置便于更换挤压筒等重型部件，侧三角形布置便于在侧向的张力柱上安装转动式的模座。

在挤压力的作用下，张力柱将产生弹性变形，即张力柱发生微量的伸长，这时要求前横梁必须能随张力柱的伸长而沿轴向滑移。

圆柱形张力柱应用较为广泛，但采用螺纹连接，易松动与破坏。为解决这个问题，可采用预应力张力柱（见图 10-7）。

预应力张力柱是用多层叠板拉杆和箱形压柱代替传统的用螺母紧固的圆柱形张力柱，将前、后梁用预应力组成一个刚性机架。拉杆由四块两端带挡头的厚钢板叠在一起构成，在前、后梁内侧的拉杆外面套上箱形压柱。在一定的预加载荷的作用下，使拉杆产生伸长变形，在压柱的一端加入垫板，从而使整个机架处于预应力状态，箱形压柱处于压应力状态。挤压过程中的周期性应力只有传统张应力柱结构受力的一半左右。因此，在挤压力的作用下，伸长变形小，机架刚度大。

（4）活动横梁。挤压机的活动横梁在主柱塞的前端，在活动横梁的前端面上装设挤压轴。活动横梁有两个作用：一是在主柱塞向前推进时平衡主柱塞外伸部分的自重；二是利用活动横梁的导向位置控制挤压轴的位置。

10.3.1.2 框架结构

（1）单层板框架结构。近年来，一些新型的挤压机采用了单层板框架结构的机架，

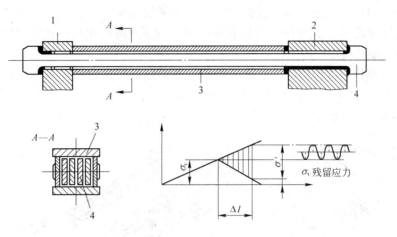

图 10-7 预应力张力柱
1—前梁；2—后梁；3—箱形压柱；4—拉杆

如图 10-8 所示。机架的前梁 2、后梁 3 在超过额定挤压力的预应力作用下与单层板框架 1 连成整体，用螺栓 4 紧固。这种框架是用厚度为 200~400mm 的轧制板材焊接制成。它与直径较大的圆柱形张力柱相比，尺寸较小，材料内部缺陷少，具有更好的金属组织。同时，由于框架结构的横梁与立梁之间采用较大的过渡半径，避免了圆柱形张力柱螺纹连接的颈部薄弱环节，从而提高了框架结构的可靠性和耐用性。

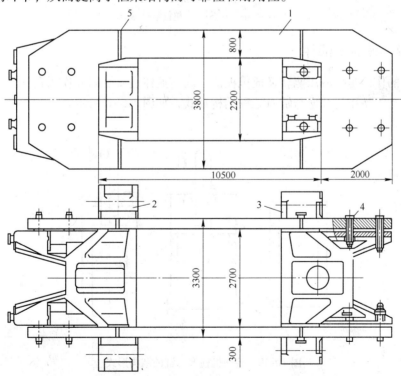

图 10-8 60MN 卧式挤压机的单层板框架结构
1—框架；2—前梁；3—后梁；4—螺栓；5—焊缝

（2）多层板框架结构。多层板框架结构与单层板框架结构相似，是由两组叠合在一起的切割钢板构成的 。这种框架结构紧凑，同等挤压力时机体自重比张力柱结构的挤压机轻。这种框架结构可使用热轧钢板制造。

（3）筒式结构。这种挤压机机架是由上、下两块板筒式构件用八个螺栓连接成筒体结构，如图 10-9 所示。这种结构的机架具有很高的刚度，对基础要求不高，也有所谓"无基础挤压机"之称。

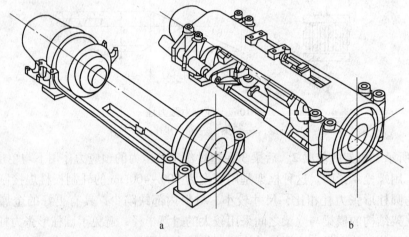

图 10-9　筒式结构挤压机示意图

a—剖分状态；b—整机结构

10.3.2　液压缸部件

液压缸的作用是把液压能转换成机械能。高压液体进入缸内并作用在柱塞上，带动运动部件的运动。挤压机柱塞与缸有三种结构形式，如图 10-10 所示。

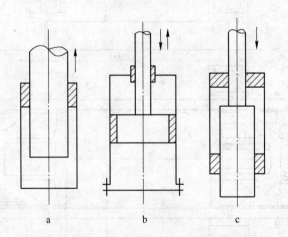

图 10-10　挤压机柱塞与缸的结构形式

a—圆柱式柱塞与缸；b—活塞式柱塞与缸；c—阶梯式柱塞与缸

（1）圆柱式柱塞与缸。在此形式中，柱塞只能单向运动，需借助另外的缸才能实现返回。

（2）活塞式柱塞与缸。柱塞可作往复运动，但活塞环易磨损，保养和维修不方便。

（3）阶梯式柱塞与缸。柱塞做单向运动，主要用于回程缸。

棒型材挤压机一般有主缸、回程缸、挤压筒移动缸。带独立穿孔系统的管材挤压机还有穿孔缸和穿孔回程缸。

考虑到制造工艺及维护方便等因素，挤压机的主缸均采用柱塞式结构。因此，主柱塞必须另设回程缸，回程缸一般采用阶梯式柱塞结构。关于主缸及主柱塞的长度选择，应尽可能保证不拆开挤压机就能更换主缸和主柱塞。主缸和主柱塞的长度还取决于主柱塞的工作行程。对于短行程挤压机，其行程略大于挤压筒的长度，锭坯可在模座与挤压筒之间装入。对于长行程挤压机，其行程略大于两倍挤压筒的长度，锭坯在动梁与挤压筒之间装入。

活塞式柱塞与缸主要用于辅助机构，如挤压筒的移动缸。

10.3.3 穿孔装置

穿孔装置用来完成锭坯的穿孔过程，它包括穿孔缸、穿孔柱塞、穿孔针、穿孔动梁、穿孔限位器和调整装置等部分。穿孔装置有以下几种形式：

（1）内置式穿孔系统。这种穿孔系统设置在主柱塞的内部，不需要与主柱塞随动的行程，因此，这种穿孔装置的穿孔行程是最短的，只相当于挤压筒的长度。但由于穿孔缸是运动的，必须采用活动的高压导管，密封和维护都比较麻烦。图10-11为内置式穿孔系统的卧式挤压机。

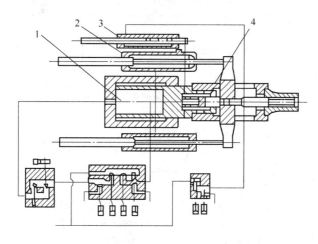

图10-11 内置式穿孔系统的卧式挤压机结构
1—主缸；2—返回缸；3—工作液体导管；4—穿孔缸

（2）后置式穿孔系统。后置式穿孔系统设置在挤压机尾部，其穿孔行程包括两部分：一是等于主柱塞行程的随动行程；二是穿孔针的真正行程。因此，与内置式相比，这种结构形式的挤压机穿孔行程较长，挤压管材时易产生偏心，机身也较长。它的优点是动梁结构简单，穿孔系统检查维修方便。图10-12为后置式穿孔系统的卧式挤压机。

（3）侧置式穿孔系统。侧置式穿孔系统有两个穿孔缸，对称布置在主缸两侧。侧置式穿孔系统结构比较紧凑，使用维护也比较方便。但此种结构的挤压机由于在主缸后面尚需安装有主柱塞及穿孔柱塞回程缸，故机身也很长。侧置式穿孔系统如图 10-13 所示。

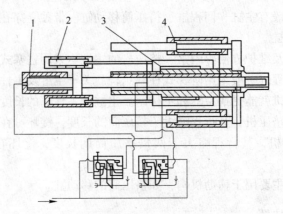

图 10-12   后置式穿孔系统的卧式挤压机结构

1—穿孔缸；2—穿孔返回缸；3—主缸；4—主返回缸

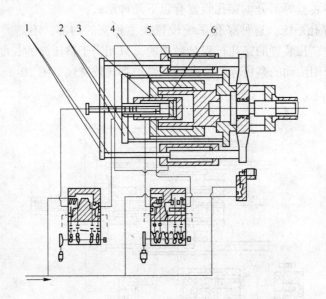

图 10-13   侧置式穿孔系统的卧式挤压机结构

1—穿孔返回梁及拉杆；2—主返回梁及拉杆；

3—穿孔返回缸；4—主返回缸；5—穿孔缸；6—主缸

10.3.4   挤压工具

挤压工具包括挤压筒、挤压模、挤压轴、穿孔针、垫片，以及一些配件。图 10-14 为卧式挤压机挤压工具的组装示意图。在图 10-14 中，挤压筒由内衬 5、中衬 4、外套 3（方案 I）所组成；在挤压应力不大时，也可采用双层挤压筒（方案 II）。模座部分包括模具 8、模垫 9、模套 10、模支承 11 及模座 12。挤压棒材时，在挤压轴 6 前面装挤压垫片 7；管材挤压时，挤压轴为空心结构，内部有穿孔针 13 和穿孔针支承 14。

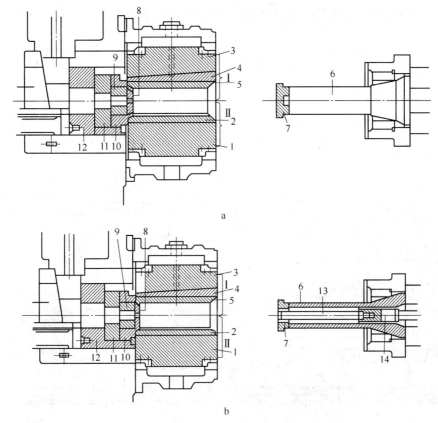

图 10-14 卧式挤压机挤压工具装配图

a—挤压棒、型材；b—挤压管材

1—挤压筒外套；2—内衬；3—三层挤压筒时的外套；4—中衬；5—内衬（三层时）；6—挤压轴；7—挤压垫片；
8—挤压模具；9—模垫；10—模套；11—模支承；12—模座；13—穿孔针；14—穿孔针支承；
I—三层挤压筒方案；Ⅱ—双层挤压筒方案

10.4 挤压机的辅助装置

10.4.1 模座

模座是用来组装模具的，模座的结构有三种类型：纵向移出式、侧向移出式、回转式。

（1）纵向移出式。在这种形式的模座中，模座上装有模具、模支承和模套，如图 10-15 所示。模座可沿挤压轴线进行轴向移动，挤压时将模座连同挤压模一起移入前机架内，并使挤压模和挤压筒相靠。挤压过程结束后模座与制品和压余等一起从前机架内移出，进行压余与制品的分离。这种结构的缺点是模座移动距离较长，出料台结构复杂。

（2）侧向移出式。侧向移出式是利用液压缸使之在与挤压中心线垂直的方向上左、右移动的模座，其优点是可以缩短更换和清洗模子的时间，从而提高生产效率。常用的侧向移动式模座设有两个工作位置，一个用于装挤压模，另一个用来顶出挤压的压余。侧向移动式模座也可有三个工作位置，其中两个用于装挤压模，另一个用于顶出压余（见图10-16）。

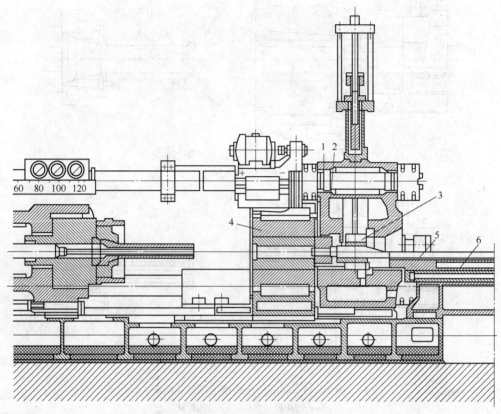

图 10-15 纵向移出式模座

1—模具；2—模座；3—锁键；4—挤压筒；5—移动平台；6—移动平台液压缸

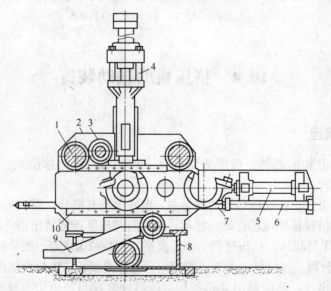

图 10-16 两位侧向移出式模座

1—张力柱；2—前机架；3—挤压筒移动缸拉杆；4—残料分离剪；5—制品剪切缸；
6—滑架移动缸；7—滑架；8—挤压机框架；9—残料接收槽；10—滑架导轨

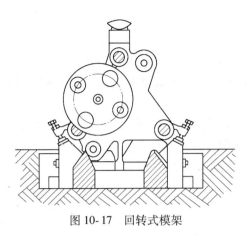

图 10-17 回转式模架

（3）回转式。在回转式模架上一般设有两个安放模具的孔和两个推出压余的孔，它们相互间隔相差 90°（图 10-17）。模架的回转是由液压齿条缸带动齿轮，齿轮带动模架来实现的。模架还可以作一定距离的纵向移动。模架每次回转 90°。操作时先把挤压模和模垫一起装入一个模座内，然后再装到回转模架上。当模架转动 90° 后，移动挤压筒使之靠近，开始进行挤压。挤压结束后，挤压轴退出，同时移动挤压筒，使之同挤压模脱离接触，用锯或剪刀将制品和压余分离。为了把仍留在模子内的制品取出，把挤压筒和模子再次靠上，使制品和压余上两个锯过的面对在一起，从而将制品从模子中推出。紧接着再将模架回转 90°，用挤压轴将压余从模架上推出压余的孔中顶出。在进行上述操作的同时，将另一个模子安放在模架上的另一个孔中。在上述操作完毕之后，使模架再回转 90°，把另一个模子转到工作位置进行下一次挤压。同时将前次使用的模子进行清理或更换。使用回转式模架可大大缩短清理及更换模子所需的时间。采用侧向移出式或回转式模座，不必用锁紧装置，但挤压筒必须是可动的。同时这两种模座可采用固定式的接料台，为水封挤压提供了方便条件。

10.4.2 压余分离装置

在卧式挤压机上，压余的分离多采用剪刀。剪刀用液压驱动，其位置在前机架之前。挤压过程结束之后，剪刀将制品和压余分离。当采用侧向移出式或回转式模架时，有时采用圆锯分离压余。

立式挤压机多采用切断冲头分离压余和带切料环的滑块分离压余。

10.4.3 挤压牵引机构

挤压时，为防止制品出模后发生扭曲和相互缠绕，在挤压机上配备制品牵引机构，以恒张力夹持制品端部与挤压制品同步运动。

牵引机构多采用直线电机驱动。直线电机可不通过机械动力转换机构直接将电能转变为直线运动，如图 10-18 所示。因此，直线电机具有高速、长距离驱动、惯性矩小以及拉力易控制等优点，但牵引力较小。

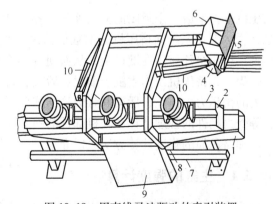

图 10-18 用直线马达驱动的牵引装置
1—运行导轨；2—直线马达；3—二次导体；4—夹头；5—夹爪；
6—夹爪操纵机构；7—夹头操纵机构；8—牵引小车控制箱；
9—牵引小车导轮；10—空气隙调整螺丝

10.4.4　料台与冷床

用侧向移出式或回转式模座挤压时，出料台由前出料台和后出料台组成。前出料台长度一般为 1.5~4.5m，高度可调且能移动。后出料台为链式或辊式转动，其工作速度可达 12m/s。为防止划伤制品表面，出料台应衬以石墨材料。

若在模的出口处设置一个水封槽，制品出模后直接进入水封槽，可防止金属氧化，减少制品在冷轧或冷拔前的酸洗工序。同时，对一些铝合金和铜合金制品还可以起到淬火的作用，使挤压和淬火两个工序连续化。水封挤压装置如图 10-19 所示。

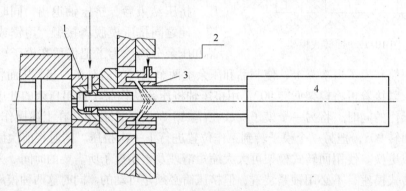

图 10-19　水封挤压示意图
1—水冷模；2—水封头供水管；3—水封头；4—水槽

冷床是横向运动机构，有步进式和传动链式两种结构。制品由模孔挤出后，在出料台上用拨料机构或提升机构将其送至冷床上进行冷却。冷床工作表面覆有石墨或石棉，以避免制品表面被划伤。

10.5　液压挤压机主要部件的强度计算

挤压机本体形成一个封闭的框架系统，挤压力由本体的构件（前梁、后梁及张力柱等）所承受。泵站系统向挤压机的主缸供给高压液体，产生对主柱塞的作用力。这个力经挤压轴、挤压垫片作用在锭坯上，从而使锭坯产生塑性变形，制品经模孔挤出。因此，在挤压过程中，挤压机工作主缸、前梁、后梁、张力柱、挤压筒等都要承受很大的工作应力，巨大的挤压力由前梁、后梁和张力柱组成的封闭式框架所平衡。挤压机前梁、后梁、张力柱等受力构件的强度计算和轧机部件的强度计算方法相类似，这里不再赘述。本节主要对主缸和挤压筒的强度计算方法予以介绍。

10.5.1　主缸的强度计算

主缸系指挤压机产生挤压力的工作缸。主缸本身是一端封闭，一端开口的高压厚壁容器，是挤压机中最重要的部件。

根据其受力情况，可将主缸分成三个部分（见图 10-20）：（1）法兰部分（a 段）；（2）厚壁筒部分（b 段）；（3）缸底部分（c 段）。

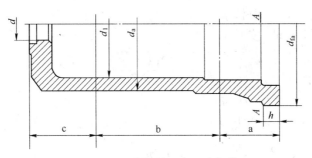

图 10-20 主缸的三个组成部分

高压液体部分作用在柱塞上时，反作用力作用在缸的底部。柱塞将高压液体产生的作用力通过挤压轴作用在锭坯上，并通过模座、模垫传到挤压机的前梁上。与此同时，主缸经法兰部分将反作用力作用到后梁上。在挤压过程中，法兰 A—A 处受拉弯的联合作用；在中部受三向应力作用；缸底部分则可视为受均布载荷作用的中心有孔的圆板，其周边为刚性固定，因此承受弯曲应力的作用。

10.5.1.1 法兰过渡部分的强度计算

当缸体与后梁为分离件时，缸体靠其自身的法兰部分支撑在后梁上。在法兰到缸壁的过渡部分引起很大的弯曲应力，并在法兰与缸体接合处存在应力集中。

通常假设后梁的支撑反力作用在接触面的平均直径为 d_1 的圆周上，平均直径为

$$d_1 = \frac{1}{2}(d_{fa} + d_2) + R \tag{10-21}$$

式中 d_1——接触面的平均直径，mm；

$\quad\quad d_{fa}$——法兰外径，mm；

$\quad\quad R$——过渡圆角半径，mm；

$\quad\quad d_2$——壁厚的平均直径，mm，

$$d_2 = \frac{1}{2}(d_i + d_a) \tag{10-22}$$

$\quad\quad d_i$——主缸内径，mm；

$\quad\quad d_a$——主缸外径，mm。

在 A—A 截面单位圆周长度上的作用力为

$$p_0 = \frac{p}{\pi d_2} \tag{10-23}$$

在 A—A 处切开的法兰可作为受均布力偶扭转作用的板的圆柱面弯曲来分析，从而导出单位圆周长度上的弯矩，如下式

$$M_0 = \frac{p_0(d_1 - d_2)}{2 + \beta h + \frac{2(1 - \mu^2)}{\beta d_2}\left(\frac{h}{h_1}\right)^3 \ln\frac{d_{fa}}{d_i}} \tag{10-24}$$

式中 h——法兰厚度，mm；

$\quad\quad h_1$ ——A—A 截面缸壁厚度，$h_1 = \frac{1}{2}(d_a - d_i)$，mm；

μ ——泊松比。对于钢材，μ 取 0.3；

β ——系数，1/mm，按下式求出：

$$\beta = \sqrt[4]{\frac{12(1-\mu^2)}{d_2^2 h_1^2}} \qquad (10\text{-}25)$$

以上各部分尺寸如图 10-21 所示。

由 p_0 和 M_0 引起的轴向应力为：

$$\sigma_z = \frac{6M_0}{h_1^2} + \frac{4p_0}{\pi(d_a^2 - d_i^2)} \qquad (10\text{-}26)$$

设计时应保证应力值小于许用应力，即

$$\sigma_z \leqslant [\sigma] \qquad (10\text{-}27)$$

$$[\sigma] = \frac{\sigma_s}{n_a} \qquad (10\text{-}28)$$

式中　$[\sigma]$ ——许用应力，MPa；

　　　σ_s ——材料的屈服强度，MPa；

　　　n_a ——安全系数，一般取 $n_a = 2$。

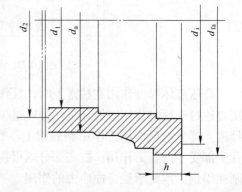

图 10-21　主缸的各部分尺寸

由式（10-26）可见，h 值对 σ_z 有较大影响。h 越大，则法兰强度越大，一般可取 h/h_1 = 2 ~ 2.5。

10.5.1.2　圆筒部分的强度计算

主缸的圆筒部分除有轴向应力外，还有内压引起的径向压应力（内壁最大，向外渐减，外壁为零）、切向应力（内壁最大，向外渐减），故属三向应力状态。

根据材料力学中壁厚筒的计算理论，圆筒部分半径为任意一点的应力为：

$$\sigma_r = \frac{p r_i^2}{r_a^2 - r_i^2}\left(1 - \frac{r_a^2}{r^2}\right) = \frac{p d_i^2}{d_a^2 - d_i^2}\left(1 - \frac{d_a^2}{d^2}\right) \qquad (10\text{-}29)$$

$$\sigma_t = \frac{p r_i^2}{r_a^2 - r_i^2}\left(1 + \frac{r_a^2}{r^2}\right) = \frac{p d_i^2}{d_a^2 - d_i^2}\left(1 + \frac{d_a^2}{d^2}\right) \qquad (10\text{-}30)$$

$$\sigma_z = \frac{p r_i^2}{r_a^2 - r_i^2} = \frac{p d_i^2}{d_a^2 - d_i^2} \qquad (10\text{-}31)$$

按第四强度理论经计算后，最大合成应力产生在缸的内壁，可根据下式计算：

$$\sigma_{max} = \frac{\sqrt{3}\, r_a^2}{r_a^2 - r_i^2} p = \frac{\sqrt{3}\, d_a^2}{d_a^2 - d_i^2} p \qquad (10\text{-}32)$$

式中　p ——主缸液体的压力，MPa；

　　$r_i(d_i)$ ——主缸的内半径（直径），mm；

　　$r_a(d_a)$ ——主缸的外半径（直径），mm；

　　$r(d)$ ——所求应力点所在的半径（直径），mm。

强度条件为

$$\sigma_{max} \leqslant [\sigma] \qquad (10\text{-}33)$$

式中　$[\sigma]$ ——许用应力，$[\sigma] = \sigma_s/n_a$；

n_a——安全系数，一般可取 2～2.5。

10.5.1.3 缸底部分的强度计算

缸底部分可看作受均布载荷作用的有孔圆板，周边刚性固定。经材料力学计算导出，其最大弯曲应力产生在圆板的周边。根据第三强度理论，最大当量应力为：

$$\sigma = \frac{p r_i^2}{t^2} \varphi \tag{10-34}$$

式中　p——缸内液体压力，MPa；

　　　r_i——缸体内半径，mm；

　　　t——缸底厚度，mm；

　　　φ——与缸底进液孔与缸内径比有关的系数。令 $K = \dfrac{d_k}{d_i}$（d_k 为缸底进液孔直径），则 φ 值可按表 10-6 选取。

表 10-6　φ 值

K	0	0.10	0.15	0.20	0.25	0.30
φ	0.750	0.748	0.742	0.730	0.710	0.681

强度条件为

$$\sigma \leqslant [\sigma]$$

式中　$[\sigma]$——许用应力。对于铸钢材质，$[\sigma] = 60\text{MPa}$；锻钢材质可取 80MPa。

在缸底与缸壁的过渡处，有较大的应力集中，过渡圆角半径不应小于 $r_i/4$，或将缸底部分做成球面。平缸底时，其壁厚一般比筒体部分大 20%～30%。

在现代挤压机设计中，常采用有限元法对主缸进行强度计算。

10.5.2　挤压筒的强度计算

可将挤压筒看做是开口厚壁筒，轴向力被模座、挤压轴所平衡，故挤压筒本身不受轴向力的作用。但实际上，挤压筒中锭坯和内衬之间的摩擦力、轴向热应力都会引起轴向应力。由于这部分轴向应力较小，不会导致挤压筒失效，故可忽略不计。

为了降低挤压筒壁的应力，一般采用多层的热装配的挤压筒。由两层以上组装的挤压筒在装配之前，外套的内径略小于内套外径，其差值为公盈量。在装配时把外套加热，装上内套后冷却，则二套紧密配合，并产生预应力。预应力在挤压筒壁中引起的径向应力和周向应力的分布情况如图 10-22a 所示。在挤压时，锭坯给予挤压筒内壁的单位压力在挤压筒中引起的径向应力和周向应力的分布如图 10-22b 所示。将图 10-22a、b 分别合成后所得结果如图 10-22c 所示。可见筒内壁的 $\sigma_{\theta max}$ 已大为降低，同时在整个挤压筒断面上的 σ_θ 分布也较单层均匀。

双层套挤压筒的受力如图 10-23 所示。金属给予筒壁的径向压力 P_i 在各处不完全相同，一般取作用于筒壁上的单位压力 P_i 为作用在垫片上的单位压力 P_d 的 0.5～0.8，硬金属取下限，易挤压的软金属取上限。P_i 对各层套都是起内压力作用的。

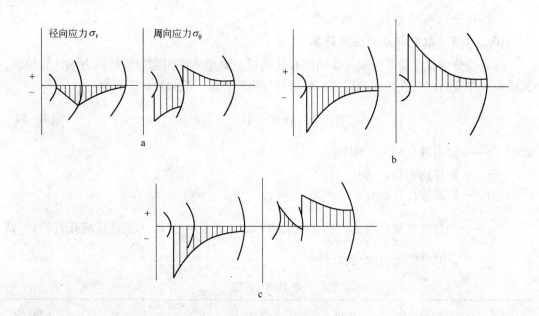

图 10-22　挤压筒的应力分布

a—二层挤压筒预应力分布；b—单层挤压筒挤压式应力分布；c—二层挤压筒挤压式应力分布

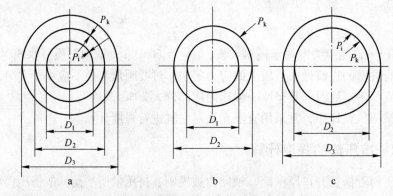

图 10-23　双层套挤压筒内套和外套受力示意图

双层挤压筒由于热配合而引起的单位压力 P_k 为：

$$P_k = \frac{E\Delta C(D_3^2 - D_2^2)(D_2^2 - D_1^2)}{2D_2^3(D_3^2 - D_1^2)} \qquad (10\text{-}35)$$

式中　　E——弹性模量，MPa；

　　　ΔC——装配对的直径公盈值，mm；

　　　D_1——筒内径，mm；

　　　D_2——装配对的直径，mm；

　　　D_3——筒外径，mm。

P_k 对内衬套是外压力，对外衬套是内压力（见图 10-23b、c）。

假定挤压筒各层套只受内单位压力 P_n（$P_w = 0$）时，则引起的周向应力 σ_θ 和径向应力 σ_r 为：

$$\sigma_{\theta} = + P_n \frac{1 + K_x}{K_1 - 1} \tag{10-36}$$

$$\sigma_r = + P_n \frac{1 - K_x}{K_1 - 1} \tag{10-37}$$

假定挤压筒各层套只受外单位压力 P_w（$P_n = 0$）时，则引起的周向应力 σ_{θ} 和径向应力 σ_r 为：

$$\sigma_{\theta} = - P_W \frac{1 + K_y}{1 - K_2} \tag{10-38}$$

$$\sigma_r = - P_W \frac{1 - K_y}{1 - K_2} \tag{10-39}$$

式中，$K_1 = \dfrac{D_3^2}{D_1^2}$；$K_2 = \dfrac{D_1^2}{D_3^2}$；$K_x = \dfrac{D_3^2}{D_2^2}$；$K_y = \dfrac{D_1^2}{D_2^2}$。

计算挤压筒各层套的应力时，需要把上述计算得出的各应力值中的有关部分叠加起来，看所受的拉应力是否超过材料的屈服强度 σ_s 或（$0.90 \sim 0.95$）σ_s，并根据变形能强度理论计算合成应力值。

10.6 挤压机液压传动装置与控制系统

挤压机的液压传动可分为高压泵直接传动和高压泵-蓄势器传动。

10.6.1 高压泵直接传动

这种传动方式比较简单，挤压机所需要的高压液体直接由高压泵通过控制机构供给。通常将高压泵、油箱和各种阀等直接安装在挤压机的后机架上面。

高压泵直接传动的特点是主柱塞的运动速度即挤压速度易于改变和控制，高压液体的能量利用率高，压力损失小。其缺点是所安装的高压泵和电动机的功率要根据挤压时所需的最大挤压力和最大挤压速度选择，因此泵和电动机的利用系数不高。对于挤压速度较慢的合金，如硬铝合金，泵的容量可以选小些，其利用率也相应地高些，所以此时采用高压泵直接传动的方式是比较合适的。近年来由于油压挤压机的发展，特别是大容量高压可变量油泵的出现，用高压泵直接传动的挤压机正在增加。

10.6.2 高压泵-蓄势器液压传动

在这种传动方式中，高压泵打出的高压液体可以有两条去路：一是通过控制机构进入挤压机，二是进入高压主蓄势器。当挤压机的用液量小于高压泵打出的液量时，高压泵打出的多余高压液体便进入蓄势器内储存起来；反之，当挤压机的用液量大时，由原先储存在蓄势器内的高压液体来补充，所以蓄势器起着能量的存储和调节作用。采用这种方式，高压泵的容量可比直接传动时小，其利用率也较高。

10.6.3　挤压机的液压控制系统

10.6.3.1　水压机

水压机运动的控制用高压配水器，用配水器连接蓄势器和水压机各水缸，高压水通过管路由蓄势器和配水器各阀进入各工作缸，完成各种运动。其废水通过管路和阀进入低压蓄势器。水压机的液压控制系统如图 10-24 所示。

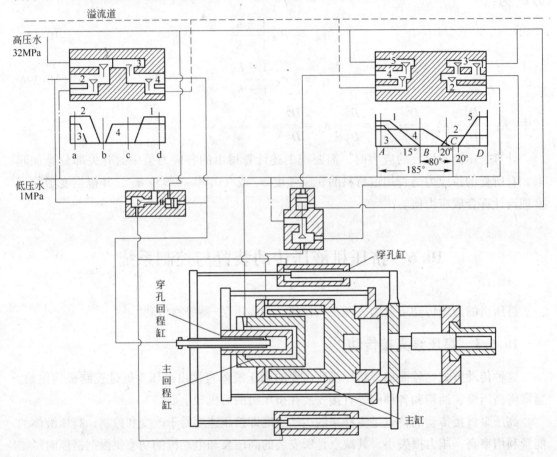

图 10-24　水压机的液压控制系统图

a—回程；b—停止；c—充填；d—穿孔；A—挤压；B—充填；C—停止；D—回程

挤压机运动的控制是用高压配水器与各缸相连接，推动柱塞运动。

在主柱塞回程时，高压水进入主回程缸，主柱塞返回，主缸里的高压水进入低压罐。此时充填阀是打开的。

在停止位置，高压水全部关闭，主缸与低压罐相通，主回程缸高压水与溢流沟相通，放出一部分变为低压，与主缸压力相平衡。

充填时，回程缸里的水全部放出与溢流沟相通，主缸中的水仍与低压罐相通，低压罐中的水推动主缸完成空程，回程缸的水进入溢流沟。

挤压时，高压水与主缸相通推动主柱塞前进，充填阀关闭，回程缸的水全部进入溢流沟。有关穿孔、穿孔回程和停止的系统动作原理与挤压、回程、停止的系统相同。

10.6.3.2 油压机

油压机运动的控制均采用各种阀与液压缸相连接，完成各种运动。现以 8MN 油压机为例，说明油压机的液压控制系统，如图 10-25 所示。图中设备名称见表 10-7。

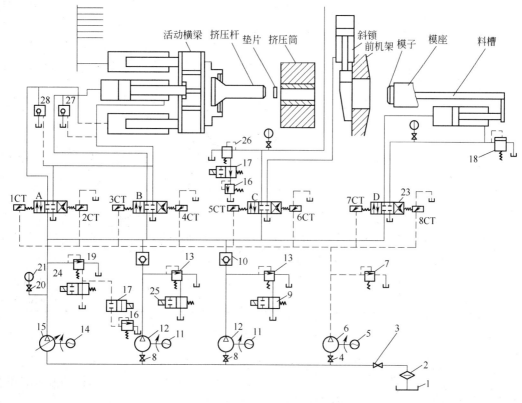

图 10-25　8MN 挤压机液压控制系统图

表 10-7　设备名称表

序　号	型　号	性　能	备　注	D_g
1	油箱		4.5m^2	
2	过滤器		140~150 号	
3	截止阀			$D_x=105$
4	截止阀			
5	电动机	JO-22-4	$N=15kW$，$n=1410r/min$	1 台
6	齿轮泵	CB-25	$P=2.5MPa$，$Q=25L/min$	1 台
7	溢流阀	D-B25	$P=2.5MPa$，$Q=25L/min$	$D_x=16$，1 台
8	截止阀			$D_x=20$，2 台
9	电磁换向阀	22D-25	$P=6.5MPa$	$D_x=12$，1 台
10	单向阀	DIF-L20H	$P=21MPa$	$D_x=20$，2 台
11	电动机	JO$_2$-51-4	$N=7.5kW$，$n=150r/min$	2 台
12	齿轮泵	CB-C70C-FL	$P=14MPa$，$Q=70L/min$	2 台

序　号	型　号	性　能	备　注	D_g
13	溢流阀	T52-14	$P=6.5\text{MPa}$，$Q=70\text{L/min}$	$D_x=20$，2 台
14	电动机	TS126-6	$N=155\text{kW}$，$n=960\text{r/min}$	1 台
15	轴向柱塞泵	25OSCY14-1	$P=32\text{MPa}$，$Q=250\text{L/min}$	1 台
16	远程调压阀	YF-18MIY	$P=21\text{MPa}$	$D_x=3$，2 台
17	电磁换向阀	$\text{I}T_2$ 或 II_3	$P=32\text{MPa}$，$Q=6\text{L/min}$	$D_x=6$，2 台
18	溢流阀	YF-L32H	$P=31\text{MPa}$	$D_x=32$，1 台
19	溢流阀	6Y	$P=32\text{MPa}$，$Q=250\text{L/min}$	$D_x=32$，1 台
20	压力表开关	KF-18/20F	$P=35\text{MPa}$	3 台
21	压力表	Y150	$P=40\text{MPa}$	
22	电液换向阀	34-D40-F50H	$P=21\text{MPa}$	
23	电液换向阀	$34D_{rr}$-F50	$P=31\text{MPa}$	
24	电磁换向阀	II_2 或 II_3	$P=32\text{MPa}$，$Q=6\text{L/min}$	$D_x=6$，1 台
25	电磁换向阀	22D-25	$P=6.3\text{MPa}$	$D_x=12$，1 台
26	溢流阀	同 18		
27	液控单向阀			$D_x=100$，1 台
28	液控单向阀			$D_x=50$，1 台

A　液压系统的组成

（1）液压缸。主机部分的液压缸是由八个柱塞缸围绕中间一个活塞缸构成。活塞缸用于主机空程时前进与后退，八个柱塞缸用于挤压时的挤压杆慢速前进。斜锁的液压缸和模座液压缸均为活塞式缸，可以往返运动使机构简化。

（2）液压回路：

1）电液换向阀的换向回路。本系统属于高压大流量，必须用液压阀控制。为了提高设备的自动化程度，采用电液换向阀的换向回路，共 4 个电液阀。阀 A 控制 8 个柱塞缸的换向，阀 B 控制主机中间活塞缸的换向，阀 C 控制斜锁缸的换向，阀 D 控制模座的前后运动换向，阀 A，B，C 用 M 型，阀 D 用 Y 型。

2）高低压组合泵的调压回路。由于该挤压机在空行程和回程时要求低压快速，而在工作行程时，要求高压慢速，这样可用高低压组合泵满足以上要求。在此油压机上用一台高压泵（轴向柱塞泵 $P=32\text{MPa}$，$Q=250\text{L/min}$），两台齿轮泵（$P=14\text{MPa}$，$Q=70\text{L/min}$）。当挤压机空行程和回程时，三台泵同时供油，以达到快速前进和后退。当挤压开始时，油缸压力升高，要求慢速。这时由一台高压泵供油，两台齿轮泵打出的油分别经两个电磁二位二通阀和溢流阀流回油箱。这样就满足了挤压过程中压力高速度慢的要求。

3）多级调压回路。本系统采用双级调压的结构，溢流阀 19 控制系统的最高压力（27MPa），以保证安全。远程调压阀 16 用来控制系统的工作压力，可以根据工作要求进行改变，这里远程调压阀的调节压力为 5MPa，小于溢流阀 19 的调节压力。

4）卸荷回路。采用电磁二位二通阀的卸荷回路，在三个泵的主油路中都并联有溢流阀和电磁二位二通阀的卸荷回路。当挤压机停止工作时，油泵打出的油分别经溢流阀和电磁二位二通阀流回油箱，使油泵卸荷。

5）带充液箱的快速运动回路。主机 8 个柱塞油缸的后部及活塞缸的后部分别装了一个充液阀（液控单向阀）。当活塞快速前进时，油液从充液箱进入柱塞油缸，当活塞和柱塞退回时，部分油液经充液阀回到充液箱。

6）控制油路。电液阀的控制油路由一个小齿轮泵 6 单独供油并在油路上装有安全阀 7。

（3）系统的电器控制。本系统采用按钮控制和行程开关控制，由按钮来控制的有 A，B，C，D 四个换向阀，每个阀有一组按钮，一组 3 个，一个按钮控制阀的一个位置，其他阀的动作，泵的启动和停止也通过按钮来控制，在挤压轴前进由快速变为慢速时，由行程开关控制。

（4）其他。在系统中装有 3 个压力表，以显示挤压时压力，锁紧压力和模座油缸压力。系统中有油箱，滤油器和 4 个截止阀。

B 液压系统工作原理

（1）油泵启动，油缸不工作。这时电液换向阀 A、B、C、D 都处于中位，3 个主油泵及控制油泵工作。3 个主泵打出的油经阀 24、25、9 和溢流阀 13、19 流回油箱，整个系统处于卸荷状态。控制油泵打出的油经溢流阀 7 流回油箱。

（2）模座进入前机架至挤压筒和斜锁之间。当加热的铸锭放入挤压筒以后，按下按钮使电液阀 D 的电磁铁 8CT 通电，阀处于右端位置，压力油进入模座右腔，使模座运动进入前机架并达到预定位置后，按按钮使其停止，阀 D 仍处于中间位置。在 8CT 通电的同时，阀 24、25、9 通电，使卸荷回路断开，不再卸荷。在 D 阀处于中位时，因阀闭不严，有漏油现象，使料槽弓起，因此在油路中装溢流阀 18，使之卸荷（其控制压力为 5MPa）。

（3）斜锁下降，锁紧模座。当模座达到预定位置后，按下按钮使阀 C 的 5CT 通电，阀 C 处于左端工作位置，压力轴进入斜锁缸上腔，使斜锁下降锁紧模座。锁缸下腔的油经阀 C 流回油箱。锁紧完毕，阀 C 回复中位。为了安全起见，不要使锁紧力过大（锁紧力太大时，挤压筒易破坏，前机架抬起，影响设备寿命）。在进油路装有溢流阀 26，控制压力 20MPa，当压力需要在 20MPa 以下时，可用远程调压阀 16 调节压力。

（4）挤压杆快速前进（空行程）。当把挤压垫片放入挤压筒后，按下按钮使电液阀 B 的 3CT 通电。阀 B 处于左端工作位置，3 个泵打出的压力油经阀 B 流到中间活塞缸的后腔，使挤压轴快速前进，同时，充液阀 27 被打开，油箱中的油进入 8 个柱塞缸。活塞缸前腔的油经阀 B 流回油箱。此时挤压轴前进速度约为 6m/min。

（5）挤压轴慢速前进（工作行程）。当挤压轴接近锭坯时，活动横梁上的触头碰行程开关，使阀 B 的 3CT 断电，并回到中位。同时使阀 A 的 1CT 通电，又使阀 25、9 的电磁铁断电，两齿轮泵 12 卸荷，阀 A 的 1CT 通电后，其处于左端工作位置，这时高压泵 15 打出的油经阀 A 到 8 个柱塞缸，使挤压轴慢速前进，其速度约为 0.5m/min。同时充液阀 28 打开，油箱的油液进入中间活塞缸的后腔，这就是挤压过程，这时金属从模孔中流出形成制品。挤压过程完毕后，按下按钮使阀 A 回到中位，挤压轴停止运动。

（6）挤压杆稍退，斜锁抬起。按按钮使阀 B 的 4CT 通电，阀 B 处于右端工作位置，压力油进入中间活塞缸的前腔，使挤压杆退回（约 50mm），然后使 4CT 断电，阀 B 回到中位，挤压轴停止。接着，按按钮使阀 C 的 6CT 通电，阀 C 处于右端位置，压力油进入锁缸下腔，使斜锁抬起，锁缸上腔的油经阀 C 流回油箱，斜锁抬起后，阀 C 回到中位。

（7）挤压轴前进顶出挤压垫片和模座（通路情况与挤压轴慢速前进相同）。

（8）模座退回到前机架下，斜锁下降用月牙剪切掉压余。按下按钮使阀 25、9 通电，两齿轮泵停止卸荷，并使阀 D 的 7CT 通电，阀 D 处于左端工作位置，压力油进入模座缸的左腔，使模座后退，当退至斜锁下方时停止，阀 D 回到中位。然后按按钮使阀 C 动作使斜锁下降，切掉压余，后斜锁抬起，阀 C 回到中位。

（9）挤压轴快速退回原位。按按钮使阀 B 的 4CT 通电，阀处于右端位置，压力油经阀 B 进入中间活塞缸右腔，使挤压轴快速退回，速度约为 7m/min。这时，阀 27、28 打开，使活塞缸左腔的油及柱塞缸的油流回油箱。

当挤压轴退回原位时，按下按钮使阀 B 回到中位，挤压轴停止运动。同时，阀 24、25、9 断电，整个系统卸荷。

10.7　连续挤压机

在传统的挤压过程中，每挤压一根坯料后必须清除压余，挤压制品还要切头切尾。因此，制品长度受到限制，材料的利用率也很低。对于性能和表面质量要求较高的棒材和小型管材，还要经过拉拔工序。随着工业生产的发展，对无接头的长管材或复合线材的要求日益增多，这用传统的挤压、拉拔方法难以实现。科学工作者研究出一种连续供给坯料的新方法——连续挤压法，它主要分为 Conform（Continuous Extrusion Forming）连续挤压法和 Castex（Casting Extrusion）连续铸挤法。

10.7.1　Conform 连续挤压机

Conform 连续挤压机的结构如图 10-26 所示。Conform 连续挤压机主要由 4 部分组成：（1）带凹型槽的挤压轮 1，由驱动轴带动；（2）固定的挤压靴 4，它与挤压轮相接触的部分是弓形的槽封块，其包角一般为 90°左右，起到封闭沟槽的作用，构成一个挤压型腔；（3）固定在挤压型腔出口端的挡料块 2，作用是把挤压型腔出口端封住，迫使金属从模孔流出；（4）安装在挡料块上或挤压靴块上的挤压模 3，金属从挤压模中流出，获得所需尺寸形状的制品。

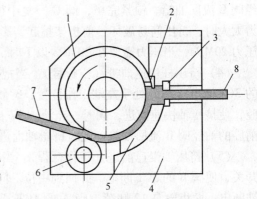

图 10-26　Conform 连续挤压机结构示意图
1—挤压轮；2—挡料块；3—挤压模；4—挤压靴；
5—槽封块；6—压紧轮；7—坯料；8—制品

在 Conform 连续挤压过程中，从挤压型腔的入口端连续的供给杆状或颗粒状坯料，进入旋转的挤压轮与槽封块构成的型腔。在坯料与型腔壁之间摩擦力的作用下，挡料块处产生足够大的压力使金属产生塑性变形。

与传统的挤压机相比较，Conform 连续挤压机有以下特点：

（1）可实现连续化生产，大大缩短工序，节省生产辅助时间，节约设备和占地面积。

（2）制品长度不受限制，理论上可生产无限长制品。材料的利用率高达 95% 左右，制品的组织性能均匀性好。

（3）可利用摩擦产生的热量使坯料得到加热，降低能耗。

但连续式挤压机也存在一些限制，如对坯料清洁度要求高，对工模具材料耐磨性要求高及工模具更换困难等。由于传动功率的限制，制品的外接圆直径一般不大，但用扩展模也可获得较大尺寸的制品。

近年来，在单轮单槽连续挤压机的基础上又出现了几种新的连续挤压机：单轮双槽连续挤压机、双轮单槽连续挤压机和包覆材连续挤压机（见图 10-27）。

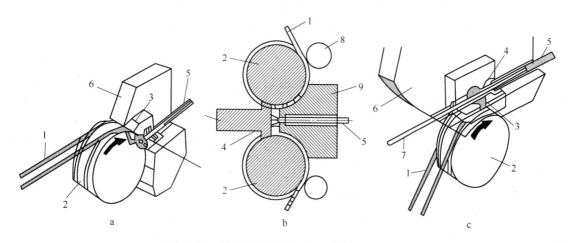

图 10-27　连续挤压杆料用的几种轮靴式挤压机

a—单轮双槽式连续挤压机；b—双轮单槽式连续挤压机；c—连续包覆式挤压机

1—坯料；2—挤压轮；3—挡料块；4—挤压模；5—制品；6—挤压靴；7—钢丝；8—压紧轮；9—槽封块

10.7.2　Castex 连续铸挤机

Castex 连续铸挤机是在 Conform 连续挤压机的基础上发展起来的，其结构如图 10-28 所示。连续铸挤是集铸造（Casting）和挤压（Extrusion）为一体的技术。在铸挤时，液态金属被导入铸挤轮的凹槽与槽封块构成的挤压型腔中，在铸挤轮槽与坯料之间摩擦的作用下，使料充满型腔。液态金属在挤压型腔中发生动态结晶和变形，在凝固靴工作段内基本是动态结晶过程，在挤压靴工作段内基本是挤压变形过程，在凝固靴工作段入口和挤压靴工作段入口附近是半融熔挤压过程。

连续铸挤设备生产的产品与连续挤压基本相同，可生产管、棒、型、线，还可生产包覆材。与连续挤压方法相比较，连续铸挤具有投资少，成材率高，节能效果更显著的特点。同时，连续铸挤的原料范围广，可以是新金属、废料或两者的混合物。经熔体处理后可真正做到无氧化物夹杂，解决了废料直接用于 Conform 连续挤压时所遇到的废料纯净度问题。由于 Castex 工艺原料范围广，因此挤制品的合金品种范围也更广。

表 10-8 为连续挤压机的主要技术参数及生产能力。

表 10-8　Conform 与 Castex 连接挤压机主要技术参数

型号	Conform 单轮			Conform 双轮				Conform 包覆	Castex 铸挤机	
	C300H	C500H	C1000	5-350-$\frac{150}{200}$	1-550-$\frac{260}{400}$	2-350-$\frac{150}{200}$	2-550-$\frac{260}{400}$	2-350-$\frac{150}{200}$	C300H	C500H
槽轮直径/mm	300	500	1000	250	550	360	650	350	300	500
额定转速/r·min^{-1}	39	30	15	16	9.6	10	9.6	16	20	10
最大转速/r·min^{-1}				32	24	32	24	32		
驱动功率/kW	130	300~500	500~1000	150~200	200~400	150~200	260~400	150~200	130	300
驱动方式	直流电机	直流电机	直流电机	直流电机	直流电机	直流电机	直流电机	直流电机	直流电机	直流电机
最大运转转矩/N·m				79140~105500	79140~105500	79140~105500	228600~351750	79140~105500		
最大坯料直径/mm	铝杆 15	铝杆 25	铝杆 1200mm 截面转坯	铝杆 φ15　软铜杆 φ12	铝杆 φ19　软铜杆 φ15	铝杆 2×φ9.5　2×φ12.5	铝杆 2×φ12.5　2×φ15	铝杆 2×φ12.5		
理论产量/kg·h^{-1}	600	2000	6000	铝杆 800　软铜材 1200	铝杆 1637　软铜材 2455	实心制品，660　1140　管材 430　570	实心制品，1400　2040　管材 740　1140		纯铝 300　6063 合金 150	纯铝 800　6063 合金 400
常用出线速度/m·min^{-1}								200		
钢包铜线								150		
扩大靴	φ90	φ200	φ240						φ90	φ200
普通靴	φ50	φ100	φ250						φ50	φ130
扩大靴	φ50	φ100	φ200						φ50	φ100
普通靴	φ30	φ100	φ130						φ30	φ55
主机安装面积/mm^2				4000×2350	5000×3500	4000×2350	5000×3500	4000×2350		
主机质量/t				10	30	10	30	10		
直径/mm				φ50	φ90	φ70	φ110	φ30		

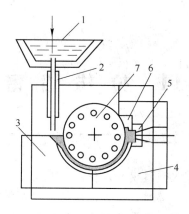

图 10-28　Castex 连续铸挤机结构示意图
1—液体金属；2—导流管；3—凝固靴；4—挤压靴；
5—挤压模；6—挡料块；7—挤压轮

复 习 题

（1）挤压机分为几种类型，各有什么特点？

（2）挤压机主要由几部分组成？

（3）描述挤压机主机的结构，说明各部分的作用。

（4）分析挤压时双层挤压筒内外套的受力情况。

（5）高压泵直接传动和泵-蓄势器传动各有什么特点？其适应范围是哪些？

（6）说明连续挤压和连续铸挤机的优点和局限性，各适应生产何种产品？

11 拉 拔 设 备

本章概述

　　对金属坯料施以拉力，使之通过模孔以获得与模孔尺寸、形状相同的制品的塑性成型方法称之为拉拔。拉拔是管材、棒材、型材，以及线材的主要生产方法之一。拉拔生产的工具与设备简单，维护方便，在一台设备上可以生产多个品种与规格的制品，而且制品的尺寸精确，表面光洁。拉拔设备一般可分为管棒型材拉拔机和拉线机。

11.1 管、棒、型材拉拔机

11.1.1 链式拉拔机

　　目前广泛使用的管棒材拉拔机是链式拉拔机。它的特点是设备结构和操作简单，适应性强，管、棒、型制品皆可在同一台设备上拉制。根据链数的不同可将链式拉拔机分为单链拉拔机和双链拉拔机。最常见的单链拉拔机的结构如图11-1所示，该设备由床身和移动小车组成。模座固定在床身上，小车由链条拖动。在拉拔管材时，安装一尾架来固定芯杆，芯头装在芯杆上。

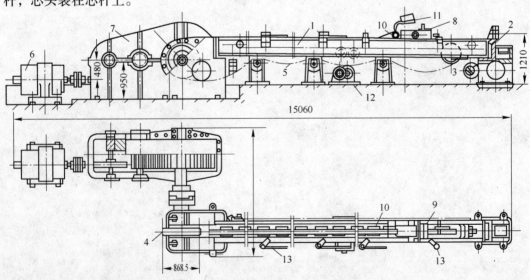

图 11-1 单链式拉拔机

1—机架；2—模架；3—从动轮；4—主动链轮；5—链条；6—电动机；7—减速机；8—拉拔小车；
9—钳口；10—挂钩；11—平衡锤；12—拉拔小车快速返回机构；13—拨料杆

自动夹钳、自动落钩的拉拔小车装置示于图11-2。拉拔小车上部装有撞杆1，杆上套着两个弹簧，杆的前端拧有一个螺帽2。当拉拔小车返回到拉模支架前以便夹持坯料头部实现拔制时，螺帽2与拉模支架相撞。此时撞杆1向右移动，于是钳口板牙借助连杆4的传动向前伸出，将待拔坯料的头部夹持住；与此同时杆1的后端小钩3将大钩6松开，大钩落下挂在拉拔机的链条上，开始拔制过程。在拔制时链条被拉紧并同大钩6一起升高，使大钩又被小钩3钩住。当拔制完毕时，由于惯性作用，钳口板牙继续后退将料松开，拉拔机链条垂落在机座上，而大钩仍与小钩相钩，待返回时重复上述动作，进行下次的拔制。表11-1为单链式拉拔机的技术特性。

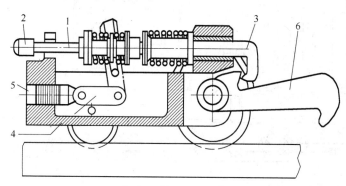

图 11-2　拉拔小车结构

1—撞杆；2—螺帽；3—小钩；4—连杆；5—钳口板牙；6—大钩

表 11-1　单链式拉拔机主要技术性能

种 类	拉拔机性能	拉拔机能力/MN								
		0.02	0.05	0.10	0.20	0.30	0.50	0.75	1.00	1.50
管材拉拔机	拉拔速度范围/m·min^{-1}	6~48	6~48	6~48	6~48	6~25	6~12	6~12	6~12	6~9
	额定拉拔速度/m·min^{-1}	40	40	40	40	40	20	12	9	6
	拉拔最大直径/mm	20	30	55	80	130	150	175	200	300
	拉拔最大长度/m	9	9	9	9	9/12	9	9	9	9
	小车返回速度/m·min^{-1}	60	60	60	60	60	60	60	60	60
	主电机功率/kW	21	55	100	160	250	200	200	200	200
棒材拉拔机	拉拔速度范围/m·min^{-1}			6~35	6~35	6~35	6~35	6~35		
	额定拉拔速度/m·min^{-1}			25	25	25	25	25		
	拉拔最大直径/mm			35	65	80	80	110		
	拉拔最大长度/m			9	9	9	9	9		
	小车返回速度/m·min^{-1}			60	60	60	60	60		
	主电机功率/kW			55	100	160	160	160		

双链式拉拔机的横断面图如图11-3所示。工作机架由许多C形架组成。在C形架内装有两条水平横梁，其底面支撑拉链和小车，侧面装有小车导轨，两根链条从两侧连在小车上。C形架之间的下部安装有滑料架。除拉拔机本体外，一般还包括以下机构：受料-分配机构、管子套芯杆机构和向模孔送管子与芯杆的机构。

与单链式拉拔机相比较，双链式拉拔机有如下优点：（1）拉拔中心线与设备中心线一致，拉拔过程平稳，制品的尺寸精度、表面质量和平直度高；（2）单链式拉拔机需要拨料机构，双链拉拔机拉拔后管材直接从两根链条之间的空当落下，经拉拔机倾斜滑板进入料筐或由水平输出机构输出，卸料方便；（3）由于小车不必挂钩，双链式拉拔机既可最大吨位拉拔大规格管材，又可拉拔小管，不会产生因为拉力太小小车挂钩抬不起来或无法脱钩的问题，使用范围广；（4）双链拉拔机取消了小车返回机构和拨料机构，小车没有钩子和与钩子有关的部件，结构简单，维修容易。

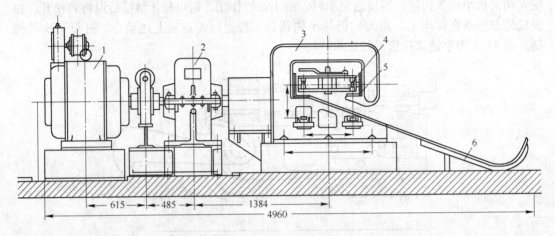

图 11-3　双链式拉拔机结构
1—主电机；2—减速箱；3—C 形架；4—拉拔小车；5—水平衡梁；6—料架

链式拉拔机正向高速、多线、自动化的方向发展。拉拔速度最高可达 190m/min，同时最多可拉拔 9 根料。有些拉拔机的全部工序采用自动化程序控制。目前采用的双链式拉拔机性能如表 11-2 所示。

表 11-2　高速双链式拉拔机基本参数

项　目		额定拉拔能力/MN					
		0.20	0.30	0.50	0.75	1.00	1.50
额定拉拔速度/m·min⁻¹		60	60	60	60	60	60
拉拔速度范围/m·min⁻¹		3~120	3~120	3~120	3~120	3~100	3~100
小车返回速度/m·min⁻¹		120	120	120	120	120	120
拉拔最大直径/mm	黑色金属	30	40	50	60	80	90
	有色金属	40	50	60	75	85	100
最大拉拔长度/m		30	30	25	25	20	20
拉拔根数		3	3	3	3	3	3
主电机功率/kW		125×3	200×3	400×2	400×2	400×2	630×2

11.1.2　联合拉拔机

11.1.2.1　联合拉拔机组成

将拉拔、矫直、切断、抛光和探伤组成在一起形成一个机列，可大大提高制品的质量和生产效率。用联合拉拔机列可生产棒材、管材和型材。下面仅就棒材联合拉拔机列加以叙述。棒材联合拉拔机列有轧头、预矫直、拉拔、矫直、剪切和抛光等部分组成。其结构如图 11-4 所示。

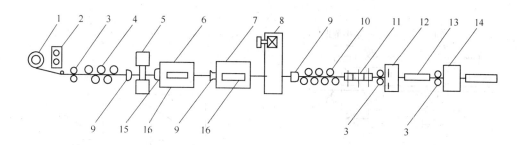

图 11-4　联合拉拔机示意图

1—放料架；2—轧头机；3—导轮；4—预矫直辊；5—模座；6，7—拉拔小车；
8—主电动机和减速机；9—导路；10—水平矫直辊；11—垂直矫直辊；
12—剪切装置；13—料槽；14—抛光机；15—小车钳口；16—小车中间夹板

（1）轧头机。轧头机由具有相同辊径并带有一系列变断面轧槽的两对辊子组成。两对辊子分别水平和垂直地安装在同一个机架上。制作夹头时，将棒料头部依次在两对辊子中轧细以便于穿模。

（2）预矫直装置。机座上面装有三个固定辊和两个可移动的辊子，能适应各种规格棒料的矫直。预矫直的目的是使盘料在进入机列之前变直。

（3）拉拔机构。拉拔机构如图 11-5 所示。从减速机出来的主轴上，设有两个端面凸轮（相同的凸轮，位置上相互差 180°）。当凸轮位于图 11-5a 的位置时，小车 I 的钳口靠近床头且对准拉模。当主轴开始转动，带动两个凸轮转动。小车 I 由凸轮 I 带动并夹住棒材沿凸轮曲线向后运动。同时，小车 II 借助于弹簧沿凸轮 II 的曲线向前返回。当主轴转到 180°时凸轮小车位于图 11-5b 的位置，再继续转动时，小车 I 借助于弹簧沿凸轮 I 的曲线向前返回，同时小车 II 由凸轮带动沿其曲线向后运动。当主轴转到 360°时小车和凸轮又恢复到图 11-5a 位置。凸轮转动一圈，小车往返一个行程，其距离等于 S。拉拔小车中间各装有一对夹板，小车 I 的前面还带有一个装有板牙的钳口，小车 II 前面装有一个喇叭形的导路。棒材的夹头通过拉模进入小车 I 的钳口中。当设备启动，小车 I 的钳口夹住棒材向右运动，到达后面的极限位置后开始向前返回，这时钳口松开，被拉出的一段棒材进入小车 I 的夹板中。当小车 I 第二次往后运动时，钳口不起作用，因为夹板套是带斜度的，如图 11-6 所示。夹板靠摩擦力夹住棒材向后运动，小车 I 开始返回时，夹板松开。小车 I 可以从棒材上自由地通过。当小车 I 拉出的棒材进入小车 II 的夹板中以后，就形成了连续的拉拔过程。

（4）矫直与剪切机构。矫直机由 7 个水平辊和 6 个垂直辊组成，对拉拔后的棒材进行矫直。在减速机的传动轴上设有多片摩擦电磁离合器和端面凸轮，架上装有切断用刀具，用于棒材定尺剪切。

（5）抛光机。图 11-7 为抛光机工作示意图。其中 4、7 为固定抛光盘，5、8 为可调整抛光盘。棒材通过导向板 3 进入第一对抛光盘，然后通过三个矫直喇叭筒，再进入第二对抛光盘。抛光盘带有一定的角度，使棒材旋转前进，抛光速度必须大于拉拔速度和矫直速度，一般抛光速度为拉拔速度的 1.4 倍。

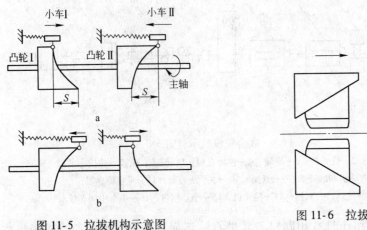

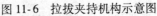

图 11-5 拉拔机构示意图　　　　图 11-6 拉拔夹持机构示意图

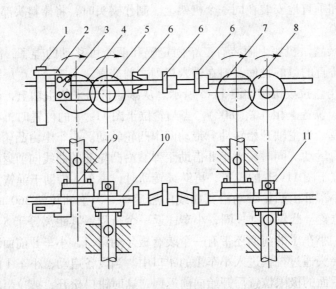

图 11-7 抛光机工作示意图

1—立柱；2—夹板；3—导板；4，7—固定抛光盘；5，8—调整抛光盘；
6—矫直喇叭筒；9—轴；10—棒材；11—导向板

11.1.2.2 联合拉拔机列的特点

联合拉拔机列的特点有：

(1) 机械化、自动化程度高，所需生产人员少，生产周期短，生产效率高；

(2) 产品质量好，表面粗糙度值可达 0.8，弯曲度可小于 0.02mm/m；

(3) 设备重量轻，结构紧凑占地面积小，如 DC-SP-1 型机列总长为 21.55m，拉拔部分宽度为 0.8m。

联合拉拔机列的矫直部分不容易调整，凸轮浸在油槽中，运转中容易漏油，这是联合拉拔机的缺点。

11.1.3　圆盘拉拔机

圆盘拉拔机最初被用来拉制小断面的棒、型材和空拉毛细管。近年来由于游动芯头衬拉管材的技术得以成功的应用，圆盘拉拔机得到了迅速的发展。圆盘拉拔机生产效率高，生产的制品质量好，成品率高。目前，在圆盘拉拔机上拉拔的管材长达数千米，拉拔速度高达 2400m/min。国外有的工厂采用圆盘拉拔机群，一台拉拔机只拉一个道次，避免了更换工具和芯头带来的麻烦，大大地提高了生产效率，同时也保证了产品质量的稳定。

圆盘拉拔机最适合于拉拔紫铜、铝等塑性良好的管材。对需经常退火、酸洗的高锌黄铜管不太适用，因管子内表面的处理比较困难。另外，在圆盘拉拔机上进行拉拔时，管材除承受拉应力外，在管材接触卷筒的瞬间还受到附加的弯曲应力。为了防止拔断，圆盘拉拔时的道次允许变形量应小于直线拔管。当道次变形率和弯曲应力达到一定程度时，会引起管材横断面产生椭圆，使管材尺寸精度降低。这是圆盘拉拔机拉拔管材的主要问题。椭圆度的大小主要与金属的强度、卷筒直径、管材的径壁比及道次加工率有关。

早期制造的圆盘拉拔机一般为卧式（见图 11-8a）。这种设备盘径较小，通常使用条管坯，通过带游动芯头盘拉得到成品管材。随着圆盘拉拔机盘径的增加盘管直径和卷重也增大，出现了卸卷困难的问题。另外，卧式圆盘拉拔机在拉拔时为了使管坯贴紧圆盘，即使采用机械助转装置，也必须予以人工辅助防止故障发生，这样就延长了辅助时间，降低了工作效率。将卷筒主轴由卧式改为立式可解决上述问题。

将主动装置配置在卷筒下部的立式圆盘拉拔机称为正立式（见图 11-8b）。这种形式的圆盘拉拔机结构简单，笨重的传动装置安装在下部基础上，适合于大吨位的拉拔。但它卸料不便，设备的生产率低。近年来制造的圆盘拉拔机多将主传动装置配置在卷筒上部，称之为倒立式（见图 11-8c）。在这种圆盘拉拔机拉拔后盘卷依靠重力从卷筒上自动落下，不需要专门的卸料装置，卸料既快又可靠。

倒立式圆盘拉拔机的本体结构分为以下几个部分：

（1）卷筒。卷筒 1 为圆柱形，安装在涡轮减速机出轴上。其结构如图 11-9、图 11-10 所示。在卷筒上部有一推料法兰 2，推料法兰的轴承装在减速箱 3 的壳体上。推料法兰的轴线与卷轴之间有 2° 的夹角。在卷筒上装有可摆动的夹钳臂 4，夹钳臂锁紧装置 5、管夹钳 4 和剪刀 3（图 11-10）。拉拔开始时，气动装置将夹钳臂推开。随着卷筒的转动，夹钳臂贴靠卷筒凹槽，并由气动装置将其锁住（见图 11-10）。管子顺着导槽绕在卷筒外侧，压紧辊 5 在液压缸的推动之下压紧管坯使其紧绕在卷筒上。随着模子的上移，管子逐渐靠近推料法兰，然后管子被倾斜的推料法兰连续地推到卷筒底部。拉拔至一定程度后安装在夹钳附近的液压剪剪断管头。切头之后，由于压紧辊保持压力以及管子和卷筒之间产生的摩擦力，使管坯拉拔至尾部。然后，夹钳和夹钳臂端部松开管坯，管坯靠自重落下，掉进料筐内。

（2）拉模座。一般导向模后面装有三个可快速开、闭的矫直辊，用以初步矫直入模前的管坯。模座可绕平行于卷筒的轴线自由转动，又可沿导轨平行于卷筒轴快速移动。

（3）压紧辊。当拉拔力很大时，在夹头切除前卷筒上可能已缠绕了 15~20 圈管卷。切除夹头时管材突然从夹钳里松开，缠绕于卷筒上的上百米管卷会产生很大的回弹力，使卷筒及其传动装置受到震动，并影响拉模座及支架，已剪断的管材头部可能从旋转着的卷

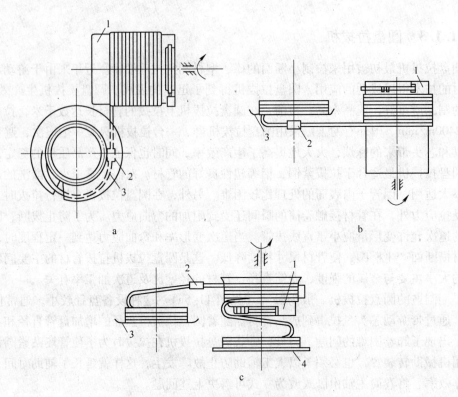

图 11-8　圆盘拉拔机示意图

a—卧式；b—正立式；c—倒立式

1—卷筒；2—拉模；3—放料架；4—受料盘

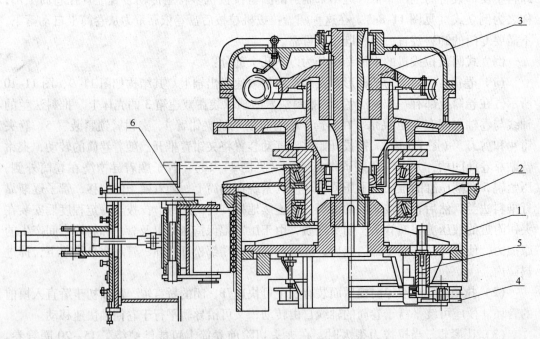

图 11-9　倒立式圆盘拉拔机卷筒纵剖图

1—卷筒；2—推料法兰；3—减速箱；4—夹钳臂；5—夹钳臂锁紧装置；6—压紧辊

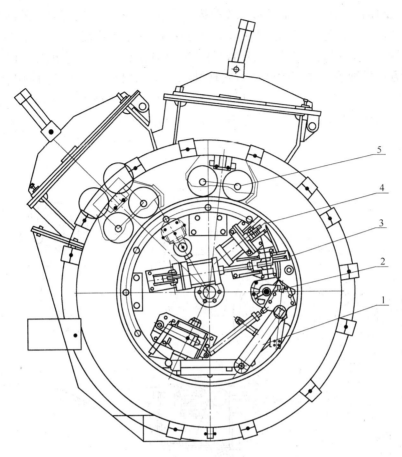

图 11-10　卷筒和压紧辊仰视图

1—夹钳臂；2—夹钳臂锁紧装置；3—剪刀；4—管夹钳；5—压紧辊

筒表面甩出，因此在剪刀附近设几个压紧辊。辊子（见图 11-10）表面覆盖耐油、耐磨材料，其长度等于或小于卷筒长度，辊子的离开和压向卷筒由液压缸控制。拉拔时压紧辊是主动旋转的，其速度与卷筒速度相适应。

表 11-3 为几种圆盘拉拔机的规格和主要技术性能。

表 11-3　圆盘拉拔机的主要技术性能

项　　目	φ750 圆盘拉拔机	φ1000 圆盘拉拔机	φ1500 圆盘拉拔机
卷盘直径/mm	750	1000	1500
卷盘工作长度/mm	1200	1500	1500
拉拔管材直径/mm	8~1.2	15~5	45~8
拉拔管材长度/m	350~2300	280~800	130~600
拉拔速度/m·min⁻¹	100~540	85~540	40~575
拉拔力/kN	15	25	80
主传动电机功率/kW	32	42	70
主传动电机转速/r·min⁻¹	750~1500	650~1800	600~1800
拉拔机总重量/t	22.15	30.98	40.6

圆盘拉拔机的另一种类型是 V 形槽轮拉拔机。这种拉拔机的特点是用外圆周上开有 V 形槽的轮子来代替拉拔卷筒（见图 11-11）。在拉拔时，管材被置于 V 形槽中。采用 V 形槽轮可以在盘管小于一圈的情况下实现管材拉拔，而传统的圆盘拉拔机必须在卷筒上储存 6~8 圈后，方可借管子与卷筒的摩擦力实现继续牵引。如在一个工艺周期中设若干个 V 形槽轮，并使之与剪切、矫直设备组成联合机列，可实现在 300m/min 的速度下进行拉拔、矫直、飞锯切断的联合工序。V 形槽轮拉拔机不能拉拔大直径的管坯，仅适用于薄壁小管的生产。

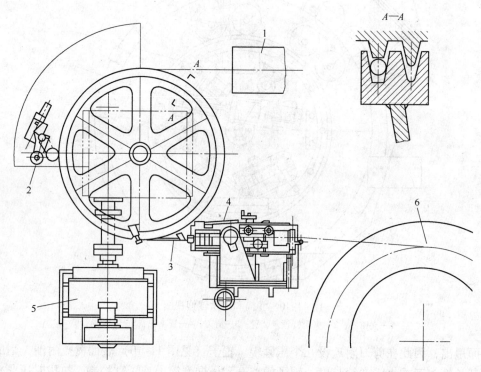

图 11-11 V 形槽轮拉拔机
1—矫直和定尺剪切机列；2—压辊；3—拉入夹钳；4—模座；5—驱动马达；6—上料卷筒

11.2 拉 线 机

按工作原理和结构形式分类，拉线机分为单模拉线机与连续式多模拉线机。单模拉线机又分立式单模拉线机和卧式单模拉线机。单模拉线机只有一个拉线模盒和一个拉拔卷筒，金属线材只拉拔一道次。连续式多模拉线机又分滑动式、非滑动式和组合式，它们配备多个拉线模盒和多个拉拔卷筒，可连续多道次拉拔金属线材。

11.2.1 单模拉线机

单模拉线机也称一次拉线机，根据其卷筒轴的配置又分为立式和卧式两类。一次拉线机的特点是结构简单，制造容易，但它的拉拔速度慢，一般在 0.1~3m/s 的范围内，生产效率低，且设备占地面积较大。一次拉线机多用于粗拉大直径的圆线、型线，以及短料的拉拔，也用于拉制需要频繁退火的线材。

图 11-12 是单模拉线机的外形图。由图可见，拉线机主要由动力部分、传动部分和工

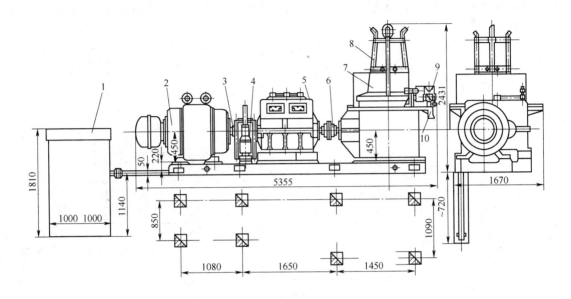

图 11-12　单模拉线机外形图

1—油箱；2—电机；3—弹性联轴器；4—制动器；5—变速箱；
6—联轴节；7—绞盘；8—下线架；9—模座；10—保险销

作部分组成。作为电动部分的电动机，它将电能转变为机械能，供给工作部分。变速机构和传动装置把电动机的能量传给工作部分，并把电动机的运动改变成工作部分所需要的运动。拉线机的工作部分包括拉拔绞盘和模座。拉线机绞盘的基本结构如图 11-13 所示。绞盘由三部分组成。中段是拉线部分，它与下段的交界处是工件的收入位置，此处的直径即为绞盘的直径。通常绞盘的直

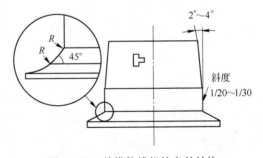

图 11-13　单模拉线机绞盘的结构

径是工件直径的 50 倍。中段的长度大约是所收线径的 10~40 倍。该段设有 1/20~1/30 的斜度，以便线材作轴向运动。上段的直径比中段略小，也有 2°~4°的斜度，这是堆放线材的地方。

11.2.2　多模连续拉线机

多模连续拉线机又称为多次拉线机。在这种拉线机上，线材在拉拔时连续同时通过多个模子，每两个模子之间有绞盘，线以一定的圈数缠绕于其上，借以建立起拉拔力。根据拉拔时线与绞盘的运动速度关系可将多模连续拉线机分为滑动式多模连续拉线机与无滑动式多模连续拉线机。

11.2.2.1 滑动式多模连续拉线机

滑动式多模连续拉线机的特点是除最后的收线盘外，线与绞盘圆周的线速度不相等，存在着滑动。用于粗拉的滑动式多模连续拉线机的模子数目一般是 5~13 个，用于中拉和细拉的模子数为 17~21 个。根据绞盘的结构和布置形式可将滑动式多模连续拉线机分为下列几种。

（1）圆盘形连续多模拉线机。圆盘形连续多模拉线机的结构形式如图 11-14 所示。在这种拉线机上，绞盘轴线水平方向布置，绞盘的下部浸在润滑剂中，模子单独润滑。穿模方便，停车后可测量各道次的线材尺寸以控制整个拉线过程，如图 11-14 所示。

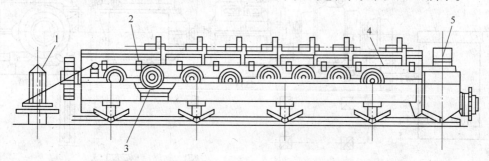

图 11-14　圆盘形绞盘连续多模拉线机结构
1—坯料卷；2—模盒；3—绞盘；4—线；5—卷筒

圆盘形绞盘连续多模拉线机机身长，其拉拔模子数一般不宜多于 9 个。为克服此缺点，有时将绞盘排列成圆形布置，如图 11-15。

（2）塔形绞盘连续多模拉线机。卧式塔形绞盘连续多模拉线机是滑动式拉线机中应用最广泛的一种，其结构如图 11-16 所示。它主要用于拉细线。

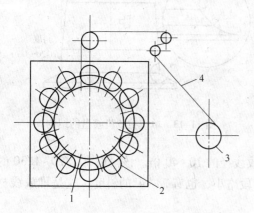

图 11-15　圆环形串联连续 12 模拉线机的结构
1—模；2—绞盘；3—卷筒；4—线

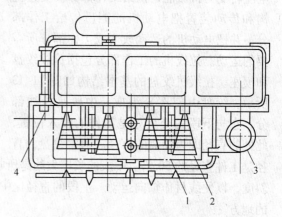

图 11-16　卧式塔形绞盘连续多模拉线机
1—模；2—绞盘；3—卷筒；4—线

根据工作层数的多少，可将塔形绞盘分为两级和多级。此外还可以根据拉拔时的作用将绞盘分为拉拔绞盘和导向绞盘。拉拔绞盘是使线材过模子进行拉拔的绞盘，也称为牵引绞盘；导向绞盘是使线材正确地进入下一模孔的绞盘。在不同的拉线机中，有的成对的两个绞盘都是拉拔绞盘，也有的是两个绞盘既作拉拔绞盘又作导向绞盘。圆盘形和塔形绞盘连续多模拉线机一般均采用卧式，即绞盘轴线平行于水平面。这是因为当绞盘轴线垂直于水平面时，为使被拉线材、模子和绞盘能得到充分润滑，绞盘和模子需全部浸在润滑液中，但由于运动着的线材和绞盘不断地搅动润滑液，悬浮在润滑液中的金属尘屑易堵塞和磨损模孔。此外，这种布置也不利于拉拔速度的提高。

近年来出现了一种较为先进的翻转式水箱拉线机。线机的塔轮绞盘部分和传动电动机设在箱盖的上、下两侧，传动部在箱盖中，箱可以翻转90°。在拉线机穿线时，电动机部分转向机身后面，塔轮绞盘露出液面，便于穿线操作。穿线结束后，箱旋转90°，使塔轮完全沉浸在箱体内。

滑动式多模连续拉线机的特点是总延伸系数大；拉拔速度快，生产率高；较易于实现机械化、自动化；但由于线材与绞盘间存在着滑动，绞盘易受磨损。主要适用于：（1）圆断面和异形线材的拉制；（2）承受较大的拉力和表面耐磨的低强度金属和合金的拉制；（3）塑性好，总加工率较大的金属和合金的拉制；（4）能承受高速变形的金属和合金的拉制。这种拉线机由滑动而引起的空耗功率较大，不适合于拉大规格线材。滑动式多模拉线机的技术性能见表11-4。

表 11-4 滑动式多模拉线机的技术性能

拉线机	拉拔材料	最大进线直径/mm	出线直径范围/mm	最多拉拔道次	道次延伸系数	绞盘形式	最大绞盘直径/mm	收线盘直径/mm
400/13	铜	8	4.0~1.2		1.42~1.22			
	铝			13		等直径	400	630/400
	铝合金	10	4.0~1.6		1.33			
280/17	铜	3.5	1.2~0.3					
	铝			17	1.24	塔轮式	280	500/250
200/19	铝合金	4.0	1.6~0.5					
	铜	2.0	0.4~0.1					
	铝			19	1.21	塔轮式	200	400/500
	铝合金	2.5	0.6~0.3					
120/17	铜	0.5	0.12~0.05	17	1.18/1.16	塔轮式	120	250/160
80/16	铜	0.08	0.04~0.02	16	1.12/1.06	塔轮式	80	80

11.2.2.2 无滑动多模连续拉线机

无滑动多模连续拉线机在拉拔时线与绞盘之间没有相对滑动。实现无滑动多次拉拔的方法有两种：一种是在每个中间绞盘上积聚一定数量的线材以调节线的速度及绞盘速度；另一种通过绞盘自动调速来实现线材速度和绞盘的圆周速度完全一致。

A 储线式无滑动多模连续拉线机

在这种拉线机上，除了为保证线材与绞盘之间不产生滑动现象而需在绞盘上至少绕上10圈线以外，还需在绞盘上积蓄更多一些的线圈以防止由于延伸系数和绞盘转速可能发生变化而引起的各绞盘间秒流量不相适应的情况。在拉拔过程中，根据拉拔条件的变化，线圈数可以自动增加或减少。图11-17为储线式无滑动多模连续拉线机的示意图。

在拉拔过程中，除拉拔卷筒外，每一个绞盘都起着拉线和下一道次的放线架的作用。此种拉线机中每个绞盘的速度是固定的，即相邻绞盘的速比是固定的。当工艺配模或拉线

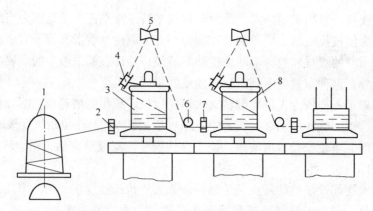

图 11-17　储线式无滑动多模连续拉线机示意图

1—放线架；2，7—拉线模；3—拉线绞盘；4—游轮；5—上滑轮；6—导轮；8—摩擦副

模磨损使得金属延伸系数与绞盘速比不相配时，相邻道次间的金属秒体流量将出现不平衡。为保证拉拔过程顺利进行，中间绞盘的积线量将随着这种变化加以调节。如果把中间绞盘下端的进线速度和上端的放线速度之差称作储线速度，则储线速度可以有正值、负值和零三种情况。储线无滑动多模连续拉线机正常工作时的储线速度为正值，且接近于零。储线式拉线机的技术特性见表 11-5。

表 11-5　储线式拉线机的技术性能

拉线机	拉拔材料	最大进线直径/mm	出线直径范围/mm	最多拉拔道次	最多拉拔系数	绞盘形式	最大绞盘直径/mm	收线盘范围/mm
450/6	铝	10	4.6~3.0	6	~1.35	单绞盘	450	630/400
450/8	铝	10	3.5~2.0	8	~1.35	单绞盘	450	630/400
450/10	铝	10	2.5~1.5	10	~1.35	单绞盘	450	630/400
560/8	铝合金双金属	10	4.6~2.0	8	~1.35	双绞盘	560	630/400
560/10	铝合金双金属	10	3.0~1.7	10	~1.35	双绞盘	560	630/400

　　储线式无滑动多模连续拉线机造价低廉，可用交流电动机传动，广泛用于拉拔有色金属线材和低碳钢丝。储线式多模连续拉线机的优点是操作、维修方便；拉拔过程中绞盘与线材间不发生滑动，线材表面不易磨损，绞盘也不易磨损；中间绞盘可储存金属线材，如果某一个绞盘因故停转时，其他绞盘仍可工作一段时间；金属线材在绞盘上停止时间长，冷却效果好。储线式多模连续拉线机的缺点是穿线复杂，所用辅助时间较长；滑轮较多，金属线材产生的弯曲、扭转次数多，制品在拉拔时可能会受到扭转，因此不适宜用来拉拔异型和双金属线；拉拔过程中线材的行程复杂，不能采用高速拉拔，其拉拔速度一般为10m/s 左右；在拉拔时常产生张力和活套，所以它不适于拉细线和极细线。

　　为了解决线材扭转的问题，研发出了一种双绞盘储线式拉线机，其结构如图 11-18 所示。线材在张力作用下从一个绞盘以切线方向走至拉拔模，又从切线方向走向另一个绞盘，因此线材无扭转。同时，线材在绞盘上积蓄线数量大，其热量几乎可全部被冷却绞盘的水和风带走，因此这种拉线机可采用很高的速度。双绞盘储线式拉线机结构简单，拉拔线路合理，电气系统也不复杂。但由于在中间滑轮处金属线材反弯转180°，这种拉线机不适合于拉拔大规格的金属线材。

B 非储线无滑动多模连续拉线机

非储线无滑动多模连续拉线机的拉拔绞盘与线材之间无滑动，且在拉拔过程中不允许任何一个中间绞盘上有线材积累或减少。非储线无滑动多模连续拉线机有两种形式：活套式与直线式。

活套式无滑动多模连续拉线机主要特点是在相邻绞盘中间设置一活套臂。在金属秒流量出现不平衡时，可以收入和放出少量金属线，起缓冲作用。活套臂本身还是速度控制系统的反馈单元，使速度偏差能被及时修正，如图11-19所示。

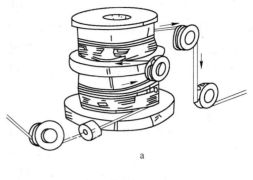

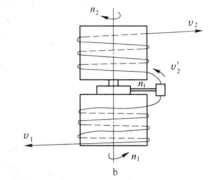

图 11-18 双绞盘储线式拉线机示意图
a—外观图；b—工作原理图

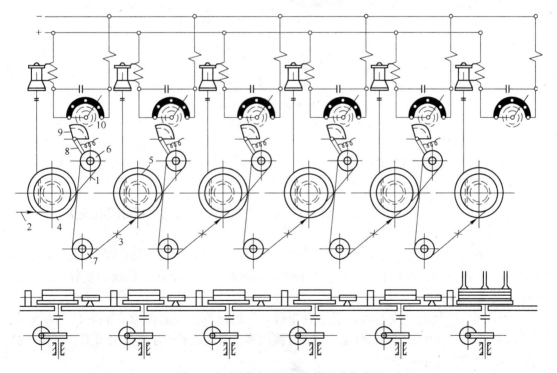

图 11-19 活套式无滑动多模连续拉线机
1，2—线材；3—模；4，5—绞盘；6—张力轮；7—导向轮；8—平衡杠杆；9—齿扇；10—齿轮

在活套式拉线机上，金属线材的走线路程较为简单，线材不发生扭转。采用直流电动机驱动，能大范围无级调速，满足不同配模要求和速度要求，可使拉线机处于最佳状态，拉拔速度快。活套式拉线机电器系统比较复杂，制造成本很高，对操作和维护的水平要求也高。同时，金属在拉拔过程中要经过活套轮和导轮，不适合拉拔大规格、高强度的高碳钢丝。

直线式无滑动多模连续拉线机绞盘之间线材不经任何导轮而走直线。拉线机采用直流电动机驱动，无级调速，自动保持各道次间金属秒体积流量平衡。直线式拉线机分普通直线式拉线机、调谐直线式拉线机和 MTR 型直线式拉线机三种。MTR 型直线式拉线机（见图 11-20）外形与双绞盘拉线机类似，但它具有储线式和直线式拉线机的优点。这种拉线机有上、下两个绞盘，两个绞盘直径不相等，线材在上、下两个绞盘上取相同的取向，不会出现 180°反弯，且线材走线简单。这种拉线机调速精度比普通直线式高，线材冷却好，拉拔速度快。

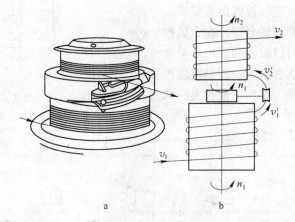

图 11-20　MTR 型直线式拉线机示意图

a—外观图；b—工作原理图

11.2.3　拉线机的辅助装置

11.2.3.1　收线机

在线材拉拔后将线材收卷在一起的设备称为收线机。收线机包括卧式收线机、倒立式收线机和工字轮收线机。

卧式收线机的收线卷筒水平布置（见图 11-21），此种收线机制造和维护简单，运行可靠，但下线时一般用人工，劳动强度较大。卧式收线机一般用于拉线速度较低的连续机组。

倒立式收线机的收线卷筒向下垂直布置，收线过程中线自动落在旋转的落线架上（见图 11-22）。这种设备可以自动下线，存线较多，线满之后由小车拉出吊走，再换一空落线架，可实现连续不停车卸线。

工字轮收线机如图 11-23 所示。将金属线收卷在工字轮上，常可卷取大盘重的金属线材。采用工字轮收线可使工序之间衔接方便，便于运输管理。

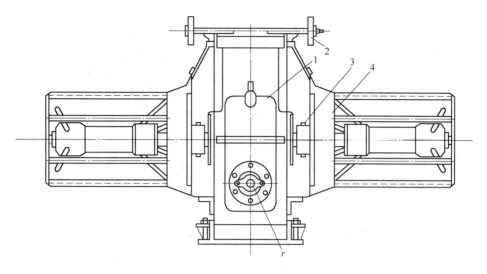

图 11-21　卧式收线机

1—蜗轮蜗杆减速器；2—导线轮；3—离合器；4—收线卷筒

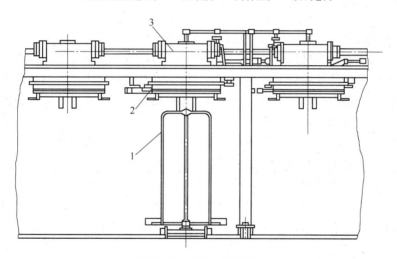

图 11-22　倒立式收线机

1—线架；2—倒立式卷筒；3—传动系统

11.2.3.2　冷却系统

拉拔分为干拉和湿拉两种。湿拉时，整个拉拔过程在润滑液中进行，此时拉线模、绞盘和线材均能得到良好地冷却。干拉时，拉拔时产生的热量很难散发出去，造成拉线模内部温度急剧升高。这使得拉拔条件恶化，线材的力学性能和表面质量得不到保证，模具寿命下降。线材拉拔速度越快，问题越明显。由于拉拔时产生的热量一部分被模具吸收，其余的部分热量被线材带出模孔，在线运行过程中及从拉线卷筒上向外释放，因此此种拉拔冷却包括模子冷却、卷筒冷却和线材冷却。

（1）模的冷却。模的冷却分为直接冷却和间接冷却。间接冷却将镶在模套中的拉线模安装于水冷模盒中，模子前后有密封垫，由螺母压紧、密封，与冷却水隔离（见图 9-24）。模盒冷却部分装有进水管和出水管，并使冷却水带有压头，以加大水的流速。

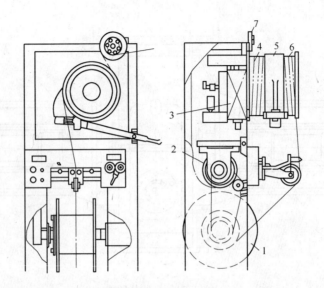

图 11-23　工字轮收线机

1—工字轮；2，3—电动机；4—收线卷筒；5—积线导套；6—活动卷筒；7—导线轮

（2）线材的冷却。线材的冷却方式有风冷和水冷两种。风冷是在卷筒外壁缝隙处喷出高速空气，对卷筒上的线材进行冷却。水冷的方式有两种：一种是在拉线机卷筒周围安装水雾喷射装置，对缠绕在卷筒上的线材进行冷却，并在线材进入下一模具前用橡皮滚轮和压缩空气将线材上的水雾吹干。另一种是线材出模后直接进入水槽或喷水装置中，然后由压缩空气将线材上的水雾吹干。

（3）卷筒的冷却。卷筒的冷却分为水管喷水冷却和窄缝冷却。在水管喷水冷却时将净化了的有一定压力的循环水引入拉线机风盘内的环形喷水管里，低温循环水由环形喷管喷出，对管筒内壁进行直接喷水冷却。窄缝冷却时卷筒中设有固定的圆筒形水套，水套圆筒与卷筒内壁间留有夹缝，具有一定流动速度的冷却水由卷筒底部进入夹缝，将卷筒内壁附近的热水挤出，低温冷却水占据热水的位置从而对卷筒实现冷却（见图 11-25）。与喷水

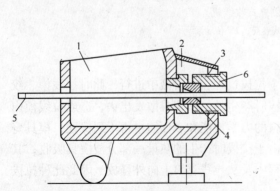

图 11-24　拉线模间接冷却

1—润滑剂室；2—冷却室；3—密封垫；
4—拉线模；5—线材；6—压紧螺母

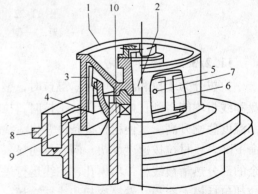

图 11-25　窄缝式卷筒冷却

1—卷筒；2—卷筒轴；3—固定圆筒；4—密封圈；5—水冷窄缝；
6—筋；7—进水口；8—风盘；9—风道；10—固定座

冷却相比较，这种冷却方式冷却速度更快，冷却效果更好。

11.2.4　拉线机的发展

线材在整个加工过程中，对于一些产品除拉拔工序外还有热处理、绞线、包覆、电镀等工序。目前的发展趋势是将这些工序连接起来形成流水作业线，从而大大提高劳动生产率，减少生产占地面积和运输费用。

为提高生产率，拉线机的速度不断提高。但是速度的提高也带来一些问题，如设备振动、断线、噪声及工具寿命降低。多线拉线机的出现，使生产率的进一步提高成为可能。多线拉线机一般可拉 2 线、4~8 线，最多拉 16 线。

多线拉制有分别收线和集束收线两种方式。线径粗、线数少时采用分别收线；线径细、线数多时则采用集束收线。多线拉线也可以与连续退火组成连续生产线，一般是集束通过退火装置。多线拉制的优点是可提高生产率和降低生产成本，但有时会因断线而造成停车。

复 习 题

（1）拉拔设备的发展方向是什么？试举例说明。

（2）在联合拉拔机上，制品的拉拔、剪切、矫直、锯切和抛光是如何实现的？

（3）倒立式圆盘拉拔机主要由哪几部分组成？各部分的作用是什么？

（4）多模连续拉拔机分为几种类型？了解他们的特点。

（5）若生产下列线材，应选用哪种（或哪几种）拉线机？

异型线材；大直径线材；高强度合金圆截面线材；双金属线材。

12 锻压设备

本章概述

用锤击或压制的方法对坯料施加压力，使之产生塑性变形的金属塑性加工方法称锻造。室温下在压力机上用凹模和凸模将薄板成型为具有立体造型和符合质量要求的制件的金属塑性加工方法称冲压。锻造和冲压简称为锻压。锻压生产常用设备大致分为加热设备、锻压成型设备和锻压生产辅助设备。本章介绍的主要是锻压成型设备。

12.1 锻压设备概述

本节介绍锻压设备的分类、工作能力换算和工作特点。

12.1.1 分类

锻压设备种类繁多。按照国家的行业标准，把单机锻压成型设备按工艺用途分成八大类。用汉语拼音字母表示。每类分为多组，每组又分为若干型。类和组的具体分法如表12-1所示。

表 12-1 锻压设备的分类

类 别	汉语拼音	组
机械压力机	J	手动压力机、单柱压力机、开式压力机、闭式压力机、拉延压力机、螺旋压力机、压制压力机、板料自动压力机、精压挤压压力机和其他压力机
液压机	Y	手动液压机、锻造液压机、冲压液压机、一般用途液压机、校正压装液压机、层压液压机、挤压液压机、压制液压机、打包压块液压机和其他液压机
线材成型自动机	Z	自动镦锻机、自动切边滚丝机、滚珠钢球自动冷镦机、多工位自动镦锻机、自动弹簧机、自动链条机、自动弯曲机和其他自动机
锤	C	蒸汽-空气自由锻锤、蒸汽-空气模锻锤、空气锤、落锤、对击式模锻锤和气动液压模锻锤
锻机	D	平锻机、热模锻压力机、辊锻横轧机、碾环机、径向径锻机和其他锻机
剪切机	Q	手动剪切机、板料曲线剪切机、联合冲剪机、型材棒料剪断机和其他剪切机
弯曲校正机	W	板料弯曲机、型材弯曲机、校正弯曲机、板料校平机、型材校直机、板料折压机、旋转机及其他弯曲校正机
其他锻压设备	T	轧制机、冷拔机、锻造操作机、板料自动送卸料装置和专门用途的设备

虽然表12-1设备繁多，但是详细分析设备原理之后会发现，有些原理是一样的，例

如，机械压力机、自动锻压机、剪切机和弯曲校正机都是利用曲柄-连杆机构，因此，从工作原理上，我们可以概括为 4 种典型设备进行研究。

（1）锻锤。一般用气体作为工作介质，将储藏在气体分子中的内能转换成执行机构的动能，利用碰撞原理，产生巨大的冲击力使毛坯产生塑性变形。因此，它属于冲击载荷的锻压机器，如空气锤、蒸汽-空气锻锤、电液锤、高速锤等。

（2）曲柄压力机。它是利用曲柄连杆机构把传动部分的旋转运动变成滑块的往复运动，工作机构依靠传动系统传递的扭矩迫使滑块给毛坯施加压力使之产生塑性变形。运动和载荷具有周期性。因此，曲柄压力机属于压力作用的机器。这类机器有热模锻压力机、拉深压力机、剪切机、精压机、平锻机、冷镦机等。

（3）液压机。它是以液体（油或水）作为工作介质，利用帕斯卡原理，使执行机构产生巨大的静压力的锻压机器，例如，水压机、油压机。

（4）旋转式锻压机。它是利用碾压原理，使执行机构对毛坯局部产生持续的压力，随着毛坯的运动，塑性变形遍布整个锻件。这类机器有扩孔机、辊锻机、摆碾机等。

12.1.2 工作能力的换算

同一种产品，在不同的工厂所采用的设备种类不同。这些不同种类的锻压设备在锻造工作能力上存在什么样的关系？了解这个问题很有实际意义。因为实际工作中常会遇到这样的情况。例如通常在 30000kN 模锻锤上锻造的某柴油机曲柄，由于锻锤发生意外事故，急需在摩擦压力机上或热模锻压力机上锻造，那么安排在多大的压力机上才合适呢？下面我们讨论这个问题，然后给出几种锻压机器锻压工作能力换算表。

12.1.2.1 锻锤

通常锻锤铭牌上标有其落下部分的质量，但是它仅表示其系列，并不能表示其真实锻造能力，经过换算后才能看出其打击能力的大小。

（1）落下部分质量与打击能量的关系。锻锤的打击能量 E 可用落下部分质量 m_1 和打击时锤头速度 v_1 来表示

$$E = 0.5 m_1 v_1^2 \tag{12-1}$$

通常锤头的打击速度范围为 7~9m/s，以落下部分为 10000kg 的模锻锤为例，其打击能量为 25000J，因而前面提到的 30000kg 模锻锤的打击能量可看做 75000J。

（2）落下部分质量与打击力的关系。有砧座模锻锤打击力计算式可用下式表示

$$F = \frac{m_1 m_2}{2(m_1 + m_2)} \cdot \frac{(v_1 - v_2)^2}{S_w} \tag{12-2}$$

式中　m_1 ——落下部分质量；

　　　v_1 ——锤头速度；

　m_2，v_2 ——砧座质量和速度；

　　　S_w ——模锻工艺锻件变形量。

例如，$m_1 = 10000$kg，$v_1 = 7$m/s，$m_2 = 25m_1$，$v_2 = 0$m/s，取 S_w 为 2mm，则打击力 $F = 10300$kN。也就是说 10000kg 有砧座模锻锤可产生 10MN 左右的打击力。

打击锤是以打击能量为系列，因而从铭牌上可直接读出其打击能力。

12.1.2.2 螺旋压力机

螺旋压力机是借助于曲柄压力机公称压力的涵义来标志其打击力的大小的,其铭牌上的公称压力并不代表打击时其发出的实际压力。一般实际发挥的压力为公称压力的 1.6 倍左右,最大达 2.8~3 倍。因此,上面提到的柴油机曲轴可选用公称压力为 15MN 和 20MN 的摩擦压力机。

螺旋压力机的打击能量可用公式近似计算

$$E = 1.55 \times 10^{-3} P^{\frac{3}{2}} \tag{12-3}$$

式中 E——打击能量,J;

       P——螺旋压力机的公称压力,kN。

12.1.2.3 曲柄压力机

曲柄压力机铭牌上标的公称压力是表示压力机滑块运动到一定行程后,压力机可以发挥的实际压力。此后,随着行程的增大,压力机可以发出等于或稍大于公称压力的分量。因此,上面提到的柴油机曲轴可选用 31.5MN 的热模锻压力机。

曲柄压力机的打击能量随着某些参数的不同而不同。主要起作用的是公称压力和工作行程这两个参数。

应当指出,在进行上述三种设备能力比较时,曲柄压力机是以压力做功的机器。一般用力与锻锤打击力来比较,螺旋压力机是释放动能做功的机器,在这一点上和锤一样,因而二者通常用能量值来比较。

从上面计算可见,从锻造打击力来讲,10000kN 模锻锤相当于一台 10MN 的热模锻压力机。但每次行程所做的功通常小于热模锻压力机所做的功,因此,在热模锻压力机上一次行程可以成型的件在模锻锤上需要打几锤才行。

12.1.2.4 液压机

液压机铭牌上标出的公称压力就是其实际能发出的名义上的最大压力。和曲柄压力机的不同在于:液压机在整个行程中都以公称压力自始至终作用在锻件上,而曲柄压力机只在一定行程后才发挥出公称压力,且压力在变化。

几种锻压设备的工作能力换算表如表 12-2 所示。

表 12-2   几种锻压设备工作能力换算表

有砧座 模锻锤	落下部分质量 / ×10³kg	0.15	0.3	0.4	0.75	1	(1.5)	2	(2.5)	3	5	10	16
	打击能量 / ×10⁴J	0.4	0.8	1.2	1.88	2.5	3.75	5	6.25	7.5	12.5	25	40
无砧座模锻锤 / ×10⁴J						2	(3.5)	5	6.3	10	16	25	40
高速锤、液气锤 / ×10⁴N						2		5	6.3	10	16	25	40
螺旋压力机 / ×10⁴N		50	100	120	250	300	500	630	1200	1500	2500	4000	5000
曲柄压力机 / ×10⁴N		100	200	400	800	1000	1500	2000	2500	3000	5000	10000	16000

平锻机	额定压力 /×10⁴N	125	200	300	500	1000	1500	2000		3000			
	可锻毛坯直径 /mm	40	50	60	85	125	165	180		225			
液压机/×10⁴N		100	200	400	(750)	1000	1500	2000	2500	3000	5000	10000	16000

12.1.3 工作特点

尽管各种锻压设备形式不同，用途、能源也有相当大的差异，但是其工作特点和结构又有某些相似之处，与其他金属加工设备相比，他们有许多独特之处：

（1）依靠压力或动能进行工作。锻压设备是依靠装在执行机构上的模具对热态或冷态的金属毛坯施加压力或动能，促使毛坯产生塑性变形。从工具对毛坯的作用性质来讲，它与其他金属加工设备不同。

（2）除旋转式锻造机以外，锻压设备是间断性工作的设备，即执行机构不是全行程进行工作。如曲柄压力机，滑块只在模具与毛坯接触时才进行工作，其余均是空行程。

（3）能源形式多种多样。如锻锤可以用蒸汽驱动，也可以用压缩空气、压力液体、燃气等。

（4）执行机构工作比较沉重。锻压设备执行机构不是受很大的静载荷就是受很大的冲击或振动载荷。此外，还受到钢件的热辐射，形成附加热应力。因而，受力零件一般都大而粗。

12.2 锻 锤

锻锤工艺适应性好，结构简单，是现今锻造生产的主要设备。此类设备由于存在振动大、噪声高的特点，使得大吨位锻锤的开发和使用受到限制。而对击锤可减小上述不利因素，所以人们目前普遍认为应该保留中、小吨位锻锤。大吨位的锻锤则用对击锤等设备代替。现今我国蒸汽-空气锤限制在16t以下，对击锤打击能量发展到1000kJ。

锻锤是一种能量限定型设备，其工作原理如图12-1所示。图中活塞1、锤杆6、锤头8和上模9组成锻锤落下部分。当活塞1上部5进气，下部7排气时，落下部分8沿导轨3加速向下移动，最后用其冲量使毛坯变形，然后再使下部7进气，上部5排气。于是，落下部分8又向上运动。循环进行，便实现了多次打击过程。

锻锤的种类很多，一般按驱动机构的特征分类，有蒸汽-空气锤、空气锤、机械锤、液气锤。

12.2.1 蒸汽-空气锤

蒸汽-空气锤是目前锻造车间最常用的锻造设备之一。这类锤是以蒸汽或压缩空气作为能量传递物（工作介质），故称为蒸汽-空气锤。根据工艺用途不同，可分为蒸汽-空气自由锻锤和模锻锤。蒸汽-空气锤所使用的蒸汽压强为 0.7~0.9MPa，压缩空气压强为 0.6~0.8MPa。以下以蒸汽为介质讨论，对压缩介质同样适用。

12.2.1.1 蒸汽-空气自由锤

这种锤落下部分质量一般在 0.5~5t 之间。一般比 0.5t 小的锻锤被空气锤代替，比 5t 大的锻锤被水压机代替。

这种锤的结构形式可分为三种：单柱式、双柱式和桥式。单柱式由于锤身只有一个立柱，可以从三个方面操作，操作空间大，其落下部分质量范围为 5000~10000kN，一般用于锻造小型件。双柱式蒸汽-空气自由锻锤的锤身由两个立柱组成拱门形状，锤身比较稳固，只能从前后操作。这种结构形式的锻锤落下部分质量范围为 1~5t，用来锻造中型锻件，使用最为广泛，如图 12-2 所示。双柱式的蒸汽-空气自由锻锤，锤身由两个立柱和横梁连接成桥型框架，砧座周围空间大，便于操作，落下部分质量在 3~5t 之间。

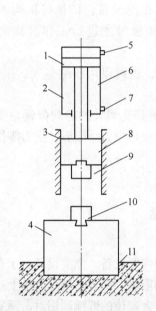

图 12-1 锻锤工作原理图

1—活塞；2—气缸；3—导轨；4—砧座；
5—上进排气口；6—锤杆；7—下进排气口；
8—锤头；9—上模；10—下模；11—水泥基础

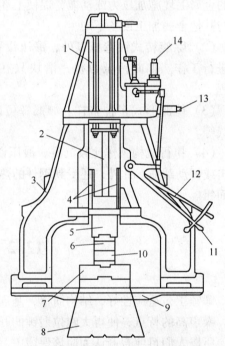

图 12-2 双柱式蒸汽-空气锤

1—气缸；2—锤杆；3—立柱；4—导轨；5—锤头；
6—上砧块；7—砧垫；8—砧座；9—基础底板；10—下砧块；
11—旋阀手柄；12—滑阀手柄；13—排气口；14—进气口

为满足工艺要求，自由锻锤通过操纵机构实现以下几个工作循环：

（1）锤头上悬。通过操纵机构使气缸下腔气体的压力平衡住落下部分的质量，于是锤头就在上死点位置微动。这是满足更换模具、取件、放件的要求。

（2）锤头压下。通过操纵机构使气缸下腔蒸汽慢慢地排出，让锤头平稳地下落，然后使气缸上腔进入蒸汽，对锤头产生压力，压住锻件。这是完成弯曲和扭转工序所需的。

（3）单次打击。又叫重击，这通过操纵机构使气缸上腔在整个向下行程中都是进气，下腔都是排气来达到，所以单次打击的打击能量较大。这种打击是镦粗工艺所要求的。

（4）连续打击。锤头连续打击工件。这是自由锻工艺中拔长（延伸）工序所要求的。

蒸汽-空气自由锻锤主要技术参数如表12-3所列。

表 12-3　蒸汽-空气自由锻锤主要技术参数

落下部分质量/t	0.63	1	2	2	3	3	5	5
结构形式	单柱式	双柱式	单柱式	双柱式	单柱式	双柱式	双柱式	桥式
最大打击能量/kJ	—	35	—	70	120	152	—	180
打击次数/min⁻¹	112	120	90	85	99	85	90	90
锤头最大行程/mm	—	1200	1120	1260	1200	1450	1500	1728
气缸直径/mm	—	330	480	430	550	550	660	685
锤杆直径/mm	—	112	280	140	300	180	205	203
下砧面至立柱开口距离/mm	—	500	1934	630	2312	720	780	—
下砧面至地面距离/mm	—	750	650	750	650	740	745	737
两立柱间距离/mm	—	1800	—	2300	—	2700	3130	4850
上砧面尺寸/mm×mm	—	230×412	360×490	520×290	380×330	400×712	380×686	
下砧面尺寸/mm×mm	—	230×412	360×490	520×290	380×330	400×712	380×686	
导轨间距离/mm	—	430	—	550	—	630	850	737
蒸汽消耗量/kg·h⁻¹	—	—	2500	—	3500	—	—	
砧座质量/t	—	12.7	19.2	28.39	30	45.8	68.7	75
机器质量/t	14	27.6	44.8	57.94	61.1	77.38	120	138.58
外形尺寸（长×宽×地面上高）/mm×mm×mm	2250×1300×3955	3780×1500×4880	3750×2120×4361	4600×1700×5640	4900×2000×5812	5120×2630×5380	6030×3940×7400	6260×2600×7512

12.2.1.2　蒸汽-空气模锻锤

完成模锻工艺的蒸汽-空气锤称蒸汽-空气模锻锤。其结构如图12-3所示。气缸固定在立柱上，两根立柱用带弹簧的斜置螺栓和调节楔牢固地连接到砧座上。通过脚踏板操纵配气阀的运动，以实现模锻锤的各种动作。模锻锤有摆动循环、重打和轻打三种工作循环方式，通过操纵系统控制配气阀的进排气方向和气量大小来实现。

蒸汽-空气模锻锤与自由锻锤采用相同的工作介质，在结构和动作原理上有许多相同之处，例如，其结构仍由落下部分、气缸、配气机构、锤身（机架）、砧座等部分组成。但是由于模锻工艺的要求，该设备有自己的特点：

（1）结构不同。由于模锻过程要求上、下模对准，所以模锻锤的立柱必须安装在砧座上。模锻件常常由几个模腔锻造，力为偏心载荷，尤其在终锻工序，锻击力很大。为了承受偏心打击时的侧向分力，把立柱、砧座以及气缸用带弹簧的螺钉连成刚性机架，从而增加了刚性，而自由锻锤立柱与砧座为两体。

（2）操纵机构不同。模锻锤采用脚踏板操纵。一般情况下，模锻工同时司锤和操作锻件。脚踏板可同时带动滑阀和旋阀一起动作。自由锻锤由司锤通过手柄得到各自不同的工作循环，司锤锻件各由专人负责。

（3）工作循环不同。自由锻锤有单打、连打、悬空和压下4种工作循环，而模锻有摆动、连续的重打和轻打3种工作循环。

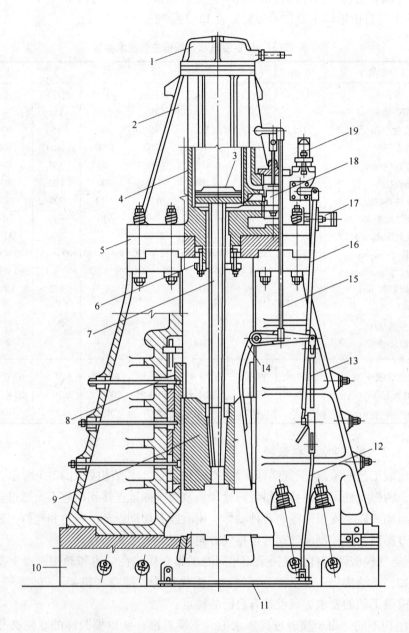

图 12-3　蒸汽-空气模锻锤

1—保险缸；2—气缸；3—活塞；4—缸塞；5—气缸垫板；6—密封装置；7—锤杆；8—导轨；
9—锤头；10—砧座；11—脚踏板；12—踏板连杆；13—连接杆；14—曲杆；
15—滑阀拉杆；16—旋阀拉杆；17—排气口；18—滑阀；19—进气口

（4）砧座与落下部分质量比例不同。为了减小打击时砧座本身的弹跳和下沉及提高打击效率，同吨位的模锻锤采用比自由锻更大的砧座。自由锻锤的砧座质量一般为落下部分的 10~15 倍，而模锻锤为 20~30 倍。

蒸汽-空气模锻锤的主要技术参数如表 12-4 所示。

表 12-4 蒸汽-空气模锻锤主要技术参数

落下部分质量/t		1	2	3	5	12	16
最大打击能量/kJ		25	50	75	125	250	400
锤头最大行程/mm		1200	1200	1250	1300	1400	1500
锻模最小闭合高度（不算燕尾）/mm		220	260	35	400	450	500
导轨间距/mm		500	600	700	750	1200	1200
锤头前后方向长度/mm		450	700	800	1200	1200	2000
模座前后方向长度/mm		700	900	1000	1200	1400	2110
打击次数/min^{-1}		80	70	—	60	50	40
蒸汽	绝对压强/MPa	0.5~0.8	0.6~0.8	0.7~0.9	0.7~0.9	0.7~0.9	0.7~0.9
	允许温度/℃	—	200	200	200	200	200
砧座质量/t		20.25	40	51.4	112.547	235.533	325.852
总质量（不带砧座）/t		11.6	17.9	26.34	43.793	75.737	96.235
外形尺寸（前后 × 左右 × 地面上高）/mm×mm×mm		2380 × 1330 × 5051	2960 × 1570 × 5418	3260 × 1800 × 6035	2090 × 3700 × 6560	4400 × 2700 × 7460	1500 × 2500 × 7894

12.2.1.3 蒸汽-空气锤重要零件与机构

尽管蒸汽-空气锤的结构形式多样，但都是由落下部分、气缸、配气机构、锤身（机架）、砧座和基础等主要部分组成。

A 落下部分

如图 12-4 所示。落下部分由锤头 4、锤杆 3、活塞 1、活塞环 2、上砧块 8、钢套 6 及铜垫 5、楔铁组合而成。

锤头用来固定上砧块并锻击锻件，上部通过钢套与锤杆相连，下部有一燕尾槽，用键和楔来固定上砧块，两侧有梯形齿与导轨相配起导向作用，右侧有斜面，通过曲杆控制滑阀工作。为了防止打击时，锤杆卡死在锤头中，在它们之间垫了 1.5~2mm 厚的黄铜垫片。锤头一般用 45Cr，50Cr，35Cr，40CrNi 等钢锻制或铸造而成。

锤杆是主要受力件之一，它与锤头和活塞都是以锥面连接。由于锤杆是易损件，锤头上相应孔壁极易磨损，因而在锤杆与锤头之间加入一钢套。它的受力非常大，应力状态复杂，寿命比较短。锤杆最易破坏的部位是离锤头 150~200mm 的地方。

锤杆用优质钢材制造。自由锻锤用 45 或 45Cr，模锻锤一般用 40CrNi，35CrMo，30Cr，42MnMoV 等。锤杆在使用、安装时应注意保证锤杆、气缸和导轨三中心重合，以免受到附加弯矩的作用。锤杆与锤头配合锥度要一致，否则，会使锤杆在锤头孔内损坏。使用锻锤时，严防冷打，以减轻其受冲击载荷。每次开锤前应预热锤杆至 120~150℃。

活塞是落下部分的主动件，其外径较气缸套直径小 1~2.5mm，以免受热涨死在气缸内。活塞用 45~55 号锻钢制造。活塞环主要起密封作用，防止气缸上、下腔气体窜漏，保护气缸和活塞。活塞环由 HT20-40 或低碳钢制成，也可以由聚氟乙烯制成。

B 气缸部件和配气机构

图 12-5 是气缸部件图。气缸在工作时承受 0.7~0.9MPa 的气压。偏心打击时，缸壁

还要承受力，所以对气缸有一定的强度和刚度要求。

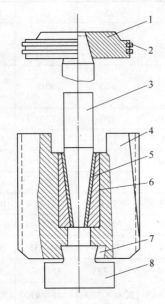

图 12-4　落下部分结构

1—活塞；2—活塞环；3—锤杆；4—锤头；

5—铜垫；6—钢套；7—楔；8—上砧

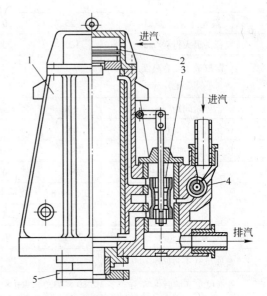

图 12-5　气缸部件图

1—气缸体；2—保险缸；3—滑阀、滑阀箱；

4—旋阀、旋阀箱；5—密封装置

保险缸的作用是避免由于操作不当，锤杆折断或在操纵机构损坏的情况下而产生活塞猛烈的向上冲击，其至撞坏气缸盖，撞断连接螺丝等而造成严重事故。

在保险活塞上部充有一定压力的气体，当工作活塞运动到上极限位置后若再继续上升，便碰到保险活塞，使保险活塞与工作活塞一同上升。这样必然是保险活塞上部气体压缩，压力升高，形成一个缓冲气垫而吸收落下部分向上运动的动能，起到保险作用。

蒸汽-空气锤的配气机构由滑阀和旋阀组成。滑阀用于控制气体的流向，旋阀用于调节进汽压力，又称节气阀。

滑阀和旋阀装于滑阀箱和旋阀箱内。滑阀箱、旋阀箱一般与气缸铸成一体。滑阀由滑阀芯、滑阀套组成。滑阀套为一铸铁薄壁套筒，用过盈配合装在滑阀箱内。套筒有上、中、下三排孔，上排孔通气缸上腔，下排孔通气缸下腔，中间开口通旋阀。滑阀芯是一个圆柱形空心铸铁件，两端直径较大，与滑阀套配合，称为上、下遮盖面。滑阀芯在拉杆作用下可在滑阀套内上、下滑动，实现气缸上、下腔进气或排气。

旋阀由旋阀芯和旋阀套组成。旋阀芯为圆柱形中孔铸铁件，侧面开一方孔。阀套为薄壁铸铁圆筒，侧面开孔。旋阀套用过盈配合装在旋阀箱中，旋阀芯可在旋阀套内转动，改变气体流通面积，控制气缸进汽压力的大小。

滑阀和旋阀的动作是受各自的手柄或踏板控制的。而两种阀的动作方式决定了锻锤的工作循环。需要打击时，拉起滑阀提升杆，则滑阀上升，气体进入工作活塞上部使工作活塞下行，而工作活塞下部的气体从排气管道排出。当滑阀下行时，工作活塞上升，工作活塞上部的气体从滑阀中间进到排气管道，从而完成一次工作循环。转动节气阀即旋阀，可以控制进气量，因而控制了工作活塞的运动速度。

 C 砧座和基础部分

砧座和基础部分包括砧座及附在上面的零件、地基及防振垫层等。模锻锤砧座与自由锻锤砧座基础是不同的，如图 12-6 所示。因为模锻锤是以很大的砧座作为打击承重体。为了使地基能承受很大的动载荷，在砧座下面要做比自由锻锤大的基础。基础为钢筋混凝土，其重量是下落部分的重量的 60~100 倍。在基础与砧座之间安装 2~4 排枕木作为防振垫层以防止基础受冲击而破裂。

两种形式的锤采用的材料也不同。自由锻锤砧座材料一般为铸铁（也有用铸钢）。而模锻锤砧座一般皆为铸钢。

自由锻锤砧座上装有一块铸钢或锻钢制成的砧枕，靠燕尾坐于砧座上，用斜楔和键块固定。模锻锤中，上、下锻模是通过模座固定在砧座上。模座一边互成 160° 的两个侧面和砧座的相对侧面相接触，另一边是 1∶100 的斜面，用斜楔固紧。

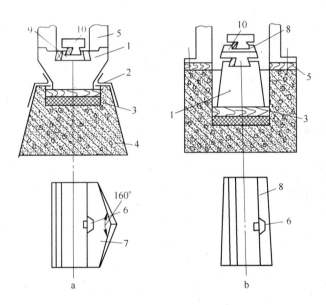

图 12-6 蒸汽-空气锤基础简图

a—模锻锤基础；b—自由锻锤基础

1—砧座；2—防潮层；3—垫木；4—基础；5—锤身；

6—键块；7—模座；8—砧枕；9—下砧；10—下模

12.2.2 无砧座模锻锤

对击模锻锤是借助于两个相对运动的锤头实现对击来进行锻造的一种锻锤，一般均用于模锻，故称无砧座模锻锤。这种锤有许多特点：

（1）由于悬空对击，便没有强烈的振动传递于基础及周围。这为锤类设备向大吨位发展创造了条件。

（2）由于取消了巨型砧座，从而减轻了总机重量，减少了占地面积，使制造、运输、安装更加方便。

（3）由于无需庞大的基础和防振要求，从而降低了安装费用及厂房造价。

（4）由于对击，可以比较充分地利用运动物体的动能提高打击效率。

因此，对击锤、高速锤、液气锤问世以来，引起人们的重视，得到了迅速的发展。尤其在重型、大型锻件的锻造中，显示出更强的生命力。

12.2.2.1　蒸汽-空气对击锤

到目前为止，世界上已有 2000 多台对击锤在使用中，其中美国一家锻造厂投入一台 1400kJ 的对击锤，用来锻造航空和宇航工业中的大锻件，尤其在高强度和耐热合金材料锻件方面，锻件最大重量可达 9t。目前我国已拥有 40kJ、130kJ、160kJ、250kJ、400kJ、630kJ、1000kJ 的对击锤。

对击模锻锤有如下几个特点：

（1）从模锻生产角度，适合于锻造大型锻件。400kJ 的对击锤，其打击能量相当于 16t 模锻锤的打击能量。这种级别的对击锤，目前压力机还不容易代替。而 400kJ 的对击锤在其系列当中也只不过是中等规格。这样大的打击能量，对于金属的锻透性和充满模槽，以及改善模锻件质量方面将十分有益。

（2）模锻工艺范围扩大。现代的对击锤不仅是单槽模锻设备，而且已用于多槽模锻。多槽模锻对于对击锤的要求，主要是操作方便和具有抗偏击能力，而这在对击锤设计时已经考虑了。现在，可以模锻出法兰、齿轮、载重汽车之前梁与曲轴，以及叶片、阀体、连杆等。

（3）具有多次锻击成型特点。意味着小锤能干大活，具有一定的经济价值。

A　对击锤工作原理

当活塞连同上锤头在气缸上部蒸汽或压缩空气的作用下做加速运动时，下锤头则在钢带的带动下同时向上做加速运动，发生悬空对击，从而使毛坯发生塑性变形。对击锤直接用打击能量来表示，这个打击能量等于上、下锤头对击时的动能之和。

设对击锤的上锤头质量为 m_1，对击时速度 v_1；下锤头质量为 m_2，对击时速度 v_2，则打击能量

$$E = 0.5(m_1 v_1^2 + m_2 v_2^2) \tag{12-4}$$

假设 $m_1 = m_2$，$v_1 = v_2$，则

$$E = m_1 v_1^2 \tag{12-5}$$

通常对击锤的打击速度为 3~4m/s，如果以 $v = 3.13\text{m/s}$ 代入式（12-5），则得

$$E = 10m_1(\text{J}) \tag{12-6}$$

对击锤的主要技术参数见表 12-5。

表 12-5　蒸汽-空气对击锤主要技术参数

打击能量/kJ	160	250	400	630	1000	1600
打击次数/ min^{-1}	45	45	40	35	30	25
导轨间距/mm	900	1000	1200	1500	1700	2000
锤头前后长度/mm	1200	1800	2000	2500	3700	5000
锤头行程/mm	2 × 650	2 × 650	2 × 700	2×700	2×900	2×1100
锻模公称闭合高度/mm	2×355	2×400	2×450	2×500	2×600	2×750

续表 12-5

锻模最小闭合高度/mm	2×200	2×250	2×280	2×315	2×355	2×450
工作气体压强/MPa	0.7~0.9	0.7~0.9	0.7~0.9	0.7~0.9	0.7~0.9	0.7~0.9
打击一次蒸汽耗量/kg	1.8	2.74		4.65		
顶出行程/mm					100	150
外形尺寸（长 × 宽 × 高）/mm×mm×mm	3000 × 3300 × 8400	2900 × 4000 × 9120		3600 × 5600 × 11600	6100 × 2500 × 16140	
总质量/t	101	149		435	940	

B 对击锤的联动方式

对击锤的上锤头一般用蒸汽（或压缩空气）驱动，下锤头则有多种驱动形式。常见的有钢带联动式和液压联动式，如图 12-7 所示。

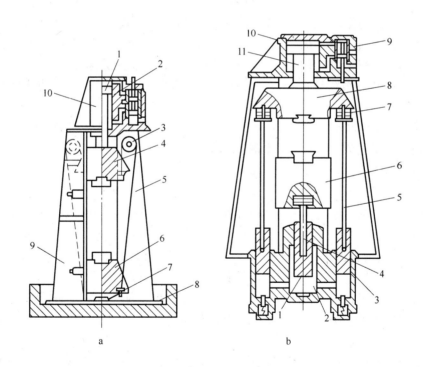

图 12-7 钢带联动与液压联动对击锤：

a—钢带联动对击锤：

1—活塞；2—滑阀；3—导轮；4—上锤头；5—钢带；6—下锤头；

7—缓冲垫；8—底板；9—立柱；10—气缸；

b—液压联动对击锤：

1—中间活塞；2—山字缸；3—侧柱塞；4—短杆；5—长杆；6—下锤头；

7—缓冲垫；8—上锤头；9—滑阀；10—气缸；11—活塞

（1）钢带联动的对击锤（见图 12-7a）。该锤的机架由气缸、立柱和底板连接而成。上锤头由蒸汽或压缩空气驱动，所用滑阀配气机构与蒸汽空气锻锤相似。下锤头用钢带绕过导轮与上锤头相联，以实现对击。为了减少钢带在导轮上折弯时的弯曲应力，钢带由 20~30 层厚 0.3~0.8mm，宽 120~300mm 的带料叠成。钢带材料一般为 45、50、65Mn 等。

现在，这种锤的最大规格为 500kJ。该锤下锤头比上锤头重（10%~20%）。目的是借助于两锤头的重量差，保证在不工作时上锤头停在最上位置，并使下锤头的动量较大，以便锤击一刹那两锤头组成向上运动的系统，从而减轻作用在钢带上的负荷，延长钢带的使用寿命。打击后，由于下锤头较重，自行落下，其能量由锤头下的橡皮缓冲器吸收。

对击锤的控制和自由锻锤相似，用手柄控制滑阀位置产生所需的动作，抬起手柄，上、下锤头对打，压下手柄则两锤头分离。

（2）液压联动式的对击锤（见图 12-7b）。这种锤的联动机构装在锤的上部，也是由蒸汽或压缩空气驱动上锤头，通过液压联动实现上、下锤头对击。当气缸上腔通入蒸汽推动上锤头向下运动时，上锤头两侧的长杆 5 和侧柱塞 3 向下移动，使山字缸 2 中的两侧缸的液体向中间缸移动，相应地，使中间柱塞 1、短杆 4 和下锤头 6 向上移动进行打击；当上锤头向上移动时，就带动长杆 5 和侧柱塞 3 向上移动。由于侧柱塞 3 向上运动，再加上向下垂头本身重量的作用下，就使山字缸 2 中间液体向两侧缸移动，最后使上锤头停在上面，下锤头停在下面。和钢带式一样，下锤头也比上锤头重（10%~20%）。

侧柱塞的截面积之和与中间柱塞面积相等，所以下锤头上升速度与上锤头下降速度相等。侧柱塞下方装有节流缓冲器，其作用是当液压缸中液体漏损时，防止侧柱塞撞坏缸底。

液压联动比钢带联动可靠，连接零件不易损坏，大型对击锤多采用这种形式。但是，这种结构比钢带式复杂，锤的总重比钢带式多 1/5~1/6。

目前这种形式的双击锤最大能量已达 1000kJ 以上。

12.2.2.2 高速锤

高速锤是一种利用触发机构让高压气体突然膨胀释放能量，使锤头和锤身高速运动而实现悬空对击，对击后又以液压使气体压缩而蓄能的锻造设备。其打击速度高达 20~25m/s。由于极高的打击速度，材料变形产生热效应使温度升高，改善材料的塑性。因此，高速锤锻造充填性很好，能锻造形状复杂、薄壁、高筋的零件；也能锻造塑性差，强度高的材料；且加工出来的零件机械性能好，形状尺寸准确，表面粗糙度等级高。

下面介绍两种类型的高速锤，了解其作用及原理。

A 端面密封式高速锤

如图 12-8a 中 A 为锤头；B 为密封环；C 为引发孔；D 为高压气室（充有 14MPa 的氮气或空气）；E 为整体锻钢框架，既是机身又是砧座（下锤头），框架上部装有气缸；F 为缓冲气垫；G 是液压回程缸活塞；H 是立柱的支撑系统。

密封环 B 安装在气缸顶盖上的环形槽中，当锤头活塞被回程缸活塞顶到最上位置时，高压气体被排挤到活塞下面，使密封环 B 内空间与大气相通，所以活塞下面的压力比上面的压力大，活塞和锤头就被托在最上位置不动。回程活塞随即返回到最下位置，这就形成悬空待发状态。按动操纵按钮，数量不多的气体从引发孔 C 进入密封环 B 内部，活塞

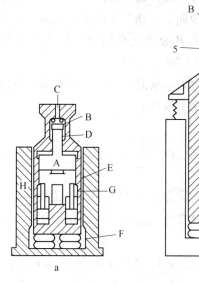

图 12-8 端面密封式与快放油式高速锤

a—端面密封式高速锤；b—快放油式高速锤

上部受的压力增大，原有的纵向力之间平衡受到破坏，活塞稍稍下降，四周的高压气体立即迅速冲入活塞上部空间，整个活塞顶面完全处于高压气体作用下，使活塞-锤头系统迅速向下运动。与此同时，框架系统在高压气体施加在气缸盖上的反作用力作用下，向上运动产生对击。

打击结束后，液压回程缸柱塞在高压油的作用下，又把锤头顶回到上部的位置。气体再次被压缩，最后被压缩在密封环内侧的小部分气体通过安全阀排入大气，锤头又回到待发状态，完成一个工作循环。

端面密封式的优点是结构简单、能量利用率高，缺点是气体悬挂方式不灵，还需设置一套保险机构，而且能量调节不太方便，打击周期和焖模时间长，从而影响模具寿命，限制了这种锤的发展。

B 快放油式高速锤

图 12-8b 中所示的状态为待打状态。A 腔内充有高压气体，B 腔内为高压油，均匀分布在工作缸 1 缸壁上的排油口 4 被放油阀 5 所关闭。这时锤头系统受到高压气体、高压油以及锤头系统自重的作用。其中高压气体所产生的作用力及锤头系统的自重，力图使锤头系统向下运动。高压油所产生的作用力则使锤头系统向上运动。当高压油产生的作用力与高压气体的作用力以及锤头系统的自重平衡时，锤头系统处于悬挂状态。打击时，操纵换向阀让 D 孔进入高压油，同时使 E 孔卸荷以形成压差，推动快放油阀下降，B 腔内的高压油通过排油口快速排向中间油箱 3，经 C 孔回油箱。这时锤头系统的力学平衡被破坏，A 腔中的高压气体做绝热膨胀，推动锤头系统向下运动，框架系统向上运动，进行悬空打击。

打击后，操纵换向阀让 E 孔通入高压油，D 孔卸荷，推动快放油阀上升，关闭排油孔，使 B 腔与中间油箱不通。然后从 F 孔通入高压油，使高压油经过快放油阀与锤杆 2 之间的环形缝进入 B 腔，推动锤头系统向上运动。在锤头系统向上运动的过程中，A 腔中的气体受到压缩。只要操纵换向阀停止 B 腔进入高压油，就可以使锤头系统悬挂在任意位置，并且可以在任意悬挂位置进行不同能量的打击。

这种形式把锤头回程和悬挂结合起来，从而取消了专门的悬挂机构，工作可靠，打击周期短，能量调节方便，但其能量利用率较低。

12.2.2.3　液压模锻锤

液压模锻锤又称液气锤，它采用气、液联合驱动方式，是一种新型的很有竞争力和发展前途的模锻设备。

液压模锻设备具有对击锤的一些优点。它与蒸汽-空气锤不同之处在于液气联合驱动而实现对击；与高速锤不同之处在于速度低、充气压力低（相当于对击锤气缸压力）。

常见的液压模锻锤有锤身微升式和上、下锤头对击式两种。这里介绍锤身微升式。

图 12-9 所示为一台锤身微升式液压模锻锤的原理图。当锤头处于最低位置时，由气源向锻锤工作缸充入 0.6MPa 高压气体，并用闸阀使空气密封在工作缸内。

（1）悬空。当主电机 3 驱动主油泵 2 将油箱中的油液经单向阀 1 压入主油路时，进入锤的两个回程缸 5 中，回程杆克服落下部分重力及工作缸内气体压力，使锤头上升至上极限位置，工作缸气体被压缩蓄能，完成了打击前的准备工作。

（2）打击。操纵电磁换向阀 F₂，控制油液打开液控单向阀 4，使回程缸与两侧的联动缸 6 连通，工作缸内气体膨胀推动锤头向下运动。回程缸内油液通过联通管路进入联动缸，顶起联动缸柱塞，于是联动缸柱塞通过拉杆-杠杆系统，使锤身向上运动，与锤头实现对击。

（3）回程。打击后，使液控单向阀 4 关闭，联动缸内油液被主油泵压入回程缸，锤头靠回程缸内油压作用上升至上限位置，并再度压缩工作缸内气体蓄能，锤身靠自重作用向下回程至下限位置，落在缓冲器上。于是一个工作循环结束。

12.2.3　空气锤

空气锤是目前我国中、小型锻造车间中数量最多，使用最广泛的一种锻压设备。这种锤具有一系列的特点，例如，不需装设蒸汽锅炉或压缩空气等复杂动力设备，故投资费用低；本身结构简单，使用维护方便；操作灵活；可以完成全部自由锻工序以及胎模锻，工艺适应性好。正因如此，这种锤在中、小型工厂发挥了巨大作用。

但是，由于空气锤落下质量增加之后，相应地要增加占地面积，配置电机，本机重均增加。工作时吸排气噪声也加大，制造维修变得困难，从而使其经济实用的优点变得不明显了。因此，落下部分质量多在 1000kg 以下。我国制造的空气锤系列的技术规格和性能参数如表 12-6 所列。

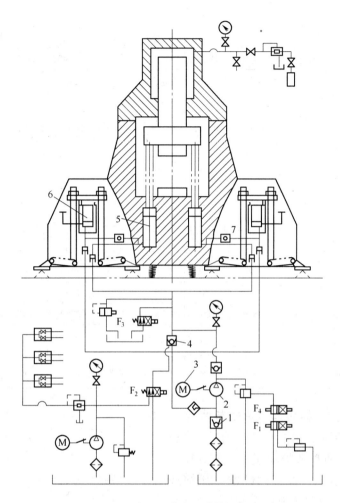

图 12-9 锤身微升式液压模锻锤原理图

1—单向阀；2—主油泵；3—主电机；4—液控单向阀；

5—回程缸；6—联动缸；7—单向阀；

$F_1 \sim F_4$—电磁换向阀

表 12-6 空气锤系列的技术规格和性能参数

项 目	型 号									
	C41-40	C41-65	C41-75	C41-150	C41-200	C41-250	C41-400	C41-560	C41-750	C41-1000
落下部分 重量/kg	40	65	75	150	200	250	400	560	750	1000
锤头最大 行程/mm	270	280	350	350	420	560	700	600	835	950
锤击次数 /次·min⁻¹	245	200	210	180	150	140	120	115	105	95
锤击能量/J	530	850	1000	2500	4000	5600	9500	13700	19000	27000
上砧面至工作缸 下盖距离/mm	245	280	300	380	420	450	530	600	670	820

续表 12-6

项 目		型 号									
		C41-40	C41-65	C41-75	C41-150	C41-200	C41-250	C41-400	C41-560	C41-750	C41-1200
锤杆中心线至锤身距离/mm		235	290	280	350	395	420	520	550	750	880
砧块平面尺寸（长×宽）/mm×mm		120×50	145×65	145×65	200×85	210×95	220×100	250×120	300×140	330×160	365×180
能锻方钢最大边长/mm		52	65	65	130	150	175	200	270	270	380
能锻钢最大直径/mm		68	85	85	145	170	200	220	280	300	400
电动机	型号	J0-62-6	J02-52-6	J02-52-6	J02-62-4	J02-72-6	J02-71-4	J02-82-6	J-82-6	J0-93-6D2	J02-92-6
	功率/kW	4.5	7.5	7.5	17	22	22	40	40	55	75
外形尺寸	前后/mm	1136	1867	1480	2375	2420	2665	3215	3360	4010	4125
	左右/mm	650	1600	1512	1285	955	1155	1364	1425	1290	1500
	高/mm	1430	1784	1890	2150	2300	2540	2750	3082	3175	3405
质量	带砧座/kg	1480	2730	2330	5130	8900	8000	15010	18000	26000	34000
	不带砧座/kg	1000	1650	1430	3330	6000	5000	9010	9600	14750	1900

12.2.3.1 空气锤的工作原理与结构

如图 12-10 所示，电动机 7 启动后，通过皮带轮 6、齿轮 5、曲轴 8 带动压缩活塞在压缩缸 3 中上、下往复运动，使缸内的空气压缩或膨胀。被压缩的空气通过控制阀 2 和气道进入工作缸 1 的上腔或下腔，迫使工作活塞上、下运动，带动锤头进行打击和回程。因此，空气锤和其他锤一样，也是依靠落下部分的动能做功。但是空气锤的工作介质虽然也是压缩空气，但其压力较低（最大为 0.25MPa）。在工作过程中，压缩空气只是充当压缩活塞与工作活塞之间的一种柔性连接，把前者的运动传给后者，这一点是空气锤与蒸汽-空气锤的本质区别。

空气锤由工作部分、传动部分、配气操纵部分、机身部分等组成。

（1）工作部分包括锤杆、工作活塞、上砧块和砧座；（2）传动部分包括电动机、皮带和

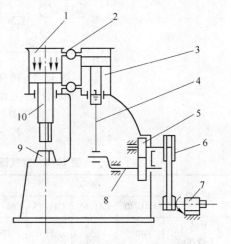

图 12-10 空气锤工作原理

1—工作缸；2—控制阀门；3—压缩缸；
4—连杆；5—齿轮；6—皮带轮；
7—电动机；8—曲柄；9—下砧；10—锤头

皮带轮、曲轴、连杆和压缩活塞等；（3）操作部分由上、下旋阀，阀套，操作手柄及机身气道组成；（4）机身部分主要由工作气缸、压缩气缸、立柱和底部等部分组成。

为了防止工作活塞向上运动撞击上缸盖，在工作缸上部设有缓冲装置，如图 12-11a

所示。利用密闭在缓冲腔内的空气来阻止锤杆继续上升。它由缓冲区和单向阀组成。当工作活塞上升到堵住上气道口时，缓冲区被密闭。随着工作活塞继续上升，缓冲区气体被压缩。压强急剧升高，吸收能量。工作活塞上升速度减小，直至为零。这样可以防止撞击工作缸上盖，起保险作用。在锤头长时间悬空，缓冲区气体漏损，压强降低时，可通过单向阀补气。

　　在压缩缸中设有补气装置，如图 12-11b 所示。它由压缩缸壁上的补气孔 8，10 和压缩活塞上的补气孔 7，空气活塞上的补气孔 9 组成。当压缩活塞在上止点位置时，活塞杆上的补气孔 9 刚好在压缩缸下盖之上，使气缸下腔与大气相通。同时活塞侧面的补气孔 7 刚好也与缸壁上部补气孔 8 对齐。这样气缸上腔也与大气相通，从而得到稳定的工作循环。当压缩活塞在下止点位置时，活塞侧面的补气孔 7 刚好与缸壁下部补气孔 10 对齐，压缩缸上腔此时又和外部大气相通，气缸上腔空气得到补充。因此，压缩活塞在上、下一个往复循环中，有二次补气。当压缩活塞在上止点位置时，气缸上、下腔补气一次。当压缩活塞在下止点位置时，上腔补气一次。

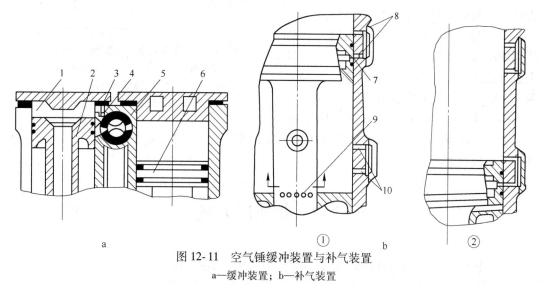

图 12-11　空气锤缓冲装置与补气装置

a—缓冲装置；b—补气装置

1—缓冲区；2—工作活塞；3—弹簧；4—钢球；5—上旋阀；6—压缩活塞；7~10—补气孔；
①—压缩活塞在上极限位置；②—压缩活塞在下极限位置

12.2.3.2　空气锤的配气机构与工作循环

　　空气锤的工作循环是通过空气分配阀和操纵机构来实现的。空气分配阀常见的有双阀式和三阀式两种。

　　图 12-12 是双阀式空气分配阀的剖视图。这种阀由两个水平旋阀组成。其中一个装在上气道中，叫上旋阀；另一个装在下气道中，叫下旋阀。上、下阀套均装在床身上固定不动。而上、下阀体分别可在上、下阀套中旋转。在阀体及阀套上有与工作缸气道相通的孔。下旋阀中装一个单向阀。在锤头进行悬空和压紧锻件动作时起作用。上、下阀体通过杠杆或链轮由手柄控制联动。

　　为完成自由锻、胎模锻工艺，空气锤应有空行程、悬空、打击、压紧四种工作循环。与蒸汽-空气锤的区别在于存在空行程。空行程是指锤头不运动（在启动或暂停工作时），电机带动压缩活塞上、下运动，而此时压缩活塞上、下腔均与大气通，而不进入工作缸。

通过操纵空气锤的手柄（或脚踏板）可使上、下旋阀在气道中处于不同的工作状态，其操作方法如下：

（1）空行程。手柄在空行程位置时，上、下旋阀旋转的位置使工作和压缩缸上、下腔均与大气相通。此时，压缩活塞空运转，锤头停在下砧上不动。

（2）悬空。当手柄由空行程位置转到悬空位置时，两旋阀之位置使两缸上腔均与大气相通，并使压缩缸下腔的压缩空气通过单向阀进入工作缸下腔。因此，在压缩活塞往复运动时，将推动锤头逐渐上升。锤头上升至最高位置时，工作缸下腔的压力将与锤头重量和上腔的压力相平衡。

（3）压紧。手柄处于压紧位置时，两旋阀使压缩缸下腔的空气经单向阀和机身上通道进入工作缸上腔。此时锤头靠自重和工作缸上腔的压力压在锻件上。

（4）打击。当两缸上、下腔均相通时，即实现连续打击。手柄在悬空和打击之间来回搬动，即可实现单次打击。打击轻重依赖于手柄扳动的角度。

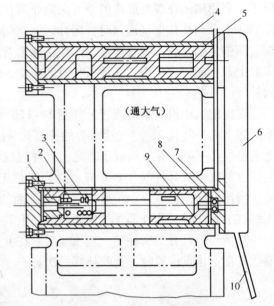

图 12-12　双阀式空气分配阀剖视图

1—单向阀芯；2—弹簧；3—单向阀门；
4—上阀套；5—上阀体；6—链盘；7—下阀套；
8—轴承；9—下阀体；10—手柄

12.3　曲柄压力机

曲柄压力机按其用途可分为通用曲柄压力机和专用曲柄压力机。

通用曲柄压力机工业用途十分广泛，具有通用性。它在汽车、农机、工程机械、电子、电器仪表、家用电器、日用五金等各行各业的冲压加工中，用来进行冲孔、落料、切边、拉深成型和弯曲等工艺。

专用曲柄压力机指各种专用锻压设备。为了达到不同的目的，将曲柄压力机的某些部位做些改变，或增加不同的辅助装置，使曲柄压力机成为适用于专门用途的设备。如热模锻压力机。

12.3.1　曲柄压力机

12.3.1.1　通用曲柄压力机

A　通用曲柄压力机的结构和工作原理

图 12-13 为曲柄压力机的工作原理图。曲柄滑块机构由偏心齿轮 5、连杆 6 和滑块 7 组成。其职能是将偏心齿轮的旋转运动变成滑块的往复直线运动，将偏心齿轮的扭转转变成滑块的压力。电动机 1 的运动和能量经过传送带传给大带轮 3，通过离合器 4、小齿轮

13 将运动传给曲柄滑块机构 5~7。上模 8 安装在滑块 7 上，下模 9 固定在工作台 10 上。这样滑块带动上模对毛坯 12 施加压力，完成塑性成型加工工艺。气垫 11 用来顶出工件或在拉深时作压边用。在曲柄滑块机构与大带轮之间设置有离合器 4 和制动器 14，当需要滑块运动时，离合器接合，制动器脱开；当需要滑块停止运动时，离合器脱开，制动器接合制动，使滑块停止在某一位置上。

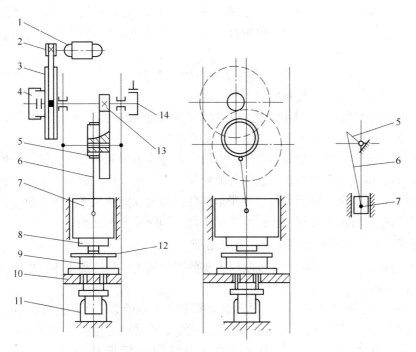

图 12-13 1600kN 曲柄压力机工作原理图

1—电动机；2—小带轮；3—大带轮；4—离合器；5—偏心齿轮；6—连杆；7—滑块；
8—上模；9—下模；10—工作台；11—气垫；12—坯料；13—小齿轮；14—制动器

由于材料塑性成型工艺过程的时间很短，工艺力很大，就是说曲柄压力机在一个工作周期中，只有在较短的时间内承受高峰负荷，而在较长时间内是无负载空转。因此为了使电动机的负荷均匀，不使电动机功率过大，在压力机上装有转动惯量很大的飞轮。在压力机空载时，飞轮储存电动机提供的能量，工作时滑块受到变形抗力的作用，使飞轮产生瞬间速降，产生很大的惯性力矩，将能量释放。通常大带轮即起飞轮作用。曲柄压力机一般由以下几个基本部分组成：

（1）工作机构。工作机构是曲柄压力机的工作执行机构。一般为曲柄滑块机构，由曲柄、连杆、滑块等零件组成。

（2）传动系统。传动系统是按一定的要求将电动机的运动和能力传递给工作机构。由带传动和齿轮传动等机构组成。

（3）支撑部件。如机身等。支撑部件连接和固定所有零部件，保证它们的相对位置和运动关系。工作时机身要承受全部工艺力。

（4）能源系统。包括电动机和飞轮。电动机提供动力源，飞轮起着储存和释放能量的作用。

（5）操纵与控制系统。主要包括离合器、制动器、电子电器检测控制装置等。现代化设备上还装备了工业控制计算机。

（6）辅助系统与附属装置。包括气路系统、润滑系统、保护装置、气垫、快速换模装置等。

与其他锻压设备相比，曲柄压力机具有下列特点：

（1）曲柄滑块机构是刚性连接的，滑块具有强制运动性质。即曲柄滑块机构的几何尺寸一经确定，滑块运动的上、下极限位置（上、下止点），行程大小，封闭高度就可以确定。

（2）工作时，机身组成一个封闭的受力系统，工艺力不传给地基，只有少量的惯性冲击振动传给外界，不会引起基础的强烈震动。

（3）利用飞轮储存空载时电动机的能量，在压力机短时高峰负荷的瞬间将部分能量释放。电动机的功率按一个工作周期的平均功率选取。

通用曲柄压力连杆的数量分为单点压力机、双点压力机和4点压力机。一般工作台面相对较小的压力机只有一个连杆，连杆与滑块仅有一个连接点，称为单点压力机。大台面的压力机的工作台面大，多设置两个或4个连杆，称为双点或是4点压力机。多点压力机抗偏载能力增强，可冲压大型冲压件或在工作台上同时安装多套模具。

B　通用曲柄压力机的主要技术参数与型号

曲柄压力机的主要技术参数是反映压力机的工作能力、所能加工零件的尺寸范围以及有关生产率的指标。

（1）公称压力 F_g 。公称压力是指滑块运行到下止点前某一段距离（此特定距离称为公称压力行程）或曲柄转到接近下止点前某一角度（此特定角度称为公称压力角）时，滑块上所允许承受的最大作用力。公称压力已国家标准系列化了，例如，630kN、1000kN、1600kN、2500kN、3150kN、4000kN、6300kN、…。这个系列是从生产实践中归纳整理后制定的，既能满足生产需要，又不致使曲柄压力机的规格过多，给制造带来困难。

（2）滑块行程 s 。它是指滑块从上止点到下止点所经过的距离，它的大小随工艺用途和公称压力的不同而不同。

（3）滑块行程次数 n 。它是指滑块每分钟从上止点到下止点，然后再回到上止点所往复的次数。行程次数越高，生产率越高，但次数超过一定数值应配备机械化自动化送料装置。

（4）装模高度 H 。它是指滑块在下止点时，滑块下表面到工作台上表面的距离。当装模高度调节装置将滑块调到最高位置时，装模高度达到最大值，称为最大装模高度。装模高度所能调节的距离，称为装模高度调节量（上、下模具的闭合高度应小于压力机最大装模高度）。

我国已经制定了通用曲柄压力机的技术参数标准，使用时可查阅有关手册。

曲柄压力机的型号用汉语拼音和数字来表示，例如，JC31-1600型曲柄压力机的型号意义是：J—机械压力机，C—次要参数第三次变动，3—第三列，1—第一组，1600—公称压力为1600kN。

我国把机械压力机按工作特性、结构特点分为12列，每列又分为12组，闭式单点压力机属于第三列第一组，故上面写着"31"。对型号已确定的机器，若在结构和性能上有所改进，则在原型号末端加上字母 A、B 或 C，表示第一次改进，第二次改进……

12.3.1.2 专用曲柄压力机

A 热模锻压力机的原理和特点

热模锻压力机是锻压车间常见的专用曲柄压力机。主要用来生产形状复杂的模锻件，公称压力为 6.3~120MN。

图 12-14 是典型的热模锻压力机工作原理图。它由工作机构、主传动、离合器与制动器、机身、气动和电控系统、润滑系统等组成。其工作原理与通用曲轴压力机基本相同，楔形机构和轭式滑块的出现促使热模锻压力机朝大型化发展。

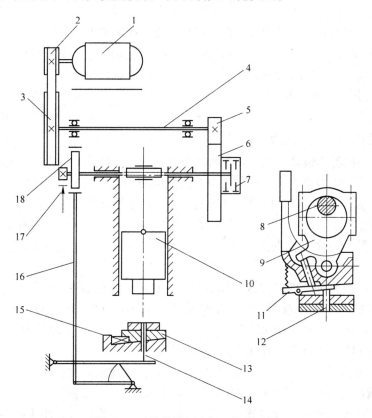

图 12-14 热模锻压力机工作原理图

1—电动机；2—小带轮；3—大带轮（飞轮）；4—传动轮；5—小齿轮；6—大齿轮；7—摩擦离合器；
8—偏心轴；9—连杆；10—滑块；11—上顶出机构的拉杆；12, 14—上、下顶杆；
13—楔形工作台；15—调整楔；16—下顶出机构的杠杆；17—带式制动器；18—凸轮

热模锻压力机的显著特点是锻件精度较高，表面质量好，便于机械化和自动化。

与通用曲柄压力机相比，它具有如下结构特点：

（1）刚度大。模锻件的精度在很大程度上取决于压力机的刚度。要求压力机受力零件刚度大，以满足设备在受力沉重的情况下弹性变形小的特点。因此，它在结构上采用粗而短的偏心轴 8，不可调节的粗而短的整体连杆 9 和楔形工作台 13，同时机身也加强了。热模压力机的刚度为开式压力机的 5 倍多。

（2）滑块抗偏心载荷能力强。在热模锻压力机上进行多模腔模锻，要求滑块抗倾斜能力强。为此，在结构上采用了象鼻形或加长形滑块。连杆与滑块的连接由单支撑改为双支撑，大大地提高了滑块的导向精度和抗偏心载荷的能力。

（3）滑块行程次数高。目前热模锻压力机行程次数多在 35~110 次/min 之间，为同等公称压力通用曲轴压力机的 7~9 倍。从而减少了加热毛坯在模锻过程中与模具的接触时间，有利于提高模具寿命。同时由于传动级数少（一般为二级），转动惯量小，离合器和制动器可直接安装到偏心轴（或曲轴）上。

（4）有脱出"闷车"装置。由于压力机是刚性传动并具有固定的下止点，当发生毛坯尺寸偏大，模锻件温度偏低、调节或操作失误等情况时，压力机滑块不能越过下止点而卡之前的某一位置，即产生"闷车"现象。常见的排除"闷车"的方法是：1）采用楔形工作台。用强有力的调节机构移动调节滑块，或用撞锤撞击工作台，使工作台下降，消除闷车；2）使电动机反转，达到额定转速后，关闭电动机，然后采用专门空压机，提高离合器的进气气压，很快地接通离合器，利用飞轮的能量，使滑块反向退回，从而消除闷车；3）采用专用液压螺母顶紧机身。在压力机"闷车"后，通过液压螺母使机身卸载，从而消除"闷车"。

B 热模锻压力机的典型结构

热模锻压力机类型很多，按工作机构的形式可分为连杆式、双滑块式和楔式三大类。

连杆式热模锻压力机的工作机构由偏心式曲轴和短而粗的整体连杆 2 组成，如图 12-15 所示。采用象鼻式滑块 1，以增加其导向长度，防止滑块倾斜，提高导向精度；采用楔形工作台 3 防止"闷车"；采用上、下顶件装置 6、4，将锻件从模具中自动顶出；平衡缸 7 平衡滑块重量，消除工作间隙，并兼做上顶件装置的动力。这些结构提高了压力机刚度。

图 12-16 所示为 KP12500 楔式热模锻压力机总图，具有如下结构特点：

（1）工作机构由曲柄-楔块-滑块机构组成。楔块呈 30°。其顶面与上横梁的斜面接触，底面与滑块顶面接触。楔块行程与滑块行程之比为 2：1。二者受力之比为 1：2。因此，只有大约 50% 的工作压力作用于连杆和主传动上。

（2）机身为铸钢组合机构，采用拉紧螺栓顶紧，机身刚度大；

（3）为满足压力机行程要求，楔块采用曲柄驱动；

（4）装模高度的调节是通过连杆大头的偏心套，改变连杆大、小头孔距实现的。

楔式热模锻压力机在垂直方向没有曲轴及连杆，垂直刚度高，而且楔块传动支撑面积大，抗倾斜能力强，特别适合于多模腔模锻。

12.3.2 曲柄滑块机构的运动及受力分析

12.3.2.1 曲柄滑块机构的运动分析

图 12-17 是曲柄滑块机构运动分析原理图。图中 R 为曲柄半径，L 为连杆长度，ω 为曲柄的旋转方向和角速度。曲柄的旋转中心节点 O 有时偏离滑块的直线运动方向，偏离的距离 e 称为偏置距，这种机构称为偏置机构。向前偏称正偏置机构，反之为负偏置机构。当 $e=0$，即节点在滑块运动方向上称为正置机构。下面按分析法建立滑块运动的一般规律。

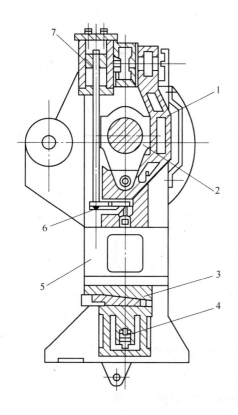

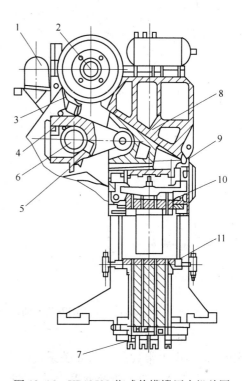

图 12-15　连杆式热模锻压力机

1—象鼻式滑块；2—连杆；

3—楔形工作台；4—下顶件装置；

5—机身；6—上顶件装置；7—平衡缸

图 12-16　KP12500 楔式热模锻压力机总图

1—主传动电动机；2—中间传动轴；3—飞轮制动器；

4—连杆；5—装模高度调节装置；6—曲轴；

7—快速模具夹紧装置；8—楔块；9—滑块；

10—上顶件装置；11—移动垫板

由图 12-17 所示的几何关系可写出滑块行程 s 与曲柄转角（α）之间的表达式

$$s = \sqrt{(R + L)^2 + e^2} - R\cos\alpha - L\cos\beta \tag{12-7}$$

设 $\lambda = R/L$ 为连杆系数，$\varepsilon = e/R$ 为偏置率，则有

$$\sin\beta = \lambda\sin\alpha + \varepsilon\lambda \tag{12-8}$$

由于 λ、ε 通常小于 1，可取近似值

$$\cos\beta = \sqrt{1 - (\lambda\sin\alpha + \varepsilon\lambda)^2} \approx 1 - \lambda^2 (\sin\alpha + \varepsilon)^2/2 \tag{12-9}$$

因为

$$\sqrt{(R + L)^2 + e^2} \approx R + L$$

所以

$$s = R\left[(1 - \cos\alpha) + \lambda(1 - \cos2\alpha)/4 + \varepsilon\lambda\sin\alpha\right] \tag{12-10}$$

上式为所求关系。

滑块速度 v 和加速度 a 通过对式（12-10）求导。考虑 $a = -\omega t$ 可得

$$v = \omega R\left[\sin\alpha + (\lambda\sin2\alpha)/2 + \varepsilon\lambda\cos\alpha\right] \tag{12-11}$$

$$a = \omega^2 R(\cos\alpha + \lambda\cos2\alpha - \varepsilon\lambda\sin\alpha) \tag{12-12}$$

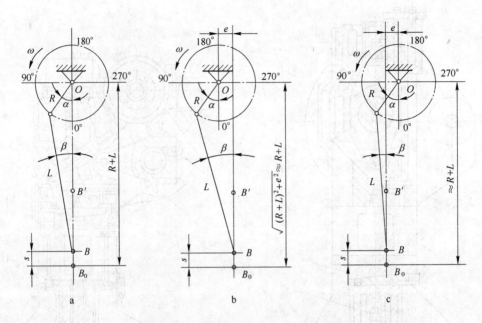

图 12-17　曲柄滑块机构运动分析原理图

a—正置；b—正偏置；c—负偏置

式中，ω 假设为常数；s，v，a 关系式构成了滑块的运动学定律。

12.3.2.2　曲柄滑块机构受力分析

受力分析的目的是确定机构中各个零件的受力情况，了解曲柄压力机的承载能力及工作特性。

在理想（不考虑摩擦）状态下，曲柄滑块机构受力分析简图如图 12-18 所示。图中 F 为工艺力，F_n 为大齿轮上的切向力，F_Q 为机身导轨对滑块的约束反力，F_{AB} 为连杆对滑块的作用力。

考虑节点 B 平衡 $F = F_{AB}\cos\beta$；$F_Q = F_{AB}\cos\beta$，由于 β 很小，所以 $\cos\beta \approx 1$，$\sin\beta = \lambda\sin\alpha$。因此，$F_B = F$，$F_Q = F\lambda\sin\alpha$。

在工艺力 F 的作用下，曲轴所受的扭矩 M_e 为

$$M_e = Fm_e \tag{12-13}$$

式中，m_e 为图 12-18a 中的 OD 线段长度，相当于力臂。因未考虑摩擦，故称 m_e 为理想当量力臂。而 M_e 称为曲轴的理想扭矩。由图 12-18 中的几何关系有

$$m_e = R\sin(\alpha + \beta) = R(\sin\alpha\cos\beta + \cos\alpha\sin\beta) \tag{12-14}$$

取 $\cos\beta \approx 1$，而 $\sin\beta = \lambda\sin\alpha$ 代入上式得

$$m_e = R[\sin\alpha + (\lambda\sin2\alpha)/2]$$

下面分析证明上面提到的曲柄滑块机构的压力放大特性。考虑到曲轴的力矩平衡，有

$$M_e = Fm_e = F_nR_g$$

式中　F_n——大齿轮的切向力；

　　　 R_g——大齿轮节圆半径。

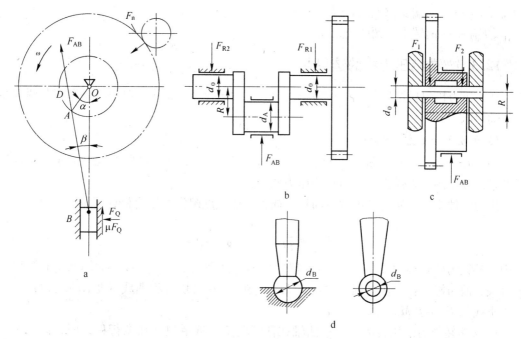

图 12-18　曲柄滑块机构受力分析简图

从而确定工艺力（F）有下式

$$F = \frac{F_n R_g}{R[\sin\alpha + (\lambda\sin2\alpha)/2]} = KF_n \qquad (12\text{-}15)$$

式中

$$K = \frac{R_g}{R[\sin\alpha + (\lambda\sin2\alpha)/2]}$$

当曲柄转角 $\alpha = 30°$，$\lambda = 0.2$ 和 $R_g/R = 5$ 时 $F = 8.5F_n$。即曲柄滑块机构把大齿轮上的作用放大到约 8.5 倍。反过来说大齿轮上的作用力比滑块上的工作载荷小得多。因而在校核曲轴强度时才可以略去大齿轮上的力。K 即为滑块机构的放大比或机构的力增益。

实际上，在工艺力作用下，曲柄滑块机构中，各零件的实际受力比理想状态下的大，为此要把摩擦影响引入实际工程中。真实机构曲轴的实际扭矩为理想扭矩和摩擦扭矩的叠加，即

$$M_q = M_e + M_\mu = F(m_e + m_\mu) \qquad (12\text{-}16)$$

$$m_q = \frac{1}{2}\mu\left[(1 - \cos\alpha)d_A + \lambda d_B\cos\alpha + \frac{F_{R1}}{F}d_{01} + \frac{F_{R2}}{F}d_{02}\right]$$

式中　　M_q ——曲轴（偏心齿轮）的实际扭矩；

　　　　M_μ ——摩擦扭矩；

　　　　m_μ ——曲轴的摩擦力臂；

　　　　μ ——摩擦系数；

　　　　d_A ——曲柄颈（或偏心颈）的直径；

　　　　d_B ——连杆销（或球头）的直径；

d_{01}, d_{02} ——两端支撑颈的直径;

F_{R1}, F_{R2} ——两端支撑颈的支反力。

12.3.3 曲柄压力机的选用

选择压力机包括选择压力机类型和能力。正确选择压力机必须具备设备和工艺两方面的基础知识。

12.3.3.1 压力机能力

（1）压力能力。压力机最大允许的工作能力为标称压力,它是受压力主要受力零件强度条件限定的,它代表了压力机的压力能力。

压力零件中强度储备最小的是曲轴,曲轴弯曲强度限定的压力机许用负荷为

$$[F] \le \frac{0.1 d_A^3 [\sigma]}{(l_1 - l_a + 8r)/4} F_g \tag{12-17}$$

式中,参数为曲轴结构尺寸。式（12-17）表明,许用负荷 $[F]$ 仅与曲轴结构和许用应力有关,而与滑块在工作行程中的位置无关,在压力-滑块行程曲线（见图 12-19）中为一水平线, $[F] = f[M_W]$ 。

（2）扭转能力。扭转能力是指曲轴在任意转角（或滑块在任意行程）时,能安全传递的最大扭矩。它是由曲轴、齿轮、传动轴等零件强度限定的。按曲轴扭转强度限定的压力机许用负荷为

$$[F] = \frac{0.2 d_D^3 [\tau]}{m_q} \tag{12-18}$$

式中, d_D 为曲轴颈尺寸, m_q 与 α 有关,因此 $[F]$ 与曲轴结构尺寸、材料许用应力和曲轴工作转角 α 有关。 $[F]$ 随滑块行程 s 而变化。在图 12-19 中为一条曲线 $[F] = f[M_g]$ 。

图 12-19 是上述两种能力限定的压力-行程曲线,称为压力机的许用负荷曲线。图中曲线下面的是压力机的安全使用区。这个资料一般由制造厂在压力机使用说明中向用户提供。

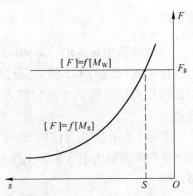

图 12-19 压力机的许用负荷曲线

12.3.3.2 压力机能力的选择方法

从上述可知,压力机的许用负荷是随行程变化的。因此,只知道加工工件的最大工艺力,并不能正确地选择压力机。正确的选择方法是根据制件工序的工艺分析,做出压力-行程曲线,并与压力机的许用负荷曲线作比较。压力取许用压力的 75%~80%,扭矩取许用扭矩的 90% ~95% 是比较理想的。图 12-20 中有 a, b, c 3 个工序,分别是冲裁、拉深和弯曲。同时有 3 台压力机的许用负荷曲线 I、II、III。按照上述选择方法,就可清楚地判断工序应选的压力机。工序 a 可选压力机 I、II,压力富余为 20%~25%;工序 b 只能选压力机 II,其扭矩能力富余约为 5%~12%,工序 c 可选压力机 I、II,但压力富余过多不经济。若选压力机 III,则在③~④之间扭矩能力略有过载,所以可以选用。

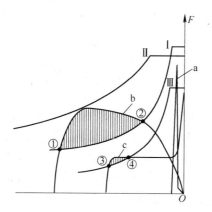

图 12-20 压力机能力的选择方法

12.4 螺旋压力机

螺旋压力机是一种利用驱动装置使飞轮储能，以螺杆滑块机构为执行机构，依靠动能工作的塑性成型设备。它广泛应用于汽车、拖拉机、动力机械、五金、工具、餐具、医疗器械、建材及耐火材料等许多行业。螺旋压力机可分为摩擦螺旋压力机、液压螺旋压力机、电动螺旋压力机，以及离合器式螺旋压力机 4 类。本节只介绍摩擦螺旋压力机。

12.4.1 螺旋压力机概述

12.4.1.1 螺旋压力机的工作原理

如图 12-21 所示，原动机（图中未画）带动飞轮旋转，通过螺旋副使滑块下行，在滑块下行过程中，飞轮迅速旋转积蓄动能。打击时，飞轮降速释放动能，其力通过螺旋副、床身作用在锻件上，直到飞轮速度降为零，打击结束。回程时，飞轮反转，提动滑轮上行。通过制动机构使滑块停在上止点。

螺旋压力机的运动由飞轮、螺杆和滑块组成。向下行程中，运动部分积蓄能量，在接触锻件前所具有的能量为

$$E = 0.5J\omega^2 + 0.5mv^2 \qquad (12-19)$$

式中　E ——运动部分能量；

J ——飞轮及螺杆等的转动惯量；

m ——运动部分质量；

ω ——飞轮角速度；

v ——滑块速度。

式（12-19）中的第一项为旋转运动动能，第二项为直线运动动能。

从螺旋机构可知，滑块线速度与飞轮角速度的关系为

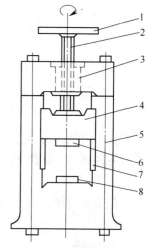

图 12-21 螺旋压力机示意图
1—飞轴；2—螺杆；3—螺母；
4—滑块；5—机架；6—上模；
7—导轨；8—下模

$$v/\omega = h/2\pi \tag{12-20}$$

式中　h——螺杆导程。

由上二式得：

$$E = 0.5J\omega^2\left[1 + \frac{M}{J}\left(\frac{H}{2\pi}\right)^2\right] \tag{12-21}$$

由于螺旋压力机滑块速度较低，多为 $0.6\sim0.7\mathrm{m/s}$ 左右，所以式（12-21）中第二项数值很小，一般只占总能量的 $1\%\sim3\%$，为了计算方便，常可将直线运动部分动能忽略。此结果也表明，螺旋压力机主要依靠旋转运动储能。而锻锤则全部为落下部分直线运动储能。可见螺旋压力机虽然利用锤击系统的动能做功，但储能方式二者大不相同。

12.4.1.2　螺旋压力机的力能关系

打击负荷图是描述打击过程中打击力变化规律的图形。如图 12-22a 所示为锻件的打击力负荷图，描述了打击力和锻件变形的关系。图中纵坐标 F 为打击力；横坐标 S 表示位移；F_f 为锻压力；F_u 为最终锻击力；S_I 为锻击过程中锻件总变形。如图 12-22b 所示为压力机打击负荷图，描述了打击力与压力机弹性变形的关系。图中 F_u 为压力机受力；S_{II} 为锻击过程中压力机受力件的总当量弹性变形。如图 12-22c 所示为锻件与压力机的综合打击负荷图，描述了综合锻击力与综合位移的关系，综合位移 S_I 和 S_{II} 之和。

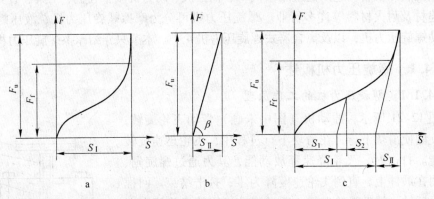

图 12-22　打击负荷图

a—锻件打击负荷图；b—压力机打击负荷图；c—综合打击负荷图

螺旋压力机在打击过程中，运动部分能量 E 将转化为 3 种能量：锻造变形功 A、压力机受力零件弹性变形能 E_e 及压力机构运动副间摩擦功 A_f。由能量守恒定律

$$E = A + E_e + A_f \tag{12-22}$$

据锻件打击负荷图，由图 12-22a，得到

$$A = \int_0^{S_I} F\mathrm{d}s \tag{12-23}$$

据压力机打击负荷图，由图 12-22b，得到

$$E_e = \int_0^{S_{II}} F\mathrm{d}s \tag{12-24}$$

据螺旋机构理论可确定螺旋副、止推副等处的摩擦（因导轨滑动副处摩擦功太小）阻力矩和 M_{sf} 和 M_t，从而

$$A_f = \int_0^{\theta_0} (M_{sf} + M_t)\,\mathrm{d}\theta \qquad (12\text{-}25)$$

式中 θ_0——打击过程中螺杆相对螺母的旋转角度。

上面各式表明了在锻击状态下，最终锻击力、锻件变形功及运动部分能量之间的关系，即锻击状态的力能关系式。

12.4.2 摩擦螺旋压力机

摩擦螺旋压力机通过摩擦方式驱动飞轮旋转储能。多年来，出现过多种形式的摩擦旋转压力机，经得起使用考验的，在国内外锻压行业中广泛应用的是双盘摩擦压力机。

双盘式摩擦压力机结构如图 12-23 所示。它具有一个封闭的机架。机架的上梁中间安装有螺母，螺杆穿过螺母。螺杆上端固定着飞轮，下端通过止推轴承和滑块连接。机架左、右伸出两个支撑臂架着一根水平轴，轴上固定的左、右两个圆盘分置于飞轮两旁，操纵机架安装在机架右边。

启动电机，皮带轮带动水平轴旋转。当按下操纵手柄时，杠杆系统推动水平系统从左向右移动，左摩擦轮与飞轮接触，通过摩擦力驱动飞轮旋转，使滑块向下运行。滑块接触工件后，释放能量产生打击力。为了避免打击后螺杆螺母产生咬死现象，螺纹是不自锁的。所以打击后，由于机身的弹性变形恢复将使滑块上升。这时，如果拉动手柄向上，使杠杆系统推动水平轴从右到左移动，右摩擦轮与飞轮接触，从而使飞轮反向旋转，带动滑块回升到一定高度，双盘摩擦压力机的规格和技术参数见表 12-7。

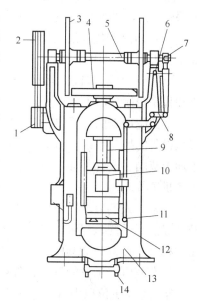

图 12-23 双盘式摩擦压力机

1—电机；2—皮带轮；3—左摩擦盘；
4—飞轮；5—传动轴；6—右支撑臂；
7—拨叉；8—杠杆系统；9—螺杆；
10—滑块；11—操纵手柄；12—下模；
13—机身；14—顶料器

表 12-7 双盘摩擦压力机的规格和主要技术参数

设备型号	J53-160	J53-300	J53-400	J53-630	J53-1000
公称压力/kN	1600	3000	4000	6300	1000
最大打击能量/kJ	1	2	4	8	16
滑块行程/mm	360	400	500	600	700
行程次数/次·min⁻¹	17	15	14	11	10
最大装模高度/mm	260	300	400	470	500
电动机功率/kW	11.7	21.7	28	55	75
能锻锻件质量/kg	1	2	3	12	17
锻件投影面积/cm²	50	95	250	490	960
平均生产率/件·h⁻¹	100~600	80~400	60~360	50~300	40~200

12.5　锻压设备的发展趋势

12.5.1　概述

近几年来，由于自动化、计算机、机电一体化等技术的发展，现代锻压设备发展发生了深刻而广泛的变化。主要表现在以下几个方面：

（1）向巨型化发展是锻压设备的发展方向之一。如 700MN 模锻水压机，120MN 热模锻压力机，1450MJ 对击锤，110MN 螺旋压力机都是近期生产并投入使用的。

（2）计算机、自动控制技术促进了传统设备的自动化，使锻压设备朝专门化、精密化和程序控制化的方向发展。

人们应用新的计算方法和新的思想改造传统锻压设备的设计。用新兴的数控技术改造锻压设备的控制系统。多轴、高速、高分辨率和多功能的数控系统提高了加工能力，扩大了加工范围，改善了加工质量。如数控冲模回转头压力机，数控步冲-冲孔压力机，CNC 弯管机等等。

近来，人们追求压力机和液压机的高速化，相应地，对机器本身、控制系统（电气控制或液压系统）、运动部件提出了更苛刻的要求。为了适应高速化要求而开发了新型的压力机（速度高达 2500～3000 次/min）和快速液压机（行程次数达 1000 次/min）。

汽车及电器工业的发展，促进了多工位大型板料压力机的发展。目前世界上开发的 200 台大型多工位压力机，具有能耗少、生产率高、占地面积小、实现多轴控制、坐标轴伺服驱动和快速换模等优点。

（3）锻压柔性加工系统和计算机集成加工系统向前发展。现代锻压机械把数控技术、计算机、微电子技术、工业机器人融合起来，适应多品种小批量生产的需要，开发出多种系列的柔性制造系统 FMS（Flexible Manufacturing System），其中板料柔性制造系统目前比较成熟。我国 1991 年研制成功了第一条板材加工柔性系统并投入使用。今天，人们把计算机、生产与人的管理、设备进一步融合。形成比 FMS 更高级更庞大而系统的工程，称计算机集成加工系统 CIMS（Computer Integrated Manufacturing System）。我国也把 CIMS 作为高技术发展目标之一，建立制造和研发基地进行研究。

12.5.2　锻压柔性制造系统 FMS 和计算机集成制造系统 CIMS

12.5.2.1　柔性加工系统

塑性成型生产通常有单机加工、生产线加工、柔性加工及计算机集成加工 4 种模式。数控加工是单机加工的最高形式，它集自动化机床的高效率、精密机床的高精度和通用机床的柔性为一身。多台设备按工艺要求组成生产序列便成为生产线。

锻压成型生产线由主机、辅机和附设机构及装置组成。刚性流水线加工生产方式适用于大批量生产。所谓刚性，是指各台线上设备和中间传递装置严格同步运转。即按相同的生产节拍运转。

由于市场要求灵活多变，多品种小批量的实际要求使传统的单机加工和刚性流水线加工已不能适应生产的新形势，柔性加工系统应运而生。

柔性加工系统由以下几部分组成：

（1）一台或一组具有一定柔性的数控成型设备构成系统的主机；

（2）一条自动化及柔性的物流系统，物流指生产加工过程中，材料、工件和工具的流动；

（3）一条监控与管理的计算机及微机网络。

图 12-24 是一种锻造柔性加工系统。该系统由两台内燃高速锤、感应加热炉、推料气缸、排料气缸、顶出器、润滑机及机器人组成。

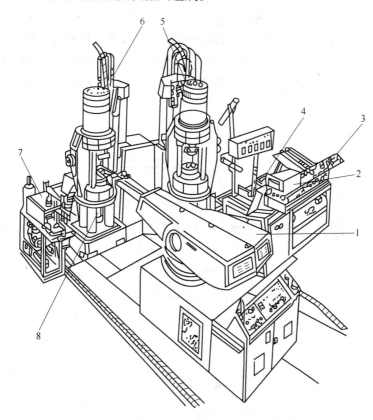

图 12-24 锻造柔性加工单元

1—机器人；2—感应加热炉；3—推料气缸；4—排料气缸；
5，6—内燃高速锤；7—润滑油；8—顶出器

其中机器人属于极坐标型，有手臂伸缩、俯仰和摆动、手爪的旋转俯仰及开闭等 6 种动作。它们分别由液压或气动系统驱动。这种机器人采用点位式控制，有示教与再现两种工作模式。机器人的任务是从炉口夹取加热好的毛坯，送至右面第一台高速锤的模腔中。此锤锻造后，机器人将其锻件取走送至第二台高速锤模腔中，第二台锤锻造后，机器人将锻件推至锤后面的成品箱。

该系统具有各种连锁控制，如毛坯温度和位置连锁控制、活塞位移连锁控制等。该系统实际使用情况表明，它与原有的人工系统相比，对于 0.9～22.7kg 的锻件而言，生产率提高 43%～100%，原材料节省 14%～25%，人力节省 50%～75%，机械加工量减少 67%。

12.5.2.2 计算机集成制造系统 CIMS

FMS 进一步发展便成为更高一级的计算机集成制造系统。它是在柔性制造技术、计算机技术、信息技术和系统科学的基础上，将机械制造工厂（目前已经扩大到许多领域）生产经营活动所需的经营决策、管理、设计、制造等各种自动化系统有机地集成起来。根据变化的市场需求，获得适合用于多品种、中小批量生产的高效益、高柔性的智能生产系统。它追求的是生产过程的动态总体优化。

图 12-25 是 CIMS 的概念模型。3 个三角形分别代表 3 个系统：（1）控制系统，包括车间控制与单元控制，司管理之责（含计划、调控、控制）；（2）工程系统：包括 CAD、CAPP（Computer Aided Process Planning）、CAM、主持技术工作；（3）生产系统：即 FMS，直接生产产品。图中 5 个带影线的扁梯形均为仿真器。仿真即利用模型对实际系统进行实验研究。通过系统调研，建立模型、编制程序、运行模型，然后输出分析结果。图中介于三角形与扁梯形之间的短粗线代表系统仿真器之间的信息流，负责传递系统与仿真器之间的信息。

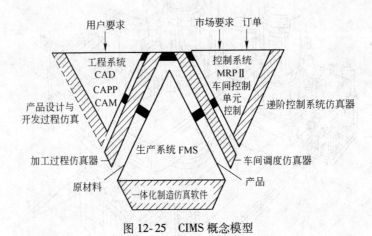

图 12-25　CIMS 概念模型

复 习 题

(1) 了解锻压设备的分类、工作能力换算和工作特点。

(2) 对比蒸汽-空气锤，无砧座模锻锤，空气锤的原理、结构和工艺特点。

(3) 曲柄压力机是如何工作的，一般由哪几部分组成？

(4) 与通用曲柄压力机相比，热模锻压力机的机构有何特点？

(5) 如何理解曲柄滑块机构的压力放大特性？

(6) 怎样选择曲柄压力机？

(7) 了解螺旋压力机的工作原理。

(8) 螺旋压力机存在哪些力能关系？

(9) 简述锻压设备新的发展趋势。

13 剪 切 机

本章概述

　　剪切机是轧制车间的辅助设备。用于轧件切头、切尾、切定尺长度，以及沿轧件宽度方向切边和切定尺。

　　按照剪切机的剪刀形状、剪刀彼此位置及剪切机的用途和轧件相对剪切机的运动状态可分为平刃剪切机、斜刃剪切机、圆盘剪切机和飞剪机（见图13-1）。

13.1　平刃剪切机

　　上、下两剪刃彼此平行的剪切机叫做平刃剪切机（见图13-1a）。它通常用来剪切热状态下的坯料，如经初轧机、板坯轧机和开坯轧机轧后的方坯、板坯。有时亦用于剪切冷态下的中、小型成品型材。

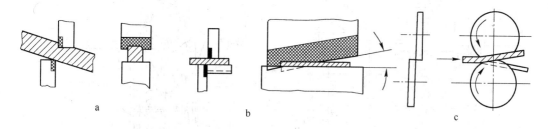

图 13-1　不同类型剪切机剪刃配置图

a—平刃剪切机；b—斜刃剪切机；c—圆盘剪切机

13.1.1　平刃剪切机类型

　　平刃剪切机（简称平刃剪）根据剪切方式，可分为上切式和下切式两种。

　　平刃剪一般由电动机驱动。根据工作制度，平刃剪分为启动工作制和连续工作制。启动工作制多采用直流电动机，每剪切一次，电动机启动、制动一次，完成一个工作循环。而连续式工作制下，采用交流异步电动机，电动机启动后，连续运转。剪切机构离合器与电机主轴相连。剪切时，离合器合上，剪切机构实现剪切。剪切机构剪切完毕，离合器打开，电机传动系统与剪切机构脱离。在大型平刃剪上，也有采用液压传动的。

13.1.1.1　上切式平刃剪切机

　　它的特点是下剪刃固定不动，上剪刃向下运动完成剪切。这种剪切机结构简单、重量较轻。主要缺点是在剪切时轧件易弯曲、剪切截面不垂直，以致影响剪切后的轧件在辊道上顺利运行。因此，在剪切较厚（30~60mm）的轧件时，需在剪切机后装设摆动台或摆动辊道，见图13-2。剪切时，上剪刃压着被剪断的坯料一起下降，迫使摆动辊道也下降。当剪切完毕，摆动辊道在其平衡装置的作用下，随上剪刃上升而回到原始位置。这种剪切机实现上剪刃的上、下移动，多采用曲柄连杆机构，其典型结构有曲柄连杆式剪切机和曲柄活连杆式剪切机。

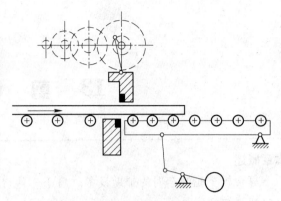

图 13-2　带摆动辊道的上切式剪切机

图 13-3 为 20MN 曲柄连杆上切式剪切机。该剪切机的上、下剪刃分别安装在上刃台 10 和下刃台 11 上。下刃台安放在机架下部，上刃台通过连杆 7 随曲轴 2 转动而上下移动，实现剪切。

为使轧件的剪切截面垂直，防止轧件剪切时翘起，该剪切机设有液压压板装置。剪切机前设有切头推出机和机前辊道，在剪切机后设有定尺机、摆动辊道等辅助设备。

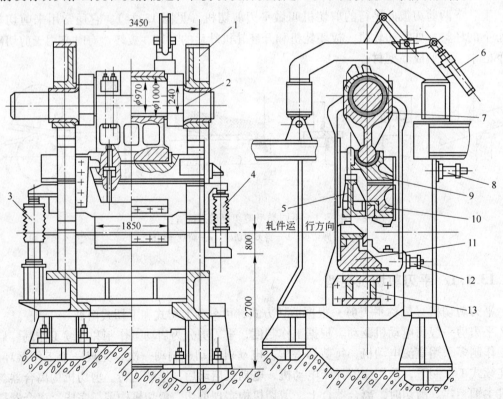

图 13-3　20MN 曲柄连杆上切式剪切机

1—机架；2—曲轴；3—上刃台平衡油缸（传动侧）；4—上刃台平衡油缸（操作侧）；5—压板装置；
6—上刃台行程扩大装置；7—连杆；8—上刃台压紧油缸；9—上刃台连杆垫块；10—上刃台；
11—下刃台；12—下刃台夹紧油缸；13—下横梁

13.1.1.2 下切式平刃剪切机

下切式剪切机的特点是上、下两剪刃都是运动的，但轧件被剪断是由下剪刃上升来完成的。该种剪切机广泛用于剪切厚坯料。剪切开始时，上剪刃先下降，当达到距轧件上表面尚有一定距离时，停止运动，其后下剪刃上升进行剪切。切断轧件后，下剪刃先下降，当降到原始位置时，上剪刃上升复位，实现一次剪切。这种剪切机在剪切时由于将轧件抬离辊道面，因此在剪切机后不需设置摆动台或摆动辊道；剪切长轧件时，上剪刃一侧的轧材不易产生弯曲和易保证剪切截面垂直，并可缩短剪切间隙时间，提高剪切次数。下切式剪切机在结构上比上切式剪切机复杂，根据结构形式不同，主要有六连杆式和浮动偏心轴式剪切机。

A 六连杆式剪切机

六连杆式剪切机在国内外应用较为广泛。图 13-4 所示为 4MN 六连杆式剪切机的结构简图。六连杆系指由彼此为铰链连接的上剪股 18，下剪股 9，连接上、下剪股的拉杆 10，连杆 19，偏心轴 20 及上刃台 11 所组成的连杆机构。整个机构在机架中只有偏心轴的 B 点是唯一的固定支点。

根据剪切坯料厚度不同，可调整上刃台（剪刃）行程，它是通过电机 5、蜗轮蜗杆装置及升降导行套 16 来实现的。为消除上刃台与上剪股连接处的间隙，以及吸收载荷变化时产生的冲击，在上刃台的顶端装有弹簧 14。下刃台与下剪股 9 做成一体。下剪股一端与偏心轴 20 相连接，另一端支撑在机架上。为了缓冲，在支撑处放有枕木。剪切机构的全部重量由此支点和偏心轴支托在机架上，上刃台在机架中滑动。

由此结构特点，便可实现下剪刃上升切断轧件。如图 13-5 所示，当偏心轴 20 开始转动时，下剪股向上运动受到拉杆 10 和下剪股 9 重量的阻碍，而上剪股 11 受上刃台 18 和上剪股重量的作用，必然使上剪股绕 D 点转，上刃台下降，直到缓冲弹簧受到导行套 16 阻碍为止，即上刃台由原始位置（见图 13-5a）变为图 13-5b 的位置。在该位置时，压板已压上轧件，而上剪刃与轧件尚有一段距离（因为压板低于上剪刃）。

当偏心轴 20 继续转动，推动上剪股 C 点抬起，但受导行套限制，上刃台不能下降，则上剪股 11 由绕 D 点转变为绕 E 点转，通过拉杆 10 提升下剪股 9 绕 B 点转动，下刃台上升。当下剪刃与轧件接触后（见图 13-5c），托起轧件同压板一起上升进行剪切（见图 13-5d）。剪切完了，下剪刃继续上升到顶点。偏心轴 20 继续转动，下刃台托着剪断了的轧件下降到原始位置后，上刃台和压板开始上升回到原始位置。偏心轴 20 转过 360°，完成一次剪切。

剪切机除采用这种循环工作制外，也可采用摆动工作制。电机作正、反两个方向转动，偏心轴不作整周运动，在小于 360°内摆动，这样可减少剪切周期，提高剪切机的生产率。

六连杆式剪切机结构比较简单，操作方便，工作可靠。但剪切次数低，设备重量大。根据剪切能力分类，我国主要有 2.5MN、4MN、7MN 和 9MN 几种剪切机。

B 浮动偏心轴式剪切机

浮动偏心轴式剪切机通常有 3 种结构形式：双偏心上驱动带机械联动压板式；双偏心下驱动带机械联动压板式；单偏心下驱动带液压压板式，见图 13-6。此种剪切机的剪切

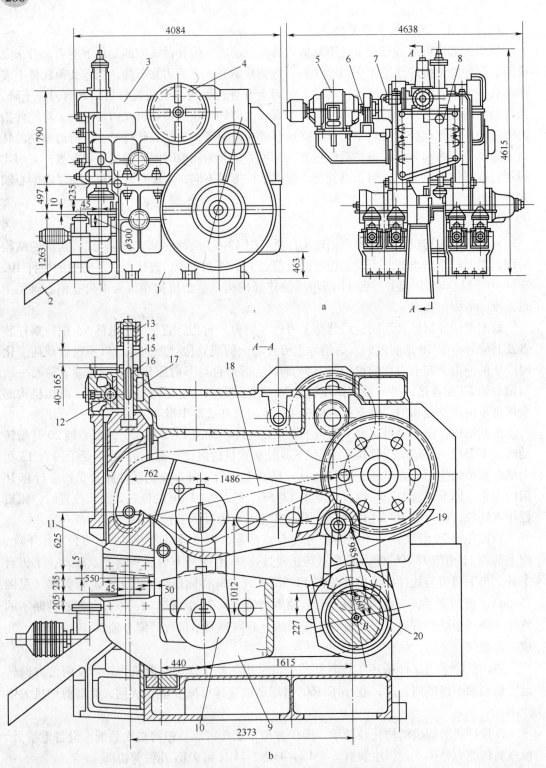

图 13-4 4MN 六连杆式剪切机结构简图

1—下机架；2—斜坡滑道；3—上机架；4—飞轮；5—主电动机；6—制动器；7—同行调节电动机；8—前盖；
9—下剪股；10—拉杆；11—上刃台；12—蜗杆；13—止推筒；14—环形弹簧；15—拉轴；16—导行套；
17—蜗轮；18—上剪股；19—连杆；20—偏心轴

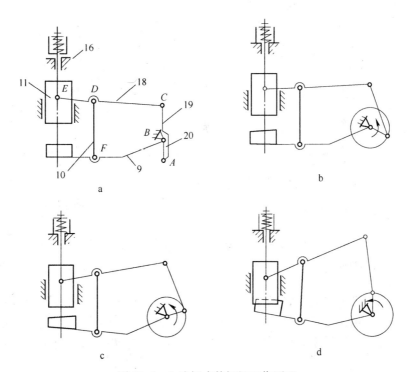

图 13-5 六连杆式剪切机工作原理

a—原始状态；b—上刃台下降受导行套限制；c—下刃台上升；d—剪切终了

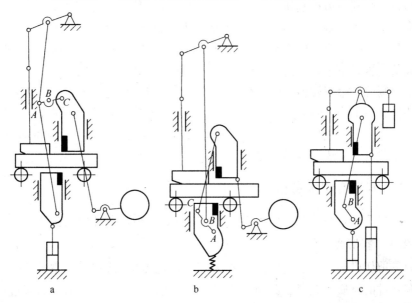

图 13-6 浮动偏心轴式剪切机类型

a—双偏心上驱动带机械联动压板式；b—双偏心下驱动带机械联动压板式；c—单偏心下驱动带液压压板式

能力较大，剪切力一般在 10MN 以上，多与大型板坯轧机相匹配。因为此种剪切机的偏心轴不需要轴承支撑，剪切力由偏心轴及与其相连的杆件相互作用、平衡，机架不承受剪切力，故称之为浮动偏心轴式。以双偏心上驱动带机械联动压板式为例，来说明剪切过程，见图 13-7。

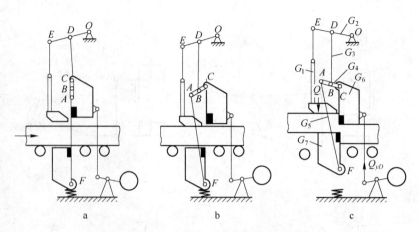

图 13-7　浮动偏心轴式剪切机剪切过程

a—双偏心上驱动带机械联动压板式；b—双偏心下驱动带机械联动压板式；c—单偏心下驱动带液压压板式

　　第一步，当启动剪切机时，由于刃台压板自身重量的作用，偏心轴绕 A 点旋转，上刃台和压板下降，由于臂长 $AB=CB$ 和 $ED=DO$，当压板未与金属接触之前，上刃台和压板将以同一速度下降，把金属压在辊道的辊子上，如图 13-7b 所示。下刃台刃口低于辊道平面 6mm。

　　第二步，当压板压住金属后，机构向下运动的阻力增大，转动中心由 A 移向 B，以 B 为中心转动，一直到下刃抬起接触金属为止。这个过程是很短的。

　　第三步，下刃台接触金属后，以 B 点为转动中心结束。这时，偏心轴绕不动点 C 回转，下刃台和压板夹持金属向上移动进行剪切如图 13-7c 所示。当曲轴转过 180° 时，上刃台下降到最低位置，下刃台上升到最高位置，剪切过程结束。

　　第四步，复位。金属被剪断后，偏心轴仍继续回转。首先，下刃台，压板和夹在它们之间被剪断的金属下降。到金属接触辊道后，压板不动，下刃台开始脱离金属向下运动。在下刃台回到原来位置之后，上刃台和压板同时上升回到原来位置。到曲轴转过 360° 时，机构回复原始位置，完成一次剪切循环。

13.1.2　平刃剪切机参数

平刃剪切机的主要参数有：剪切力、剪刃行程、剪刃尺寸和剪切次数。

13.1.2.1　剪切力

剪切力是剪切机的一个重要力能参数，是结构设计和形式选择的主要依据。剪切力的影响因素有轧件的材质、温度、截面尺寸和剪刃状况等。实际剪切力在剪切过程中是变化的，但在剪切过程中最大剪切力要小于剪切机的允许剪切力，即名义剪切力。剪切过程剪切力变化规律分析及剪切力求解如下。

　A　轧件剪切过程分析

轧件的剪切过程由两个阶段组成：压入变形阶段和剪切滑移阶段。

　　如图 13-8 所示，在剪切过程中，轧件受到 3 个力的作用：剪切力（P）、侧推力（T）和压板力（Q）。在这 3 个力的作用下轧件处于平衡状态。在剪刃与轧件接触后，随两剪刃压入轧件，使轧件产生塑性变形。在由剪刃对轧件的压力（P）组成的力矩（$P \cdot a$）作用下，使其沿图示方向转动。但轧件在转动中，受到由剪刃侧面给轧件的推力（T）构成的力矩（$T \cdot c$）和压板力（Q）构成的力矩（$Q \cdot b$）阻挡，力图阻止轧件转动。剪刃逐渐压入，压力（P）不断增大，当剪刃压入深度达一定值时，即压力（P）增加到等于沿剪切截面的剪切力时，轧件沿剪切截面开始滑移，即由压入阶段转为滑移阶段。在此阶段中，随压入深度增加，剪切力减小。当压入深度达一定值时，轧件断裂。整个剪切过程剪切力的变化如图 13-9 所示。横坐标$\left(\varepsilon = \dfrac{z}{h}\right)$为相对切入深度，纵坐标为剪切力（$P$）。

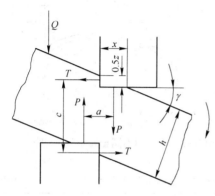

图 13-8　平刃剪切过程受力分析

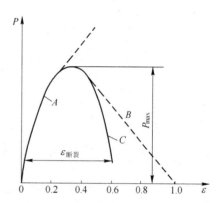

图 13-9　剪切力随相对切入深度变化曲线

轧件切断时的相对切入深度 ε 与轧件的材质及剪切温度有关。轧件的强度越高，ε 越小，剪切温度越高，ε 越大。

B　单位剪切抗力的确定

为确定轧件在剪切过程中剪切力的大小，需求出被剪切轧件的单位剪切抗力。单位剪切抗力可通过剪切力实验曲线和理论计算得到。实验曲线是用不同钢种在不同温度下进行剪切实验，以所测得的剪切力（P）除以试件原始截面积（F）定义为单位剪切抗力 τ 作为纵坐标，将压入深度（z）除以试件原始高度（h）定义为相对切入深度 ε 作为横坐标，即可汇出单位剪切抗力（τ）与相对切入深度（ε）的关系曲线（$\tau = f(\varepsilon)$），此曲线即为单位剪切抗力曲线。图 13-10 为热剪切低碳钢单位剪切抗力曲线；图 13-11 为冷剪切不同金属单位剪切抗力曲线。应当指出，单位剪切抗力并非被剪材料的真实剪切应力。

从图 13-10、图 13-11 中单位剪切抗力曲线可见，材料强度限（R_m）越高，单位剪切抗力越大，对同一种材料来说，剪切时温度越高，单位剪切抗力越小。一般而言，材料的强度限与单位剪切抗力关系为 $\tau = k_1 \cdot R_m$。剪切有色金属，K_1 选 0.8~0.9；剪切钢，K_1 选 0.6~0.7。

不同钢种在不同温度下的精确强度极限值应查阅文献和手册确定。表 13-1 列出的是几种常见的钢种在不同温度下大致的强度值。

C　剪切力

在设计或选择剪切机时，往往只需要根据被剪切坯料的最大截面尺寸计算出最大剪切

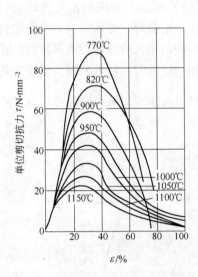

图 13-10 热剪切低碳钢单位剪切抗力曲线   图 13-11 冷剪切不同金属单位剪切抗力曲线

表 13-1 各种钢在不同温度下的强度极限（R_m） （MPa）

钢种 \ $t/℃$	1000	950	900	850	800	750	700	20
合金钢	85	100	120	135	160	200	230	700
高碳钢	80	90	110	120	150	170	220	600
低碳钢	70	80	90	100	105	120	150	400

力 P_{max}。最大剪切力可用下式计算：

$$P_{max} = K\tau F_{max} \tag{13-1}$$

式中 τ——单位剪切抗力；

F_{max}——轧件原始截面积；

K——考虑剪刃磨钝、剪刃间隙增大的系数，其值按剪切机能力选：

小型剪切机（$P < 1.6MN$），取 $K = 1.3$；

中型剪切机（$P = 2.5 \sim 8MN$），取 $K = 1.2$；

大型剪切机（$P > 10MN$），取 $K = 1.1$。

按上式计算后，再参考现有系列标准即可选定剪切机的能力。

13.1.2.2 剪刃行程

剪刃行程应以保证轧件在剪切时从两剪刃间顺利通过。行程太小，翘头的轧件不易通过。行程太大，对偏心轴类剪切机，使偏心值增加，驱动力矩增加，结构尺寸也要相应增大。对液压驱动的剪切机，则使液压缸的行程增加，充液时间增长。剪刃行程主要取决于剪切轧件的最大厚度，如图 13-12 所示。

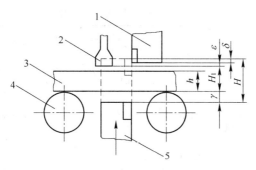

图 13-12　剪刃行程示意图（下切式）

1—上刃台；2—压板；3—坯料；4—辊道；5—下刃台

剪刃行程可按下式确定：

$$H = H_1 + \delta + \varepsilon + \gamma \qquad (13\text{-}2)$$

式中　H_1——辊道上表面至压板下表面间距离，$H_1 = h + (50 \sim 75)\,\text{mm}$，其中 h 为轧件最大厚度，$(50 \sim 75)$ 是考虑当轧件有翘头时，仍可通过剪切机而留有的裕量；

　　　　δ——上、下剪刃重叠量，可在 $5 \sim 25\text{mm}$ 内选取；

　　　　ε——为使上剪刃不被轧件撞击，压板低于上剪刃的距离，一般取为 $5 \sim 25\text{mm}$；

　　　　γ——辊道上表面高出下剪刃的距离，以防下剪刃被轧件撞击和磨损，一般取值为 $5 \sim 20\text{mm}$。

13.1.2.3　剪刃尺寸

剪刃尺寸包括剪刃长度、高度和宽度。这些尺寸主要根据被剪轧件的最大截面尺寸来选定。

剪刃长度可按经验公式确定：

（1）剪切小型方坯的剪切机，考虑经常同时剪切几根轧件，取剪刃长度（L）为被剪轧件宽的 $3 \sim 4$ 倍，即

$$L = (3 \sim 4) B_{max}(\text{mm})$$

式中　B_{max}——被剪轧件最大宽度，mm。

（2）剪切大、中型方坯的剪切机，剪刃长度：

$$L = (2 \sim 2.5) B_{max}(\text{mm})$$

（3）剪切板坯的剪切机，取剪刃长度：

$$L = B_{max} + (100 \sim 300)(\text{mm})$$

13.1.2.4　剪切次数

剪切次数是表示剪切机生产能力的参数。剪切次数有理论剪切次数和实际剪切次数。理论剪切次数是指剪切机在每分钟时间内，连续运转可实现的剪切次数，该值决定于剪切机的结构。实际剪切次数总是小于理论剪切次数，因此，在选择剪切机时，实际剪切次数应保证在轧制节奏时间内，剪完工艺规程规定的全部定尺和切头、切尾。表 13-2 为热剪切机基本参数。

表 13-2　热剪切机基本参数

公称能力（最大剪切力)/MN	剪刃行程/mm		剪刃长度/mm		坯料最大宽度/mm		剪刃截面尺寸/mm		理论剪切次数/次·min⁻¹
	方坯	板坯	方坯	板坯	方坯	板坯	h	b	
1.0	160		400		120	—	120	40	18~25
1.6	200		450		150	—	150	50	16~20
2.5	250		600		190	300	180	60	14~18
4.0	320		700		240	400	180	60	12~18
6.3	400		800		300	500	210	70	10~14
8.0	450		900		340	600	240	80	8~12
10	500	350	1000	1200	400	900	240	80	8~12
(12.5)	600	400	1000	1500	500	1000	270	90	6~10
16	600	400	1200	1800	500	1200	270	90	6~10
20	600	450	1400	2100	500	1500	300	100	6~10
25	600	450	—	2100	—	1600	300	100	3~6

13.2　斜刃剪切机

斜刃剪切机的一个剪刃对另一个剪刃成一角度布置，一般为 1°~12°。通常上剪刃倾斜，下剪刃水平。斜刃剪常用于冷剪和热剪金属板材，有时也用于剪切成束的小型轧材。

13.2.1　斜刃剪切机结构

斜刃剪切机按剪切方式，亦可分为上切式和下切式。上切式斜刃剪常用于独立机组或单独使用。下切式斜刃剪多用于连续作业线上，进行切头、切尾或分切。

13.2.1.1　上切式斜刃剪

上切式斜刃剪，多采用电动驱动。如图 13-13 所示，是可剪切厚度为 20mm、宽度为 2000mm 钢板的 Q11-20×2000 型斜刃剪切机传动系统简图。该剪切机上剪刃倾斜角为 4°15′，最大剪切力为 1MN。

13.2.1.2　下切式斜刃剪

图 13-14 为下切式液压斜刃剪。它与一般下切式液压剪不同点是剪切位置可按带材剪切厚度变化而调整。如图所示，剪切位置由限位挡块 1 决定，限位挡块 1 的位置是由固定在机架 11 上的液压缸 2 来调整。当液压缸 3 供液时，活塞杆不运动而

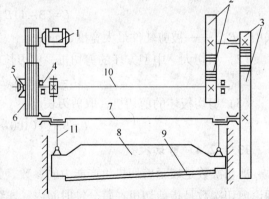

图 13-13　Q11-20×2000 型斜刃剪切机传动系统简图
1—电动机；2, 3—减速齿轮；4—滚动轴承；
5—离合器；6—皮带轮；7—曲轴；8—上刃台；
9—剪刃；10—长轴；11—连杆

缸体向下运动，通过横梁 4，拉杆 5 带动上刃架 6 向下运动，直到安装在上刃架 6 上的挡块 10 与限位挡块 1 相接触，此时液压缸 3 继续充液。由于上刃架的运动被限位挡块阻挡，因而下刃架 7 由液压缸的活塞向上推动，切断轧件。轧件剪断后，液压缸 3 反向充液，活塞杆带动下刃架 7 下降，直到与滑槽 12 固定在一起的挡块 13 相接触后停止。随着液压缸继续充液，上刃架随缸体上升回复至原始位置，待下次剪切。不剪切时，中、下刃架系统的重量通过挡块 13、滑槽 12 及液压缸 2 支承在机架 11 上。下刃架两液压缸通过齿轮齿条 14 实现机械同步。此种剪切机剪切时，与浮动偏心轴式剪切机相似，机架不承受剪切力，剪切力由连接上、下刃架的拉杆 5 来承受。

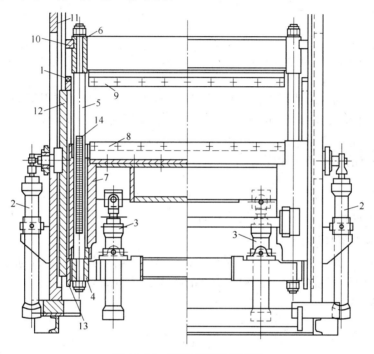

图 13-14　下切式液压斜刃剪

1—限位挡块；2，3—液压缸；4—横梁；5—拉杆；6—上刃架；7—下刃架；8—下剪刃；
9—上剪刃；10—挡块；11—机架；12—精槽；13—挡块；14—齿条

13.2.2　斜刃剪切机参数

斜刃剪切机的主要参数为剪切力、剪刃倾斜角、剪刃长度、剪刃行程和剪切次数。

13.2.2.1　剪切力

从图 13-15 可见，斜刃剪由于剪刃倾斜布置，剪切时，剪刃与轧件接触长度仅是轧件剪切截面长度的一部分。这样，使剪切力减小，电机功率及设备重量也相应减小。斜刃剪剪切力的计算方法有多种。下面仅介绍目前常用的 B.B. 诺萨里计算公式。

由图 13-16 板材剪切时变形分析可知，总剪切力由三部分组成：

$$P = P_1 + P_2 + P_3 \tag{13-3}$$

式中　P_1——纯剪切力；

　　　P_2——剪刃作用于被剪掉部分产生的弯曲力；

P_3——板材受剪刃压力（近似地以 EF 为界）产生的局部碗形弯曲力。

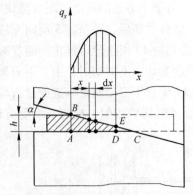

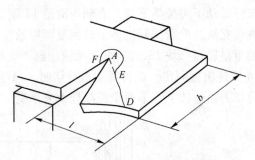

图 13-15　斜刃剪剪切时轧件作用在剪刃上的力 图 13-16　斜刃剪剪切钢板时，钢板变形示意图

参照平刃剪剪切力的计算方法，由图 13-15 可见，实际剪切面积只限于 $ABED$ 部分。设 q_x 为作用在单位长度剪刃上的剪切力，则作用在宽度为 $\mathrm{d}x$ 微分面积上的剪切力为

$$\mathrm{d}P_x = q_x\mathrm{d}x = \tau h\mathrm{d}x \tag{13-4}$$

剪切区内任一点的相对切入深度为

$$\varepsilon_x = \frac{x}{h}\tan\alpha \tag{13-5}$$

式中 h——板材厚度；

   α——剪刃倾斜角度。

由式（13-5）知 ε 和 x 成直线关系变化，则可认为斜刃剪上沿剪刃与轧件接触线上剪切力曲线 $q_x = f(x)$（见图 13-15）和平刃剪的曲线 $\tau = f(\varepsilon)$ 的关系相似。

由式（13-5）得

$$\mathrm{d}x = \frac{h}{\tan\alpha}\mathrm{d}\varepsilon \tag{13-6}$$

将 $\mathrm{d}x$ 代入式（13-4），并积分得纯剪切力为

$$P_1 = \frac{h^2}{\tan\alpha}\int\tau\mathrm{d}\varepsilon = \frac{h^2}{\tan\alpha}a \tag{13-7}$$

式中 a——单位剪切功。

冷剪时，a 值可用下式求得，即

$$a = K_1 R_\mathrm{m} K_2 A = 0.6 R_\mathrm{m} A \tag{13-8}$$

式中，$K_1 \cdot K_2 = 0.6$。

$$P_1 = 0.6\frac{h^2}{\tan\alpha}R_\mathrm{m}A \tag{13-9}$$

考虑 P_2，P_3 诺萨里导出的总剪切力公式为

$$P = P_1\left[1 + \beta\frac{\tan\alpha}{0.6A} + \frac{1}{1 + \dfrac{10A}{R_\mathrm{m}y^2 x}}\right] \tag{13-10}$$

该式第二项为力 P_2，系数 β 可据 $\lambda = \dfrac{l\tan\alpha}{Ah}$ 求出的 λ 值，再由图 13-17 查出。λ 式中的

l 为板材剪下的长度。当 l 较大，且 $\lambda \geqslant 15$ 时可取极限值 $\beta = 0.95$。

方程式中第三项为 P_3，该项中的 $y = s/h$，为剪刃侧向间隙与被剪板材厚度之比值。当 $h \leqslant 5mm$ 时，取 $s = 0.07h$；当 $h = 10 \sim 20mm$ 时，取 $s = 0.5mm$。x 为考虑压板作用的系数。$x = C/h$，式中 C 为剪切面到压板中心线的距离（见图 13-18），初步计算可取 $x = 10$。

考虑剪切机在使用过程中剪刃变钝的影响，故按上式计算的总剪切力尚应增大 $15\% \sim 20\%$。

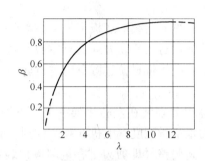

图 13-17　系数 β 与 $\lambda = \dfrac{l\tan\alpha}{Ah}$ 的变化关系

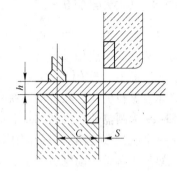

图 13-18　压板和剪切平面间的距离

13.2.2.2　剪刃倾斜角

它的大小，主要根据剪切板带材的厚度来确定。用于剪切薄板的斜刃剪，倾斜角较小，一般取 $1° \sim 3°$；用于剪切较厚板材的斜刃剪，倾斜角较大，但不超过 $10° \sim 12°$。倾斜角增大，可降低剪切力，但使剪刃行程增加，造成被剪板带材弯曲和变形增大。倾斜角过大，由于板材与剪刃间摩擦条件限制，致使被剪板材从刃口中滑出而不能进行剪切。

为改善剪切质量和扩大剪切机的使用范围，有的剪切机倾斜角做成可调的。

13.2.2.3　剪刃长度

剪刃长度按剪切最大板宽确定。一般按下式选取

$$L = B_{max} + (100 \sim 300)(mm)$$

式中　B_{max}——被剪切板带最大宽度。

13.2.2.4　斜刃剪剪刃行程

斜刃剪剪刃行程除应具有平刃剪剪刃的行程外，还应考虑由于剪刃倾斜所引起的行程增加量，即

$$H = H_p + H_1 = H_p + B_{max}\tan\alpha \tag{13-11}$$

式中　H_p——相当于平刃剪上下剪刃的开口度；

　　　　B_{max}——被剪切板带最大宽度；

　　　　α——剪刃倾斜角。

13.2.2.5　斜刃剪剪切次数

斜刃剪剪切次数的选择，相似于平刃剪。

13.2.2.6　剪刃侧向间隙

剪刃侧向间隙是影响板带材剪切质量的重要因素。间隙太小，会使剪切力增加，并加速剪刃磨损；间隙太大，易使剪切面与板带表面不成直角且粗糙。该间隙的大小与被剪切

的材质和厚度有关。一般取剪刃间隙为被剪切板带材厚度的 5%~10%。

13.3　圆　盘　剪

13.3.1　圆盘剪切机结构

圆盘剪是板带生产车间不可缺少的剪切设备，用于纵向连续剪切板带材。圆盘剪按用途可分为两种，即切边用圆盘剪和分条用圆盘剪；按圆盘剪的传动方式又有拉剪和动力剪之分。拉剪，即剪刃没有传动装置，由拉力辊或其他设备将带材拉过圆盘剪进行剪切。有的动力剪亦可做拉剪用，在传动系统中装有离合器。

图 13-19 为圆盘剪切机结构示意图。两对圆盘剪刃分别装在左右机架的上、下轴上，通过移动一个机架改变两对剪刃间距离，以调整剪切板带材宽度。电机 6 和 7 分别为剪刃转动和机架间距调整传动电机。上、下剪刃间径向距离调整（即剪刃重叠量调整）装置 4 是由电机经两对蜗轮蜗杆减速后，使上、下两偏心套筒 3 向相反方向转动，实现剪刃轴间距离调整。剪刃侧向间隙调整是通过转动 5，使固定剪刃的轴沿轴向移动，即可调整剪刃的侧向间隙。为减少金属与剪刃间摩擦，每个剪刃相对板材运动方向成一角度（α = 0°22′），如图 13-20 所示。

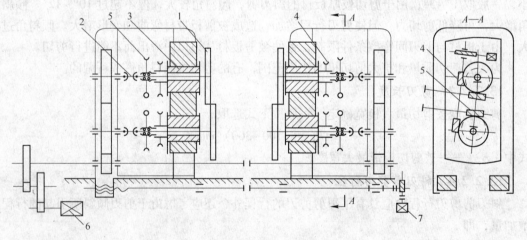

图 13-19　圆盘剪切机结构示意图

1—刀片；2—万向接轴；3—偏心套筒；4—调整刀片距离机构；5—刀片侧间隙调整机构；
6—主传动电机；7—移动机座电机

通常在圆盘剪后面设有碎边机，将板边切成小段，以便收集。对于剪下的较薄废边，也可用废边卷取机卷成捆。

为使剪后板带材保持平直，剪下的板边向下弯曲送入碎边机，一般使上剪刃中心向前移动一距离或使上剪刃直径小于下剪刃直径（见图 13-21）。

分条用圆盘剪有多对圆盘剪刃，按着要求的板带宽度，分别装在上、下两根剪刀轴上，由传动装置驱动进行多条剪切。

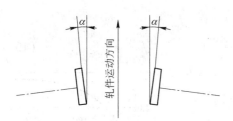

图 13-20 圆盘剪刃盘轴线倾斜示意图

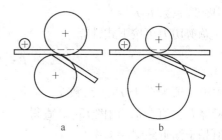

图 13-21 带材切边弯曲的方法

13.3.2 圆盘剪主要参数

圆盘剪主要参数为剪切力、剪切力矩及功率、剪刃直径、剪切速度及剪刃侧向间隙。

13.3.2.1 剪切力、力矩及功率

圆盘剪剪切力的计算方法与斜刃剪相似。设作用在一个剪刃上的总剪切力由两个力组成

$$P = P_1 + P_2 \tag{13-12}$$

式中 P_1——纯剪切力；

P_2——板材被剪掉部分的弯曲力。

纯剪切力 P_1 的计算方法与斜刃剪一样。实际剪切面积如图 13-22 所示，只限于弧 AB 及 CD 之间，因为在 BD 线之外剪切的相对切入深度大于剪切金属断裂时相对切入深度 ε_0，即剪切过程已经完结。又以弦代替 AB 和 CD。作用于宽度为 dx 的微小面积的剪切力为

$$dPx = q_x dx = \tau h dx \tag{13-13}$$

式中 q_x——作用在接触弧 AB 水平投影单位长度上的剪切力。

由相对切入深度

$$\varepsilon = \frac{z}{h} = \frac{2x\tan\alpha}{h} \tag{13-14}$$

微分后得

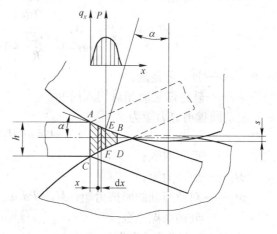

图 13-22 圆盘剪剪切金属时的力

$$dx = \frac{h}{2\tan\alpha} d\varepsilon \tag{13-15}$$

将式（13-15）代入式（13-13），并积分得纯剪切力

$$P_1 = \int \tau h dx = \frac{h^2}{2\tan\alpha} \int \tau d\varepsilon = \frac{h^2}{2\tan\alpha} a \tag{13-16}$$

式中 α——弦 AB 与 CD 间夹角的一半；

a——单位剪切功，可选用平刃剪的单位剪切功数值。冷剪时，可按下式求得

$$a = K_1 K_2 A R_m = A R_m$$

式中，取系数 $K_1 K_2 = 1$。

总剪切力可按下式计算

$$P = P_1 \left(1 + Z_1 \frac{\tan\alpha}{A} \right) \tag{13-17}$$

式中第二项为分力 P_2。系数 Z_1 根据被剪切掉板边宽 b 与板厚 h 比值 b/h，由图 13-23 查得。当 $b/h \geqslant 15$ 时，Z_1 数值趋于渐近线 $Z_1 = 1.4$。

考虑剪刃磨钝影响，一般将计算的剪切力增大 15%~20%。

剪刃变钝不仅使剪切力增加，且剪切截面易产生毛刺，故当板厚大于 3mm 时，剪刃变钝的允许半径 $r = 0.1h$。

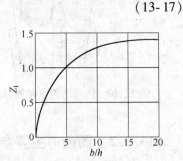

图 13-23 $\frac{b}{h}$ 与 Z_1 的关系曲线

圆盘剪的剪切功率可根据作用在圆盘刃上的力矩来确定。在上、下剪刃圆盘直径和速度相等时，即与简单轧制情况相似，合力 P 垂直作用在剪刃上，这时转动一对剪刃所需力矩为

$$M_1 = 2PR\sin\alpha \tag{13-18}$$

式中 R——剪刃圆盘半径。

设合力 P 的作用点在弦 AB 和 CD 中点，则角 α 由图 13-22 可求得

$$EF + 2R\cos\alpha = 2R - s$$

$$\cos\alpha = 1 - \frac{s + EF}{R} = 1 - \frac{2s + h(2 - \varepsilon_0)}{R}$$

式中 s——剪刃重叠量；

ε_0——轧件断裂时相对切入深度。

驱动圆盘剪总力矩为

$$M = n(M_1 + M_2) \tag{13-19}$$

式中 n——剪刃对数；

M_1——剪切力矩；

M_2——对剪刃轴的摩擦力矩，$M_2 = Pd\mu$，d 为剪刃轴轴颈的直径，μ 为剪刃轴轴承处的摩擦系数。

驱动圆盘剪所需功率为

$$N = K \frac{2MV}{1000D\eta} \quad (\text{kW}) \tag{13-20}$$

式中 K——考虑剪刃与剪板间摩擦损失系数，$K = 1.2 \sim 1.4$；

V——板材运行速度，m/s；

η——传动系统效率。

13.3.2.2   剪刃圆盘直径

剪刃圆盘直径（D）根据所剪板材厚度（h）、剪刃重叠量（s）及允许咬入角（α）来确定：

$$D = \frac{h + s}{1 - \cos\alpha} \tag{13-21}$$

式中　s——圆盘剪剪刀重叠量，一般根据剪切板厚度选取，$s = (1 \sim 3)\,\mathrm{mm}$，当剪切板厚度大于 5mm 时，重叠量可为零或负值；

α——咬入角，一般取为 $10° \sim 15°$，α 角与剪切速度有关，速度快时，取小值；速度慢时，取大值。当 $\alpha = 10° \sim 15°$ 时，圆盘剪刀直径可在下列范围内选取。

$$D = (40 \sim 125)h \qquad\qquad (13\text{-}22)$$

13.3.2.3　剪切速度

剪切速度要根据生产率、板材厚度和机械性能来决定。常用的剪切速率可参考表13-3。

表 13-3　圆盘剪常用的剪切速度

板厚度/mm	2~5	5~10	10~20	20~35
剪切速度/$\mathrm{m \cdot s^{-1}}$	1.0~2.0	0.5~1.0	0.25~0.5	0.2~0.3

13.3.2.4　剪刃侧向间隙

剪刃侧间隙大小与剪切的板厚、机械性能有关。当剪切板带厚度小于 $0.15 \sim 0.26\,\mathrm{mm}$ 时，侧向间隙接近于零。随剪切板带材厚度增加，侧向间隙可为被剪板带材厚度的 $9\% \sim 11\%$。合适的间隙应该是剪切截面平直，既无毛刺，又无撕裂现象。

13.4　飞　剪　机

飞剪是用来对运行中的轧件进行切头、切尾、切成定尺长度及备用切断运行受阻轧件的剪切设备。通常装设于连轧机组作业线上，如热带连轧机精轧机组前、型材连轧机组中；亦装设在横剪机组、连续镀锌、镀锡机组等作业线上。飞剪是轧制车间连续化生产不可缺少的设备。

飞剪要保证剪切定尺尺寸准确、切面整齐和较宽的定尺调节范围。为了满足上述要求，飞剪的结构和性能在剪切过程中应满足以下要求：(1) 剪刃的水平速度应该等于或稍大于带材运行速度；(2) 两个剪刃应具有最佳的剪刃间隙；(3) 剪切过程中，剪刃最好做平面平移运动；(4) 飞剪按照一定的工作制度工作，以保证定尺长度；(5) 飞剪的运动构件，加速度和质量力求最小，以减小惯性力和动负荷。

13.4.1　飞剪的结构类型

飞剪是轧制设备中最复杂的辅助设备，它是采用机、电、液多项先进技术的综合体。飞剪主要由多杆多自由度的剪切机构、数控液压空切机构、变相位非圆齿轮等的匀速机构、行星差动的传动机构和综合送料机构等组成。当然，上述各种机构对于每台飞剪并非全部具有。下面介绍几种典型的飞剪结构。

13.4.1.1　切头飞剪的主要结构类型

A　滚筒式切头、尾飞剪

图 13-24 为滚筒式切头、尾飞剪示意图。在滚筒上装有一对或数对剪刃，剪刃随滚筒

作圆周运动，当上、下剪刃相遇时切断轧件。滚筒式飞剪在剪切过程中，剪刃切入轧件的倾角随滚筒转动而变化，影响剪切截面平直，所以这种飞剪不宜剪切厚度较大的轧件，剪切厚度一般小于 12mm。

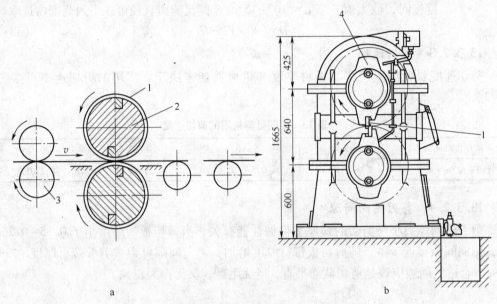

图 13-24   滚筒式切头、尾飞剪

a—刀片装在滚筒上；b—刀片装在杠杆上

1—刀片；2—滚筒；3—送料辊；4—杠杆

图 13-25 为某厂 1700 热带材连轧机精轧机组前的滚筒式切头、尾飞剪，用来剪切进入精轧机组轧件的头部和尾部。剪切带材最大宽度为 1570mm，最大厚度为 40mm，剪切速度为 100~180m/s。

在上、下滚筒 6 和 4 上各装有一对圆弧形剪刃 16，其一为圆弧向外凸出，另一为圆弧向内凹入，圆弧半径皆为 19329.4mm。上滚筒的向内凹剪刃和下滚筒的向外凸出剪刃，用于切头。剪切时剪刃从中间开始向两边逐渐咬合，使轧件端头呈圆弧形，便于精轧机咬入和减小冲击负荷；与上述圆弧状相反的另一对剪刃，用于切尾。剪切时，剪刃自两边开始逐渐向中间咬合，使轧件尾部亦呈圆弧状，以减少轧件的鱼尾长度。

滚筒的转动是由传动系统驱动上滚筒，通过分配斜齿轮 5 实现上、下滚筒同时旋转。若当一个斜齿轮作轴向移动时，则与之相啮合的另一斜齿轮产生转动，使上、下两滚筒相对转一角度，从而剪刃侧向间隙得以调整。

为快速更换剪刃，将滚筒及其轴承座一起从飞剪机架中拉出，再将另一套已装配好的滚筒和轴承座推入机架。

B   曲柄式切头（尾）飞剪

当带材厚度大于 40~50mm 时，一般采用结构比较复杂的曲柄式飞剪。曲柄式飞剪的主要优点是在剪切区剪刃几乎是垂直切入带坯，剪切截面质量好，剪切力较低，所需的剪切功率大为减少。曲柄式切头（尾）飞剪主要由传动装置、机架本体、剪切机构、剪刃更换和间隙调整机构等部分组成。

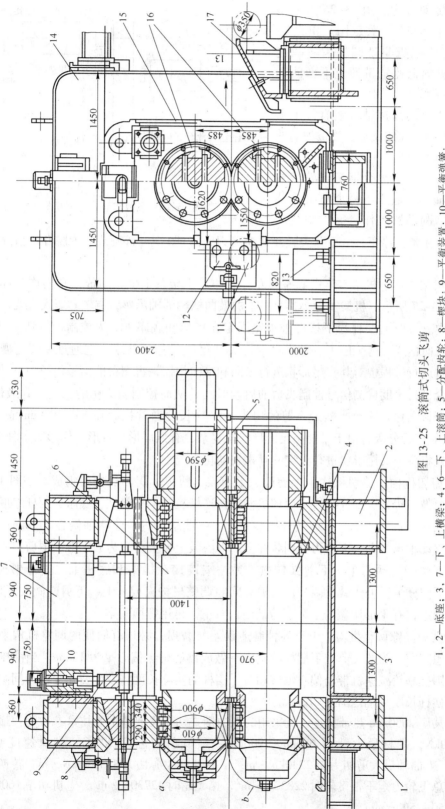

图13-25 滚筒式切头飞剪

1、2—底座；3、7—下、上横梁；4、6—下、上滚筒；5—分配齿轮；8—楔块；9—平衡装置；10—平衡弹簧；11—机架；12—卡紧板；13—地脚螺栓；14—焊接机架；15—滚筒轴承座；16—剪刃；17—出口导板；

（1）传动机构。图 13-26 为某型号飞剪的传动机构示意图。由两台 1600kW 直流电机驱动圆柱齿轮减速机，减速机的低速轴带动上下两曲轴运转，保证剪刃剪切实现机械同步。在一个减速机的高速轴上装有一个惯性矩为 1.9kN·m 的飞轮。当被剪切的带材速度不大于 0.5m/s 时，可通过一个多片式气动摩擦离合器把飞轮与减速机高速轴连接起来。每个电机都装有制动器。制动器工作时需要空气冷却。制动器在紧急停车、电枢开关脱开（换剪刃、修理）、位置调节装置脱开的情况下是闭合的。

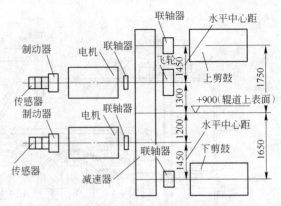

图 13-26　飞剪传动装置布置图

（2）机架本体。机架本体由底座和左、右两片机架及上横梁组成，它们均为焊接结构，如图 13-27 所示。机架实际上是上、下剪鼓曲柄轴的轴承座，有轴套压入机架，轴承装入轴套内。飞剪上摆杆与下摆杆轴承座固定在机架和底座上。为控制带材切头（尾）长度，此台曲柄式飞剪采用了一种先进的切头（尾）最佳化技术。它通过一套光栅检测装置在带材运行过程中对其头尾形状进行纵向和横向扫描，将测得的信号传送到自动化系统中，配合带材速度检测信号控制飞剪的启动时间，从而控制切头尾的长度达到最佳化，金属收得率最大化。这台曲柄式飞剪的切头（尾）长度通常控制在 65~400mm 范围内，按 1mm 间隔进行分级。由于带材头尾的形状较复杂，有燕尾形、舌形、梯形等多种形状，因此应预先将各种头尾形状进行设定并存入自动化系统中。

（3）剪切机构。剪切机构由上剪鼓、下剪鼓、剪刃、摆杆机构等组成。如图 13-27 所示，上剪鼓、机架、摆杆组成上剪切机构的四连杆机构；下剪鼓、底座、摆杆组成下剪切机构的四连杆机构。上、下剪鼓分别装在上、下曲柄轴内，曲柄轴偏心 270mm。曲柄轴两端为滚动轴承，上、下剪刃分别装在上、下剪鼓上，上剪刃为人字形，下剪刃为直线形。上、下摆杆一端与上、下剪鼓铰接，另一端铰接在机架和底座上。摆杆半径 $R=850mm$，下摆杆半径可作微量调节，由剪刃间隙调整机构完成。上、下剪鼓做成开口式，装在曲柄轴上，有 T 形压盖与上、下剪鼓凸台对正，再用螺栓固定。

（4）剪刃间隙调整机构。由于各种制造误差与磨损，必须有简便的调整机构来保证剪刃的理想间隙。为此飞剪把下摆杆的支点轴做成偏心轴，偏心量为 10mm。当液压马达通过两级圆柱蜗轮减速机带动偏心轴转动时，摆杆的实际长度将发生变化，剪刃间隙则随之改变。摆杆长度变化范围是 ±10mm。

我国某厂 2050mm 热带材连轧机采用的双曲柄式切头飞剪的主要技术参数为：最大剪切力 1100kN，带材最大截面 65mm×1900mm，最低剪切温度 900℃，带材速度 0.3~0.52m/s。上曲轴最大剪切力矩 2240kN·m，下曲轴最大剪切力矩 1550kN·m。转换到电机轴上的总飞轮力矩不带飞轮时 22830N·m²，接飞轮时 42730N·m²，电机功率 1600kW，转数 0~250~500r/min。

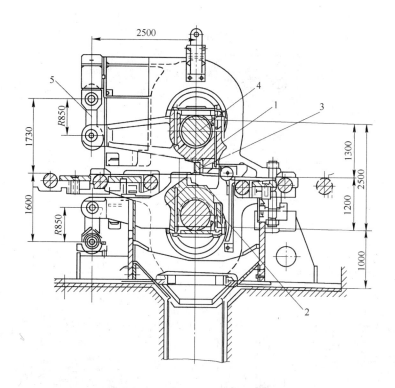

图 13-27　曲柄式切头飞剪剖面图
1—上剪鼓；2—下剪鼓；3—剪刃；4—曲柄轴；5—摆杆

13.4.1.2　定尺飞剪

定尺飞剪主要用来将长轧件或成卷的带材横向剪切成所需的定尺长度，以满足产品长度不同规格要求，因此定尺飞剪应具备灵活、准确的定尺调整机构。下面是几种不同结构特点的定尺飞剪，如表 13-4 所示。

表 13-4　定尺飞剪结构特点

类　　型	IHI 摆式飞剪（日本）	K 式飞剪（德国）	哈尔顿式飞剪（美国）
剪切机构	杠杆摆动	曲柄摆动	双滚筒
匀速机构	双曲柄匀速	径向匀速	非圆齿轮
空切机构	多挡变化	机、液联合	整台更换

A　滚筒式定尺飞剪

图 13-28 为 1700 冷轧厂连续电镀锡机组选用的滚筒式定尺飞剪。可将厚度 0.12～0.55mm，宽度 1050mm 镀锡带材剪切成长度在 400～2000mm 间任一定尺长度，剪切精度为 ±0.8mm。

由图可见，该飞剪主要由飞剪本体和送料矫直机两部分组成，由一台主电动机 1 同时驱动，经主传动变速箱 2 通过离合器 5 与上、下滚筒分配齿轮 6 相接，带动两滚筒 7 转动；由主传动变速箱 2 另一输出轴通过矫直机齿轮分配箱 12 传动送料矫直机的夹送辊和矫直辊。利用手柄 A，J，J-1 及拉杆操纵主变速箱 2 内的离合器，改变变速齿轮位置，再

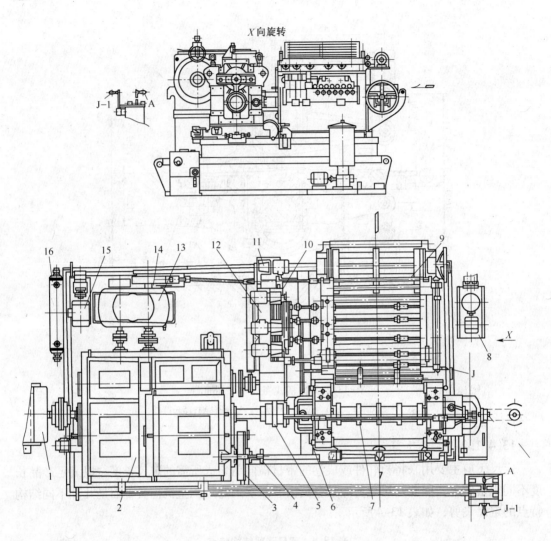

图 13-28　滚筒式定尺飞剪

1—直流主电动机；2—主传动变速箱；3—同步刻度盘；4—放大透镜；5—离合器；6—上、下滚筒分配齿轮；
7—上、下滚筒；8—自动干油站；9—送料矫正机；10—上矫正辊升降调整齿轮电动机；11—定尺刻度调整齿轮
电动机；12—矫直机齿轮分配箱；13—无级变速器；14—制动器；15—稀油润滑系统；16—润滑油冷却器

通过主传动变速箱 2 与矫直机齿轮分配箱 12 间的无级变速器 13 与之相配合，调整滚筒的
转数，即改变剪刃的平均线速度及送料矫正机的夹送辊和矫直辊的速度，实现板材在
400~2000mm 范围内任一定尺长度的剪切。

　　为提高剪切能力，上、下剪刃分别固定在形状为右旋和左旋形的滚筒刃座上，螺旋角
约为 9°，即相当于剪刃有一定的倾斜角。为消除由于剪刃倾斜而造成带材剪切截面不垂
直于带材轴线的现象，可将滚筒回转轴线相对于带材轴线的法线超前一个角度角 φ。

　　飞剪在剪切不同的定尺长度时，由于滚筒转数变化，致使剪刃在带材运行方向的分速
度与带材运行速度不等。因此为保证剪切时，剪刃与带材具有速度同步性，在传动系统中
设有匀速（或称同步）机构。该飞剪采用的为椭圆齿轮匀速机构。图 13-29 为由齿轮节
圆表示的一对椭圆齿轮，当主动椭圆齿轮以等速转动时，与其啮合的共轭椭圆齿轮从动轴

的转速在一周内呈周期性变化。若选择从动轴上剪刀某一瞬时速度与带材运行速度相同时进行剪切，即可实现剪刃与带材速度同步。主动齿轮与从动齿轮的角速度 ω_1、ω_2 有如下关系

$$\omega_2 = \omega_1 \frac{R_1}{R_2} \tag{13-23}$$

式中　R_1——主动齿轮节圆曲线半径，可由椭圆齿轮节圆曲线方程求得

$$R_1 = \frac{a(1-e^2)}{1+e\cos\varphi_1} \tag{13-24}$$

　　　a——椭圆齿轮的长半轴长度；

　　　φ_1——主动齿轮的转角；

　　　e——椭圆齿轮的偏心率，即焦点距离与长半轴长度的比值，

$$e = \frac{c}{a}$$

　　　c——椭圆中心到焦点的距离。

　　因 $R_1+R_2=2a$，所以从动椭圆齿轮节圆曲线半径 R_2 则为

$$R_2 = a\frac{1+2e\cos\varphi_1+e^2}{1+e\cos\varphi_1} \tag{13-25}$$

将 R_1，R_2 代入式（13-23），则得

$$\omega_2 = \omega_1\frac{1-e^2}{1+2e\cos\varphi_1+e^2} \tag{13-26}$$

由上式可知，主动椭圆齿轮以等角速度 ω_1 旋转时，从动椭圆齿轮角速度 ω_2 随转角 φ_1 而变化。当 $\varphi_1=0$ 时，$\omega_{2min}=\omega_1\frac{a-c}{a+c}$；当 $\varphi_1=180°$ 时，$\omega_{2max}=\omega_1\frac{a+c}{a-c}$。

　　若已知轧件要求的定尺长度，首先确定 ω_1，然后调整剪切时 φ_1 角，即两椭圆齿轮啮合位置，便可达到匀速要求。

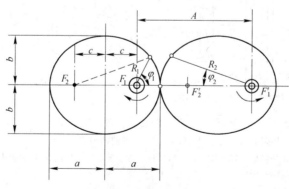

图 13-29　椭圆齿轮匀速机构

B　曲柄回转杠杆式飞剪

图 13-30 是曲柄回转杠杆式飞剪简图。刀架 1 作成杠杆形状，其一端固定在偏心套筒

上，另一端与摆杆2相连。摆杆2的摆动支点则铰接在可升降的立柱3上。立柱3可由曲杆4带动升降，实现空切。当偏心套筒（曲柄）转动时，刀架作平移运动，固定在刀架上的剪刃能垂直或近似地垂直于轧件。当作为切头飞剪时，摆杆不是铰接在可升降的立柱上而是铰接在固定架体上。

由于这类飞剪在剪切轧件时剪刃垂直于轧件，剪切截面较为平整。在剪切板材时，可以采用斜剪刃，以减少剪切力。这种飞剪的缺点是结构复杂，剪切机构转动惯量较大，动力特性不好，剪刃运动速度不能太快。一般用于剪切厚度较大的板材或方坯。

C　曲柄偏心式飞剪

这类飞剪的刀片作平移运动，其结构简图如图13-31所示。双臂曲柄轴9（BCD）铰接在偏心轴12的镗孔中，并有一定的偏心距 e。双臂曲柄还通过连杆6（AB）与导架10相铰接。当导架旋转时，双臂曲柄轴以相同的角速度随之一起旋转。剪刃15固定

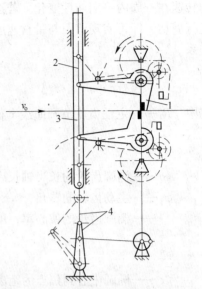

图 13-30　曲柄回转杠杆式飞剪简图
1—刀片；2—摆杆；3—能升降的立柱；
4—空切机构的曲杆

在刀架8上，刀架的另一端与摆杆7铰接，摆杆则铰接在机架上。通过双臂曲柄轴9、刀架和摆杆可使剪刃在剪切区作近似于平移的运动，以获得平整的剪切截面。

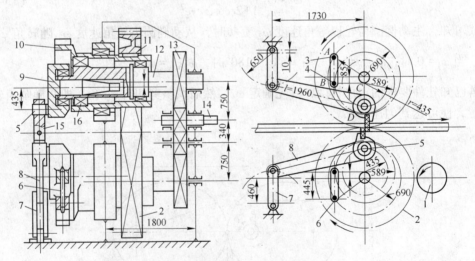

图 13-31　曲柄偏心式飞剪结构简图
1—小齿轮；2，11—传动导架的齿轮；3，4—铰链；5—双臂曲柄轴的曲柄头；6—连杆；7—摆杆；8—刀架；
9—双臂曲柄轴；10—导架；12—偏心轴；13，14—传动偏心轴的齿轮；15—剪刃；16—滚动轴承

通过改变偏心轴与双臂曲柄轴（也可以说是导架）的角速度比值，可改变剪刃轨迹半径，以调整轧件的定尺长度。这类飞剪可装设在连续钢坯轧机后面，用来剪切方坯。

某厂钢坯连轧机组后面安装的该种飞剪的剪切力为1MN，剪切钢坯截面尺寸为（54~106）mm²，剪切速度为1.8~5.2m/s，剪切定尺长度为5m、6m、7.5m、9m、10m、12m。剪

切长度公差，当剪切长度小于 6m 时，为 +60mm。而长度大于 6m 时为 +80mm。

13.4.2 飞剪切头（尾）和切定尺调整原理

飞剪装设在连续生产线上，剪切运行中的轧件，在剪切速度上应满足如下基本要求：

（1）飞剪的生产能力应适应连续作业线生产率的要求。（2）剪切时，剪刃在轧件运行方向的瞬时分速度（v）与轧件的运行速度（v_0）应基本相等。若 $v<v_0$，则剪刃将阻碍轧件运动，易产生顶剪刃或缠剪刃事故；若 $v>v_0$，则剪刃将对轧件产生较大的拉应力，增加飞剪的冲击负荷并影响剪切质量。

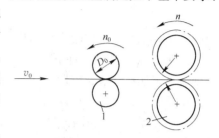

图 13-32 送料辊与飞剪布置简图
1—送料辊；2—飞剪

通常用最后一架轧机或专门的送料辊 1 将轧件送往飞剪 2 进行剪切（见图 13-32）。轧件运行速度（v_0）一般为常数，若飞剪每隔 t 秒剪切一次，则被剪下轧件长度为

$$L=v_0 t=f(t) \tag{13-27}$$

式（13-27）即为飞剪调定尺的基本方程。由公式看出，剪切长度等于相邻两次剪切间隔时间 t 内轧件走过的距离，只要改变相邻两次剪切间隔时间 t，便可得到不同的剪切长度。

13.4.2.1 启动工作制飞剪切头、尾和调定尺方法

启动工作制飞剪一般用于切头、尾或在轧件运行速度较低且定尺长度较长的情况下切定尺，如图 13-33 所示。当轧件切头、尾时，光电管或机械开关放置于飞剪前面（见图 13-33a）。

切头长度： $L=v_0 t-L'$

切尾长度： $L=L'-v_0 t$ （13-28）

当切定尺时，光电管或机械开关放置于飞剪后面（图 13-33b），这时剪切定尺长度按下式计算：

$$L=L'+v_0 t \tag{13-29}$$

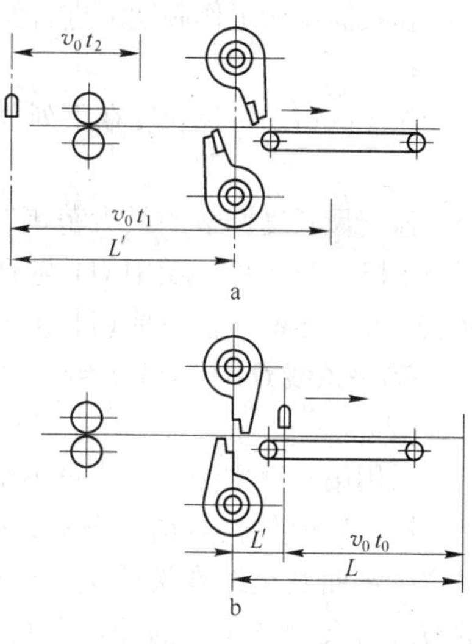

启动工作制飞剪调定尺时，一般不采取移动光电管位置的方法，而是采用特殊的时间继电器改变时间（t）。为了使光电管在下一次剪切时继续发挥作用，必须使切下来的轧件尾部与未剪切轧件头部拉开一定间隙，可用提高剪后辊道速度的办法实现。

图 13-33 启动工作制飞剪调定尺简图
a—光电管放置飞剪前面；
b—光电管放置飞剪后面

13.4.2.2 连续工作制飞剪调定尺方法

在轧件运行速度较高的情况下，用于剪切定尺长度的飞剪一般都采用连续工作制。若以 k 表示每剪切一次剪刃所转圈数，则此时所剪下的轧件定尺长度为

$$L=v_0 t k$$

$$L=v_0 \frac{60}{n}k \tag{13-30}$$

式中　n——剪刃每分钟转数；

　　　k——在相邻两次剪切时间内，剪刃所转的圈数，亦称为空切系数。

如果在剪切机前面用送料辊来送进轧件时，则式（13-30）可写成下式：

$$L = \pi D_0 \frac{n_0}{n} k \qquad (13\text{-}31)$$

式中　D_0，n_0——送料辊直径与送料辊每分钟转数。

在保持 v_0 不变的条件下，为获得各种不同的剪切长度 L，可通过改变 n 与 k 的方法来实现。至于如何调节，应取决于各种飞剪机的结构特点。下面分别介绍在连续工作制度下，调节剪切长度的 4 种常用方法。

（1）最简单的飞剪工作制。这种工作制的特点是在剪刃圆周速度（v）等于或大于轧件运行速度（v_0）条件下切定尺。若保持轧件运行速度（v_0）不变，在一定范围内改变剪刃转数（n），这时可以得到不同的剪切长度。

当 $k=1$ 及 $v_0=v$ 时，这时所得到的剪切长度称为基本剪切长度，可用下式表示

$$L_j = \pi D_0 \frac{n_0}{n_j} \qquad (13\text{-}32)$$

式中　n_j——剪刃的基本转数。

当飞剪机在空切制度下工作时，其剪切长度将为 L_j 的 k 倍，即

$$L = k \cdot L_j \qquad (13\text{-}33)$$

在最简单的工作制度下进行长度调节时，剪切的极限转数可在下列范围内变化

$$n = (1\sim2)n_j$$

相应的剪切定尺长度在下列范围内变化

$$L = (1\sim0.5)L_j k \qquad (13\text{-}34)$$

该定尺长度调节的最大范围与 L_j 相比较作成图（见图 13-34），可用图中 OA 与 OC 射线之间的线段来表示在一定的 k 值下剪切长度的调节范围。图 13-34 中第一条线 OA 相当于 $n=n_j$；第二条线 OC，相当于 $n=2n_j$。

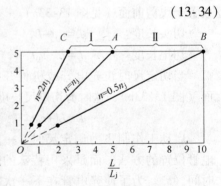

图 13-34　轧件长度调整范围
I—按第 1，3 种方法剪切；
II—按第 2 种方法剪切

采用第一种方法时，尽量不采用 $n<n_j$ 的工作制度。因为这时轧件越前于剪刃，受剪刃阻挡而使轧件产生弯曲甚至缠在滚筒上。当然由于轧件中产生的拉应力会增加飞剪的冲击负荷，而且也可能会损坏冷轧钢板的表面，因此不采用剪刃的速度大于两倍轧件运行速度的调整方法。

（2）具有均匀速度机构的飞剪工作制。这种工作制同样是利用变化剪刃每分钟转数的方法来调节轧件定尺长度。与前述方法不同之处是在改变剪刃每分钟转数来调节定尺长度的同时，采用均匀速度机构使飞剪作不等速运动，始终保持剪切瞬时剪刃速度（v）与轧件速度（v_0）同步。有效地克服了简单调定尺方法可能出现的轧件受拉、受阻的缺陷，达到顺利剪切、准确调定尺的目的。

图 13-35 所示的双曲柄机构剪切机就是利用这种工作制来实现剪切的。它由电机经减

速器等传动装置来传动，此机构的主动摇杆 3 作等速旋转，而从动摇杆 4 与飞剪机相连，带动飞剪机转动。双曲柄轴的回转轴心与摇杆轴心之间的偏心距（e）是可调节的。当 $e=0$ 时，剪刃等角速度旋转，这时被称为基本转数 $n=n_j$（见图 13-36 中的直线）。剪切的轧件长度称为基本剪切长度（L_j）。如果要增加剪切长度，则应相应地降低主动摇杆的转数，并选择适当的偏心距（e），以使剪切时剪刃的瞬时速度与轧件的运行速度相等或略大些（见图 13-36 中的曲线 2、3）。

实际上主动摇杆的转数是在下列范围内变化的：

$$n=(1.0\sim0.5)n_j$$

与此相应的剪切长度的范围：

$$L=(1\sim2)L_jk \tag{13-35}$$

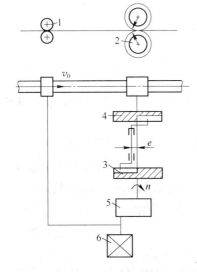
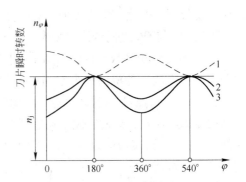

图 13-35　带双曲柄匀速机构的飞剪机布置简图
1—送料辊；2—飞剪；3，4—主、从动摇杆；
5—减速器；6—电动机

图 13-36　刀片速度与双曲柄主动摇杆转角的关系
1—$e=0$ 时，$n=n_j$；2，3—$e>0$ 时，$n<n_j$

这样，在一定的 k 值下，定尺的长度可由基本值变到两倍于基本值，即图 13-34 所示的两条射线 OA 与 OB 之间的部分。

该剪机通常不剪切小于基本长度的轧件，因为此时剪机转数必须高于基本转数，即 $n>n_j$。如图 13-36 中虚线所示，不剪切时飞剪机转数较高，剪切时飞剪机反而减速，以较低速度剪切，这样不能有效利用转动能量，所以是不合适的。采用匀速机构的缺点在于：剪刃作非匀速运动将会产生很大的动负荷，这对设备很不利。

（3）具有径向匀速度机构的工作制。这种工作制免除了上述均匀速度方法的较大的惯性动力矩。这种方法是基于使剪刃的轨迹半径在 R_{max} 与 R_{min} 之间来调节的（如图 13-37 所

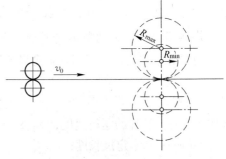

图 13-37　在径向匀速度时，具有
最大和最小半径的剪刃轨迹

示）。当按照式（13-28）改变转数（n）调节剪切长度时，又改变剪刃轨迹半径以保持剪刃具有与轧件相同的速度。例如，为了减小剪切长度，使 n 值增大，相应地使 R 值减小。保持轧件运动速度（v_0）与剪刃速度（v）相等，即 $v_0 = v$，得剪切长度为

$$L = 2\pi R \tag{13-36}$$

$R = R_{max}$ 时的剪切长度和剪刃转数，称为基本剪切长度（L_j）和基本转数（n_j）。其值分别为

$$n_j = \frac{60v_0}{2\pi R_{max}}$$

$$L_j = 2\pi R_{max} \tag{13-37}$$

此时剪刃的转数及其半径在下列范围内变化

$$n = (1 \sim 2)n_j$$

$$R = (1.0 \sim 0.5)R_{max}$$

剪切长度则在下列范围内变化

$$L = (1.0 \sim 0.5)L_j k \tag{13-38}$$

这个剪切长度的变化范围与飞剪在简单工作制度下工作的变化范围一样，用图 13-34 的两条射线 OA 与 OC 之间的线段来表示。

（4）改变空切系数来调整剪切定尺长度。改变空切系数 k（即改变相邻两次剪切期间内剪刃所转圈数）的机构称为空切机构。空切机构的形式很多，但从方法上看基本上有两种：1）改变上、下两剪刃角速度的比值，即在剪刃运动轨迹不变的情况下改变上、下两剪刃相遇的次数，以此实现空切达到调节长度的目的。在滚筒式飞剪上，改变上、下两滚筒直径的比值。如 D_1/D_2 比值分别为 1、1/2、2/3、3/4、…时，则小滚筒每转一次剪切一次、每转两次剪一次……。由此可以得到一系列的 k 值：$k = 1$、2、3、4、…。另外，通过改变滚筒剪刃的数目也同样可得到不同的 k 值。2）改变剪刃运动轨迹，使上下两剪刃不是每转都相遇，以此来实现空切，达到调节长度的目的。

在设计飞剪时，为了得到广泛的调长范围，在一台飞剪上一般都是同时改变 n 与 k。

13.4.3　飞剪基本参数的确定

飞剪参数包括：飞剪的基本转数、剪刃圆周速度、剪切时剪刃的轨迹半径、剪刃重叠量、剪刃回转中心距、开始剪切时的剪切角、剪刃侧向间隙及调整范围等。

13.4.3.1　剪刃的基本转数和圆周速度

剪刃的基本转数是剪切基本定尺长度的转数，它由基本定尺长度决定，即

$$n_j = \frac{60v_0}{\alpha L_j} \tag{13-39}$$

式中　v_0——轧件的运行速度；

　　　L_j——基本定尺长度；

　　　α——考虑金属冷却后收缩系数。热状态剪切时 $\alpha = 1.015$；冷剪时 $\alpha = 1$。

剪切时剪刃圆周速度选取原则可采用剪刃在轧件运动方向的分速度 v_x 略大于轧件运

行速度，即 $v_x = (1.0 \sim 1.03) v_0$。

13.4.3.2 剪刃的回转半径 R

剪刃的回转半径的选择，要保证整个剪切区内剪刃速度在水平方向投影都不小于轧件的速度，必须满足下面条件（见图 13-38）

$$v\cos\varphi_1 = v_0 \qquad (13\text{-}40)$$

式中 φ_1——剪刃开始剪切角。

当剪刃做正圆周运动时，其速度为

$$v = R\omega_j = \frac{2\pi R n_j}{60} \qquad (13\text{-}41)$$

将式（13-39）代入上式，得

$$v = \frac{2\pi R v_0}{\alpha L_j} \qquad (13\text{-}42)$$

由图 13-35 知

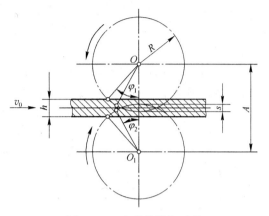

图 13-38 飞剪的剪切过程

$$\cos\varphi_1 = \frac{A-h}{2R} = 1 - \frac{h+s}{2R} \qquad (13\text{-}43)$$

式中 A——剪刃回转中心距；

h——被剪切轧件的厚度；

s——剪刃重叠量。

将式（13-42）、式（13-43）代入式（13-40），则得

$$R = \frac{\alpha L_j}{2\pi} + \frac{h+s}{2} \qquad (13\text{-}44)$$

若按式（13-44）计算得出的回转半径 R 的数值很大时，为使飞剪的结构尺寸减小，基本定尺可以不在 $k=1$ 时剪切，而采用空切来剪切基本定尺，此时基本转数和回转半径按式（13-45）确定

$$n_j = \frac{60 v_0 k}{\alpha L_j} \qquad (13\text{-}45)$$

$$R = \frac{\alpha L_j}{2\pi k} + \frac{h+s}{2} \qquad (13\text{-}46)$$

反之，若按式（13-45）计算得到的 R 值太小，不能满足飞剪结构的强度要求，对滚筒式飞剪，可以把 R 增大。若滚筒上安装两对剪刃，此时相当于 $k=\frac{1}{2}$。

从式（13-46）可以看出，轧件厚度 k 不同时，回转半径 R 也不同，为保证剪切所有轧件时剪刃水平方向的速度都不小于轧件的运动速度，应按最大轧件厚度来计算 R 值。

当剪刃的运动轨迹为非正圆时，R 的计算就复杂得多，这需要根据飞剪的剪切机构特点进行具体分析计算。

13.4.3.3　剪刃重叠量及剪刃剪切时轨迹的中心距

为了使轧件顺利地剪断，要正确地选择剪刃重叠量。若选的过大，对剪刃作非平行运动形式机构可能造成打刀事故。一般平行刃飞剪的剪刃重叠时可取 1～10mm。当剪切 0.18～0.35mm 的薄板时，剪刃重叠量在 0.2～0.305mm 范围内。实际生产中，剪刃重叠量也有取负值的。

在剪切钢板时，为减少剪切力，剪刃有时做成斜刃的。在滚筒式飞剪上采用人字形或圆弧形剪刃则更好。如 1700 热连轧机组的切头切尾飞剪的剪刃倾斜度为 1∶52；斯米特曼斯飞剪的上、下剪刃都是斜刃的，每边倾斜角为 1∶140。对于斜刃的剪刃重叠量应满足下列不等式：

$$s > nB\tan\alpha \tag{13-47}$$

式中　B——被切轧件的宽度；

　　　n——倾斜剪刃的个数；

　　　α——剪刃倾斜角。

剪刃倾斜角不宜过大，否则会使轧件平度破坏，影响剪切质量。

剪刃回转中心距 A 与剪刃在剪切时轨迹半径及剪刃重叠量有关

$$A = (R_1 + R_2) - s \tag{13-48}$$

当 $R_1 = R_2$ 时，则

$$A = 2R - s \tag{13-49}$$

13.4.3.4　剪刃侧向间隙及其调整范围

剪刃间隙大小直接影响剪切力的大小与剪切质量的好坏，剪刃间隙过大，则不能剪断轧件。由于被剪轧件截面厚度不同，要求剪刃间隙也不同，对剪刃做非平面平行运动的飞剪，在剪切过程中剪刃间隙是变化的。这可根据作图法确定其变化范围，设计时必须保证其最小值，否则将造成顶刀与卡刀事故。在剪切厚轧件时应尽量保持在剪切区内剪刃间隙不变。在剪切薄板时，剪刃间隙一般可在 $\Delta = (0.03 \sim 0.05)h$ 间选取。

13.4.3.5　剪切角

当剪刃轨迹形成后，便可以根据作图方法求得剪切时的剪切角。

当剪刃运动轨迹为两个相等正圆时（见图 13-38）

$$\cos\varphi_1 = \frac{A - h}{2R} \tag{13-50}$$

将式（13-49）代入上式，得

$$\cos\varphi_1 = 1 - \frac{h + s}{2R} \tag{13-51}$$

剪切终了瞬时的角度 φ_2 为

$$\cos\varphi_2 = 1 - \frac{(1 - \varepsilon_d)h + s}{2R} \tag{13-52}$$

式中　ε_d——剪断轧件时相对切入深度。

对于四连杆剪切机构的飞剪（见图 13-39）剪切开始瞬时角度 φ_1 为

$$\cos\varphi_1 = \frac{R - b}{R} = \frac{R - \dfrac{2c + h + s}{2}}{R} \tag{13-53}$$

式中 R ——曲柄半径；

　　　h ——剪切轧件的厚度；

　　　s ——剪刃重叠量；

　　　c ——剪切开始瞬时，剪刃相对轧件的
　　　　距离。

剪切终了瞬时角度（φ_2）可根据式（13-52）计算。剪切开始角（φ_1）对剪切力矩、剪切质量和剪刃的寿命都有影响，φ_1 选择不宜过大。

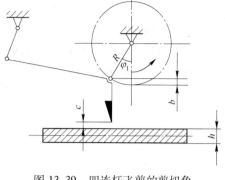

图 13-39　四连杆飞剪的剪切角

13.4.3.6　剪切力计算

飞剪是轧件在运行中进行剪切的，故剪刃除在垂直方向运动外，尚有水平方向的运动。飞剪在垂直方向的运动和一般剪切机一样是为完成剪切任务，故其剪切力（P_1）可按剪刃形状不同，按上节中平刃剪或斜刃剪剪切力的计算方法进行计算。除此之外，在水平方向尚有侧压力、拉力和动载荷，其和为 P_2。

侧压力（T）主要与剪切的同步性有关。根据实测数据，最大侧压力为最大剪切力的 17%～34%。

要计算水平拉力，只要求出其拉伸变形（ΔL），求出轧件截面内产生的拉应力（σ），便可计算出水平拉力大小。

飞剪的剪切力 P 为上述 P_1 和 P_2 之合成力。

复 习 题

（1）简述平、斜、圆、飞剪的用途和特点。

（2）试说明平刃剪剪切过程中剪切力随切入深度的变化及原因。

（3）试说明平刃剪剪切力曲线 $P=f(z)$ 和斜刃剪剪切力曲线 $q=f(x)$ 的异同点。

（4）确定剪刃行程的原则是什么？行程过大会产生什么后果？

（5）确定斜刃剪剪刃倾斜角的原则是什么？

（6）启动工作制适用条件，写出调定尺基本方程，说明调定尺方法。

（7）简述连续工作制飞剪特点，写出调定尺基本方程，并说明调定尺长度方法。

（8）简述滚筒式飞剪和曲柄连杆式飞剪的工作原理和特点。

参 考 文 献

[1] 李纯忠，熊毅刚. 连铸设备 ［M］. 沈阳：东北大学出版社，1993.

[2] 史宸兴. 实用连铸冶金技术 ［M］. 北京：冶金工业出版社，1998.

[3] 陈雷. 连续铸钢 ［M］. 北京：冶金工业出版社，1994.

[4] 蔡开科. 连续铸钢 ［M］. 北京：科学技术出版社，1993.

[5] P. R. Chaerl. ISIJ Int., 38（1998）：403～410.

[6] 荣升，毛斌，李二建. 连铸. 2000，（1）：30～33.

[7] 毛斌. 连铸. 2000，（1）：41-44.

[8] 夏晓东，史华明，李爱武. 宝钢技术，1999，（3）：9～13.

[9] 周焕勤，张泽中. 世界钢铁，1999，（2）：6～9.

[10] 吴明晓，李宪奎，王益群，郑学然. 钢铁研究学报，1999，11（20）：20～23.

[11] K. Schwerdtfeger, ISIJ Int., 38（1998）：852～861.

[12] 田乃媛. 薄板坯连铸连轧 ［M］. 北京：冶金工业出版社，1998.

[13] 邸洪双，译. ［美］K. E. Blazek 等. 世界钢铁，1999，（2）：17～22.

[14] 郑沛然. 连续铸钢工艺及设备 ［M］. 北京：冶金工业出版社，1991.

[15] 职建军，译. ［日］H. Sekiguchi 等. 世界钢铁，1999，（2）：59.

[16]《轻金属材料加工手册》编写组. 轻金属材料加工手册（下）［M］. 北京：冶金工业出版社，1980.

[17] 洪伟. 有色金属连铸设备 ［M］. 北京：冶金工业出版社，1987.

[18] 王祝堂. 轻金属，1999，（2）：50～52.

[19] 王祝堂. 轻金属，1999，（3）：51～54.

[20] 王祝堂. 轻金属，1999，（4）：48～51.

[21] 王邦文. 新型轧机 ［M］. 北京：冶金工业出版社，1993.

[22] 龚尧，周国盈. 连轧钢管 ［M］. 北京：冶金工业出版社，1990.

[23] 韩观昌，李连诗. 小型无缝钢管生产（下）［M］. 北京：冶金工业出版社，1990.

[24] 3. A. 考夫，等. 冷轧钢管 ［M］. 北京：冶金工业出版社，1965.

[25] 杨守山. 有色金属塑性加工学 ［M］. 北京：冶金工业出版社，1982.

[26]《国外三辊穿孔和轧管》编译组. 国外三辊穿孔和轧管 ［M］. 北京：冶金工业出版社，1978.

[27] 郑治平，于业奎. 钢管，1999，28（10）：1.

[28] 西安重型机械研究所. 重型机械 ［M］. 北京：机械工业出版社，1995.

[29] 何光鉴，等. 有色金属塑性加工设备 ［M］. 北京：科学技术文献出版社，1985.

[30] 邹家祥，施东成. 轧钢机械理论与结构设计 ［M］. 北京：冶金工业出版社 1993.

[31] 卢于逑. 热轧钢管生产问答 ［M］. 北京：冶金工业出版社，1994.

[32] 郑治平，钟倩霞. 钢管，1996，2（3）.

[33] 吴凤梧，等. 国外高频直缝焊管生产 ［M］. 北京：冶金工业出版社，1985.

[34] 首钢电焊钢管厂，等. 高频直缝焊管生产 ［M］. 北京：冶金工业出版社，1982.

[35] Целиков А. И., Полухин П. И., Гребеник В. М. и др. машины и агрегаты металлургических заводов. т. з: машины и агрегаты для производства и отделки проката. М. : Металлургия，1988.

[36] Паршин В. С., Косторов В. П., Сомов В. С. и др. Машины и агрегаты для обработки цветных металлов и сплавов. М. : Металлуагня，1988.

[37] Королев А. А., Навроцкий А. Г. Вердеревский В. А. и др. Механическое оборудование

заводов цветной металлургии. Часть э: Механическое оборудование цехов по обработке цветных металлов. М.: Металлургия, 1989.

[38] 丁修堃，等. 轧制过程自动化 [M]. 北京：冶金工业出版社，1986.

[39] 王廷溥，等. 金属塑性加工学 [M]. 北京：冶金工业出版社，1988.

[40] 黄清华，等. 轧钢机械 [M]. 北京：冶金工业出版社，1979.

[41] 王海文. 轧钢机械设计 [M]. 北京：机械工业出版社，1983.

[42] 刘宝珩，等. 轧钢机械设备 [M]. 北京：冶金工业出版社，1984.

[43] 邹家祥，等. 轧钢机械 [M]. 北京：冶金工业出版社，1989.

[44] 施东成，等. 轧钢机械设计方法 [M]. 北京：冶金工业出版社，1990.

[45] W. L. 罗伯茨. 冷轧带钢生产 [M]. 北京：冶金工业出版社，1991.

[46] 马鞍山钢铁设计研究院. 中小型轧钢机械设计与计算 [M]. 北京：冶金工业出版社，1991.

[47] 有色金属加工设计研究院. 板带车间机械设备设计（上）[M]. 北京：冶金工业出版社，1979.

[48] 武汉钢铁设计研究院. 板带车间机械设备设计（下）[M]. 北京：冶金工业出版社，1983.

[49] 崔甫. 矫直理论与参数计算 [M]. 北京：机械工业出版社，1984.

[50] 温景林. 金属挤压拉拔工艺学 [M]. 沈阳：东北大学出版社，1996.

[51] 中国冶金百科全书总编辑委员会. 中国冶金百科全书-金属塑性加工 [M]. 北京：冶金工业出版社，1998.

[52] 马怀宪. 金属塑性加工学-挤压、拉拔与管材冷轧 [M]. 北京：冶金工业出版社，1991.

[53] Extrusion-Process, machinery, rooling, Ing. Kust. Lave, Ing. Helnult Stenger, 1981.

[54] 魏军. 有色金属挤压车间机械设备 [M]. 北京：冶金工业出版社，1998，8.

[55] 温景林. 金属压力加工车间设计 [M]. 北京：冶金工业出版社，1996.

[56] 重有色金属材料加工手册编写组. 重有色金属材料加工手册（第四分册）[M]. 北京：冶金工业出版社，1980. 5.

[57] 谢建新，刘静安. 金属挤压理论与技术 [M]. 北京：冶金工业出版社，2001.

[58] 洛阳铜加工厂. 游动芯头拉伸铜管 [M]. 北京：冶金工业出版社，1976.

[59] 王珂，王凤翔. 冷拔钢材生产 [M]. 北京：冶金工业出版社，1981.

[60] 周良，朱振明，谢崇俊. 钢丝的连续生产 [M]. 北京：冶金工业出版社，1988.

[61] 五弓勇雄. 陈天忠，张荣国，译. 金属塑性加工技术 [M]. 北京：冶金工业出版社，1987.

[62] А. Ф. 别洛夫，Ф. Н. 科瓦索夫. 铝合金半成品生产 [M]. 北京：冶金工业出版社，1982.

[63] 娄燕雄，刘贵材. 有色金属线材生产 [M]. 长沙：中南工业大学出版社，1999.

[64] 李培武，杨文成. 塑性成形设备 [M]. 北京：机械工业出版社，1995.

[65] 李云端. 塑性加工导论 [M]. 西安：西北工业大学出版社，1996.

[66] 赵昱林. 锻压设备 [M]. 西安：西安交通大学出版社，1987.

[67] 范宏才. 现代锻压机械 [M]. 北京：机械工业出版社，1994.

[68] 中国机械工程学会锻压学会. 锻压手册（第三卷）[M]. 北京：机械工业出版社，1993.

[69] 何德誉. 专用压力机 [M]. 北京：机械工业出版社，1989.

[70] 余新陆，等. 液压机 [M]. 北京：机械工业出版社，1990.

[71] 高乃光. 锻锤 [M]. 北京：机械工业出版社，1987.

[72] 夏巨湛. 塑性成形工业及设备 [M]. 北京：机械工业出版社，2001. 7.

[73] Thomas G Byrer. Forging handbook. Cleveland, Ohio, Forging Industry Association, 1985.

[74] 于九明，庞维成，材料成形机械设备 [M]. 沈阳：东北大学出版社，49～50.

[75] Luiten E E M, Blok K. Stimulating R&D of industrial energy-efficient technology; the effect of government intervention on the development of strip casting technology [J]. Energy Policy. 2003, 31 (13)：

1339~1356.

［76］Wechsler R. The Status of Twin-Roll Casting Technology ［J］. Scandinavian Journal of Metallurgy. 2003, 32 （1）: 58~63.

［77］邸洪双，张晓明，王国栋，等. 双辊铸轧薄带钢技术的飞速发展及其基础研究现状 ［A］. 2001 中国钢铁年会论文集（下卷）［C］. 2001, 62~63.

［78］Hidemaro, Takauchi. 用双辊铸机生产不锈钢薄带 ［J］. 新日铁公司，1997, 29 （5）: 7~9.

［79］《线材生产》编写组. 线材生产 ［M］. 北京：冶金工业出版社，1986.

［80］王生朝. 中厚板生产实用技术 ［M］. 北京：冶金工业出版社，2009.

［81］张景进. 热连轧带钢生产 ［M］. 北京：冶金工业出版社，2007.

［82］高秀华. 钢管生产 ［M］. 北京：冶金工业出版社，2008.

［83］许云祥. 钢管生产 ［M］. 北京：冶金工业出版社，1991.

［84］桂万荣. 轧钢车间机械设备 ［M］. 北京：冶金工业出版社，1980.

［85］刘宝珩. 轧钢机械设备 ［M］. 北京：冶金工业出版社，2011.

［86］傅作宝. 冷轧薄钢板生产 ［M］. 北京：冶金工业出版社，2004.

［87］崔凤平，孙玮，刘彦春，等. 中厚板生产与质量控制 ［M］. 北京：冶金工业出版社，2008.

［88］中国金属学会轧钢分会中厚板学术委员会. 中国中厚板轧制技术与装备 ［M］. 北京：冶金工业出版社，2009.

［89］黄华清. 轧钢机械 ［M］. 北京：冶金工业出版社，1979.

［90］周国平. 耐候钢铸轧薄带中磷的表面逆偏析及其对组织性能影响的研究 ［D］. 沈阳：东北大学，2010.

［91］周存龙. 中厚板辊式热矫直过程数学模型与数值模拟 ［D］. 沈阳：东北大学，2006.

［92］侯波，李永春，李建荣，等. 铝合金连续铸轧和连铸连轧技术 ［M］. 北京：冶金工业出版社，2010.

［93］程杰. 铝及铝合金连续铸轧带坯生产 ［M］. 长沙：中南大学出版社，2010.

冶金工业出版社部分图书推荐

书　名	定价(元)
金属塑性成型力学	28.00
成型能率积分线性化原理及应用	95.00
中厚板外观缺陷的界定与分类	150.00
轧钢生产基础知识问答	49.00
现代电炉炼钢工艺及装备	56.00
热轧带钢生产知识问答	35.00
中厚板生产知识问答	29.00
中厚板生产实用技术	58.00
中国中厚板轧制技术与装备	180.00
金属学及热处理	32.00
金属热处理生产技术	35.00
二十辊轧机及高精度冷轧钢带生产	69.00
水平连铸与同水平铸造	76.00
金属热处理综合实验指导书	22.00
有色金属分析化学	46.00
高硬度材料的焊接	48.00
高强钢的焊接	49.00
材料成型与控制实验教程（焊接分册）	36.00
重有色金属及其合金板带材生产	30.00
冶金厂热处理技术	35.00
冷轧带钢生产问答	45.00
高炉生产知识问答（第2版）	35.00
轧钢机械	49.00
轧钢基础知识	39.00
轧钢车间设计基础	20.00
金属塑性变形与轧制理论	35.00
可编程序控制器及常用控制电器（第2版）	30.00
特殊钢丛书　中国600℃火电机组锅炉钢进展	69.00
特殊钢丛书　现代电炉炼钢工艺及设备	56.00
特殊钢丛书　铁素体不锈钢	79.00
先进钢铁材料技术丛书　铁素体不锈钢的物理冶金原理及生产技术	58.00
材料成形及控制工程专业实验教程	22.00
电力电子技术（第2版）	39.00